Himmelfahrtskommando

Aussichtslose IT-Projekte überleben

Edward Yourdon

Himmelfahrtskommando

Aussichtslose IT-Projekte überleben

Übersetzung aus dem Amerikanischen von
Hans-Joachim Beese

Bibliografische Information Der Deutschen Bibliothek

Die Deutsche Bibliothek verzeichnet diese Publikation in der
Deutschen Nationalbibliographie; detaillierte bibliografische Daten sind
im Internet über <http://dnb.ddb.de>abrufbar.

ISBN 3-8266-1385-6

1. Auflage 2004

Lektorat: Esther Neuendorf
Korrektorat: Petra Heubach-Erdmann
Satz und Layout: Hans-Joachim Beese
Druck: Media Print Paderborn
Umschlaggestaltung: Christian Kalkert

Icarus: Sein Vater Daedalus setzete ihm Flügel von Wachse an und ermahnete ihn, damit nicht zu hoch zu fliegen. Er achtete diese Ermahnung aber nicht, sondern entbrannte vor Begierde, sich dem Himmel zu nähern. Dadurch kam er der Sonne zu nahe, so daß seine Flügel von deren Gluth zerschmolzen, und er herab ins Meer stürzete, welches von ihm daher den Namen des Ikarischen bekam.

Hederich, Benjamin: Gründliches Mythologisches Lexikon, Leipzig, Gleditsch 1770, Reprographischer Nachdruck, Darmstadt, Wissenschaftliche Buchgesellschaft 1996, S.1334

Inhaltsverzeichnis

Vorwort

Unsere Leistungen sprechen für sich. Woraus wir lernen sollten, sind unsere Misserfolge, Entmutigungen und Zweifel. Wir neigen leider dazu, frühere Schwierigkeiten, die vielen Fehlstarts und das schmerzhafte Herumprobieren zu vergessen. Wir sehen unsere früheren Leistungen als das Ergebnis eines sauberen, geradlinigen Vorgehens und unsere gegenwärtigen Schwierigkeiten als Zeichen für Verfall und Rückschritt.

Eric Hoffer
Betrachtungen über den menschlichen Zustand, aph. 157
(1973)

Ich weiß ... Sie sind vom Titel dieses Buches fasziniert, und Sie haben beschlossen, reinzuschauen, um zu erfahren, wovon es handelt. Aber, Sie sind beschäftigt, beschäftigt und noch mal beschäftigt und wissen nicht, ob Sie die Zeit haben, noch ein Buch über das Management von Software-Projekten zu lesen. Besonders, wenn es ein Buch ist, das Ihnen sagt, wie die Dinge in einer idealen Welt getan werden sollten, in der vernünftige Männer und Frauen sachgerechte, sinnvolle Entscheidungen über Budgets, Zeitpläne und Tools für ihre Software treffen.

Allerdings werden Sie bemerkt haben, dass wir in keiner idealen Welt leben. Es besteht die Aussicht, dass Ihr Projekt es nötig macht, dass Sie mit Leuten zusammenarbeiten, die alles andere als vernünftig sind, und deren Entscheidungen kaum ruhig oder sachgerecht scheinen. Mit anderen Worten: Sie arbeiten an einem Himmelfahrtskommando. Das wunderbare am Titel dieses Buches ist, dass ich ihn nicht einmal erklären muss. Jedesmal, wenn ich ihn Freunden und Kollegen gegenüber erwähne, lachen sie und sagen »Oh ja, Sie meinen mein Projekt!«.

In diesen Tagen ist es wahrscheinlich mein Projekt, Ihr Projekt oder auch das Projekt eines anderen. Wir arbeiten alle an Himmelfahrtskommandos. Mir scheint, die erste Frage, die Sie sich stellen sollten (bitte nicht erst am Ende des Projekts!), ist: »Warum, um Himmels Willen, habe ich mich in dieses Projekt hineinziehen lassen?« Ich werde dies im ersten Kapitel erklären, weil meine Erfahrung als Berater, als der ich viele solche Projekte von allen Seiten beobachtet habe, ist, dass die Welt ein gesünderer Ort wäre, wenn mehr von uns den Mut hätten aufzustehen und zu sagen, »Zur Hölle, nein! Ich werde an diesem Himmelfahrtskommando nicht teilnehmen!«

Aber nehmen wir einmal an, es gäbe keinen Ausweg, keine anderen Aufträge, oder Sie haben so etwas wie eine »goldene Handschellen«-Beziehung zu Ihrem Arbeitgeber, die Sie davon abhalten, abzuhauen. Dann ist die nächste Frage: »Wie kann ich dieses Projekt überleben, ohne meine Gesundheit, meinen Verstand, und meine Würde zu ruinieren?« Wenn Sie ein Optimist sind, könnten Sie sich sogar fragen, wie Sie die Probleme bewältigen könnten, um das

Himmelfahrtskommando pünktlich und unter Budget zu beenden. Wenn Sie aber einige dieser Projekte früher schon durchgemacht haben, wissen Sie, dass die Wahrscheinlichkeiten gegen Sie sprechen und das schlichte Überleben das Beste ist, auf das Sie hoffen können.

Nachdem ich in der Software-Industrie nun schon über 30 Jahre gearbeitet habe, finde ich, dass unser Beruf doch ziemlich interessante Reaktionen auf Himmelfahrtskommandos zeigt. In einigen Teilen der Industrie, besonders im Silicon-Valley, werden solche Projekte als eine Art Härtetest gerühmt, so ähnlich wie barfuß den Mount Everest zu besteigen. Ich habe das während meiner ersten paar Software-Projekte in den 60er Jahren so erlebt und die Tatsache, dass die gleichen Dinge eine Generation später immer noch vorherrschen, sagt mir, dass diese Dinge wahrscheinlich Dauerphänomene sind, solange Technologie sich so rasch ändert wie in diesen letzten Jahren. Unsere Branche ist nicht ausgereift. Jedes Jahr ist ein neuer Mount Everest zu zu besteigen und es gibt eine neue Ernte von Hotshot-Programmierern, die davon überzeugt sind, dass sie barfuß bis zum Gipfel klettern können.

Andere Bereiche unserer Branche betrachten allerdings Himmelfahrtskommandos als peinliche Misserfolge. Wir wurden alle schon mit Statistiken über Zeitverzögerungen, Budgetüberschreitungen, fehlerhafte Software, verstimmten Benutzern und reinen Projektmisserfolgen bombardiert. Uns ist immer wieder von Beratern, Gurus und Methodikern gesagt worden, der Grund für all diese Peinlichkeiten sei, dass wir die falschen Methoden (oder überhaupt keine Methoden) benutzten, oder die falschen Werkzeuge, oder die falschen Projektmanagementtechniken. Mit anderen Worten: Himmelfahrtskommandos gibt es, weil wir dumm oder unfähig sind.

Wenn Sie mit kampferprobten Veteranen reden, die einige dieser Himmelfahrtskommandos mitgemacht haben, und die erfahren haben, dass es wirklich kein Spaß ist, den Mount Everest barfuß zu besteigen, werden Sie oft hören »Hey! Ich bin nicht dumm! Natürlich möchte ich die richtigen Methoden,Werkzeuge und Projektmanagementansätze benutzen. Aber, meine Vorgesetzten und meine User werden mich nicht lassen. Der Grund dafür, dass wir solch einen lächerlichen Zeitplan für dieses Projekt haben, ist der, dass man uns diesen vom ersten Tag an auferlegt hat, bevor wir auch nur die leiseste Ahnung hatten, was es mit dem Projekt auf sich hat!« Schlussfolgerung: Himmelfahrtskommandos kommen vor, weil Chefs machiavellistische Bastarde und/oder weil unsere Benutzer naiv und unrealistisch sind.

Etwas Wahrheit steckt in all dem drin. Wir machen viele dumme Fehler im Management unserer Projekte, unsere Chefs gönnen sich lächerliche politische Spielchen und unsere User stellen uns irrationale Forderungen. Ich bin überzeugt, dass vieles davon durch die raschen Veränderungen geschieht, neben der üblichen Respektlosigkeit der neuen Generation gegenüber den Ratschlägen der Älteren. Warum auch sollte die heutige Generation von Java-orientierten Hotshots dem Rat meiner Generation folgen, deren prägende Programmiererfahrung vor 30 Jahren in Maschinenkodierung und der Programmiersprache Assembler bestand? Und, wie sollte die heutige Generation von Geschäftsleuten wissen, welche Webbasierte Anwendung sinnvoll ist, angesichts dessen, dass ihre Vorgänger Großrechner-basierte Online-Systeme mit zeichenorientierten Terminal-Schnittstellen benötigten?

Was auch immer die Erklärung für dieses Phänomen ist, ich bin zu einem nüchternen Schluss gekommen: Himmelfahrtskommandos sind der Normalfall, nicht die Ausnahme. Ich glaube, dass die heutigen Software-Entwickler und Projektmanager ziemlich klug sind und Projekte wirklich rationell bewältigen wollen. Ich glaube auch, dass die heutigen Geschäftsleute und Chefs viel computergebildeter sind als eine Generation zuvor und viele nicht mehr so naiv in ihren Erwartungen gegenüber dem, was Software-Entwickler mit ihren beschränkten Ressourcen liefern können. Das hält aber beide Gruppen von intelligenten Individuen nicht davon ab, dennoch ein anderes Himmelfahrtskommando zu initiieren, weil es der Wettbewerbsdruck so fordert und die neuen technischen Entwicklungen ja geradezu dazu einladen. Die Geschäftsführer mögen durchaus bewusst wahrnehmen, dass ein rationaler Zeitplan für ihr neues System insgesamt 12 Kalendermonate dauern würde, aber sie werden Ihnen auch überzeugend klarmachen, dass der Wettbewerber den ganzen Markt für sich erobern wird, wenn Sie das Projekt nicht in sechs Monaten schaffen. Und, die technischen Experten ist sind sich durchaus bewussßt, dass neue Technologien wie das Internet wirklich noch etwas riskant sind. Aber sie werden Ihnen sagen dass, wenn die neuen Technologien funktionieren, das Unternehmen einen strategischen Wettbewerbsvorteil erlangt, der das Risiko wieder wettmacht.

Mit anderen Worten, Industriestudien von Unternehmen wie der Standish Gruppe, ebenso wie Daten von Statistikgurus wie Capers Jones, Howard Rubin, Paul Strassmann und Larry Putnam lassen vermuten, dass das durchschnittliche Projekt wahrscheinlich 6 bis 12 Monate hinter dem Zeitplan und 50 bis 100 Prozent über Budget liegt. Die Situation verändert sich je nach Größe des Projekts und verschiedenen anderen Faktoren, aber die grimmige Realität ist, dass Sie erwarten sollten, dass Ihr Projekt zu einem gewissen Grad für den Projektleiter wie für seine Leute fast sicher unter den Bedingungen eines Himmelfahrtskommandos ablaufen wird. Wenn ein Projekt mit diesen Hochrisikofaktoren anfängt, wird es viele Überstunden und verschwendete Wochenenden verursachen. Wahrscheinlich ist, dass das Team bis zum Ende des Projektes emotional und körperlich erschöpft ist. Auch wenn das Projekt ruhig und rational anfängt, haben Sie gute Aussichten, dass es sich im Lauf der Zeit zu einem Himmelfahrtskommando verschlechtern wird. Entweder, weil Zeitplan und Budget von vorne herein sehr unrealistisch angenommen wurden oder weil der Auftraggeber mehr Anforderungen stellen wird, als bei der Originalplanung angenommen wurde.

Somit sind die wirklichen Fragen: Wenn Sie das Himmelfahrtskommando nicht vermeiden können, wie können Sie es wenigstens überleben? Was sollten Sie tun, um Ihre Erfolgsaussichten zu verbessern? Wann sollten Sie bereit sein, sich zu vergleichen, und wann sollten Sie bereit sein, Ihre Aufgabe »an den Nagel zu hängen« und auszusteigen, wenn Sie keinen Ausweg mehr finden? Das ist der Gegenstand dieses Buchs. Wie Sie feststellen werden, wird die Lösung

Personalfragen, Prozesse und Methoden, aber auch Werkzeuge und Technologien betreffen.

Wenn Sie gerade dabei sind, ein Himmelfahrtskommando zu leiten, sollten Sie auf der Freiheit bestehen, die Mannschaft mit Leuten Ihrer Wahl zu besetzen? Sollten Sie einen Hardlineransatz mit Prozessmethoden wie dem SEI-CMM-Modell wählen, oder sollten Sie die Projektmannschaft alle formalen Methodiken aufgeben lassen, wenn sie glauben, dass es ihnen helfen wird, die Aufgabe anders zu bewältigen? Sollten Sie auf angemessenen Programmiersprachen, Workstations, und CASE-Tools bestehen, oder ist es wichtiger, Personalfragen und Projektprozesse in politischen Scharmützeln zu klären?

Diese Fragestellungen sind genauso relevant für den zuständigen Manager des Projekts wie für das technische Personal, das eigentlich die schwierige Arbeit zu bewältigen hat, nämlich das System zu kodieren, zu prüfen und zu dokumentieren. Ich werde beide Gruppen in den folgenden Kapiteln ansprechen. Ein Wort über Manager und technische Teammitglieder: Einige Bemerkungen, Sie in den Folgekapiteln lesen werden, scheinen zu unterstellen, dass Management sei »böse« und die Projektmitglieder unschuldige, unterdrückte Opfer.

Natürlich ist dies nicht bei allen Projekten und allen Unternehmen der Fall, obwohl die reale Existenz eines Himmelfahrtskommandos üblicherweise tatsächlich das Ergebnis einer absichtsvollen Managemententscheidung ist. Während die Projektmannschaftsmitglieder willige Teilnehmer an solchen Projekten sein können, sind sie nicht diejenigen, die diese Projekte in Gang setzen.

Wenn Sie an diesem Punkt zu dem Schluss kommen, dass Sie keine Zeit haben, dieses Buch zu lesen, hier ein simpler Ratschlag, der Ihnen einen Nutzen für den Zeitaufwand liefern kann, den Sie beim Lesen des Vorwortes investiert haben: Triage. Wenn Sie in einem Himmelfahrtskommando sind, ist es fast sicher, dass Sie die Hilfsmittel nicht haben werden, jede Funktionalität oder die vom Enduser innerhalb des vorgesehenen Zeitplans und Budgets geforderten »Leistungsmerkmale« zu verwirklichen. Sie werden einige kaltblütige Entscheidungen treffen müssen, welche Features Sie opfern und auf welche Sie Ihre Ressourcen konzentrieren werden. Tatsächlich werden einige der leichtsinnig zugesagten Leistungsmerkmale niemals realisiert.

Da ist es oft am besten, sie einfach leise sterben zu lassen. Andere Merkmale sind wichtig, aber auch relativ leicht zu realisieren, zum Beispiel weil sie in einer mitgelieferten Klassenbibliothek zu finden oder Nebenprodukte eines CASE-Tools sind. Um im medizinischen Bild des Triage zu bleiben: Diese Merkmale werden allein überleben. Der Unterschied zwischen Erfolg und Misserfolg eines Himmelfahrtskommandos liegt oft in der Fähigkeit der Projektmannschaft, die kritischen Merkmale des Systems zu identifizieren, die ohne eine erhebliche Investition an Ressourcen und Energie »sterben« würden.

Natürlich gehört mehr als ein Triage dazu, ein Himmelfahrtskommando zu überleben (Ich werde »Triage« in Kapitel 3 genauer abhandeln). Wir müssen auch Personalressourcenausgaben, »Prozess«-Ausgaben und Ausgaben für Werkzeuge und Technologie in Betracht ziehen. Ich habe versucht, so präzise wie möglich zu sein. Sie sollten somit in der Lage sein, das ganze Buch in ein paar Stunden durchgelesen zu haben; mindestens sollte es Ihnen aber für eine realistischere Einschätzung Ihres nächsten Himmelfahrtskommandos von Nutzen sein.

Ich möchte den Eindruck vermeiden, dieses Buch sei eine Art »Bibel«, oder es stelle »Kristallkugel-Lösungen« aller Ihrer Probleme bereit. Es gibt keine garantierten richtigen Antworten in diesem Buch; was in einigen Unternehmen und in einigen Situationen funktioniert, kann unter anderen Bedingungen fehlschlagen. Ebenso wichtig ist, dass Kompromisse, die einige Manager und technische Mitarbeiter bereit sind, einzugehen, sich für andere als inakzeptabel erweisen werden.

Ich werde hierzu Vorschläge – wie ich meine, einige vernünftige Vorschläge – machen, aber es ist an Ihnen zu entscheiden, welche hiervon in Ihrer Umgebung funktionieren. Ich beabsichtige darüber hinaus, auf meiner Website `http://www.yourdon.com` permanent

Ratschläge aus der realen Projektwelt zu sammeln, und zwar von wirklichen Projektteams, die einige praktische Tipps zu bestmöglichen, aber auch schlechtesten Vorgehensweisen, sowie »Alcotester-Prüfungsfragen« haben. Wenn Sie sogar zu wenig Geld in Ihrem Projektbudget für dieses Buch haben, (solche pfennigfuchsenden Budgets sind ein Risiko-Indikator an sich für das Vorliegen eines Himmelfahrtskommandos), wird es Ihnen Sie keinen Heller kosten, um die DEATH-MARCH-Website zu checken.

Was auch immer Sie entscheiden, ich wünsche Ihnen viel Glück bei Ihrem nächsten Himmelfahrtskommando. Und erinnern Sie sich an das Wort von Samuel Beckett:

> *Immer versucht. Immer versagt.*
> *Egal, versuchen Sie es noch einmal.*
> *Versagen Sie wieder. Versagen Sie besser!*

Samuel Beckett
Worstward Ho(1984)

Kapitel 1

Einführung

Es ist ein großes Glück, das Privileg zu besitzen, hart und lange für das zu arbeiten, das diesen Aufwand wert ist. Ein Mann mag dabei glücklich werden, seine Ehefrau und seine Kinder zu unterstützen. Ein anderer hat Spaß daran, Banken auszurauben. Wieder ein anderer arbeitet vielleicht jahrelang in der Forschung ohne nennenswerte Ergebnisse.

Man beachte die individuelle und subjektive Natur jedes einzelnen Falles. Nicht zwei gleichen sich. Es gibt auch keinerlei Grund, dies zu erwarten. Jeder Mensch muss selbst herausfinden, für welches Ziel er hart, lange und glücklich arbeiten kann. Wenn Sie jedoch auf der Suche nach kürzerer Arbeitszeit, längeren Ferien und der Frühverrentung sind, haben Sie den falschen Job. Vielleicht sollten Sie es tatsächlich einmal mit Bankraub versuchen. Oder Sie machen eine Kirmesbude auf. Oder Sie gehen sogar in die Politik.

Jubal Harshaw in »To Sail Beyond the Sunset« von Robert Heinlein (Ace Books, Neuauflage 1996)

Was sind Himmelfahrtskommandos? Wie kommt es dazu? Warum sollte sich jemand mit gesundem Menschenverstand bereit erklären, an einem solchen Projekt teilzunehmen?

Für kampferprobte Projektveteranen sind dies rhetorische Fragen. Nach deren Erfahrung ist jedes Projekt ein Himmelfahrtskommando. Wie das kommt? Weil Firmen wahnsinnig sind, und, wie der Berater Richard Sargent einmal zu mir sagte, »Unternehmen in ihrer Verrücktheit ständig das Gleiche wiederholen, aber jedes Mal unterschiedliche Ergebnisse erwarten«.[1]

Warum nehmen wir an solchen Projekten teil? Nun, lesen Sie hier die E-Mail von Berater Dave Kleist: »Himmelfahrtskommandos sind selten als solche gekennzeichnet und es kostet für jemanden, der von außerhalb des Unternehmens hinzugezogen wird, viel Aufwand, zu erkennen, dass ein Unternehmen dazu neigt, Himmelfahrtskommandos zu erzeugen.«[2]

Wenn Sie glauben, dass die Antworten auf diese Fragen klar sind, fühlen Sie sich frei, zum nächsten Kapitel zu springen. Ich beginne in der Tat zu glauben, dass sie (die Himmelfahrtskommandos) offen erkennbar sind, da Leute mich selten fragen, was ich mit »Himmelfahrtskommando« meine.

1.1 Die Definition des »Himmelfahrtskommandos«

Ich definiere ein Himmelfahrtskommando dadurch, dass seine »Projektparameter« die Norm um mindestens 50 Prozent überschreiten. Dies entspricht in keiner Weise der »militärischen« Definition, und es wäre eine Travestie, selbst das schlechteste Software-Projekt mit dem Bataan-Himmelfahrtskommando im zweiten Weltkrieg, oder dem »Marsch der Tränen« zu vergleichen, dem Amerikaner in den späten 1700er ausgesetzt waren. Stattdessen benutze ich den Begriff als eine Metapher, um ein »erzwungenes Unternehmen« relativ unschuldiger Teilnehmer zu kennzeichnen, dessen Ergebnis üblicherweise eine hohe Todesfallrate ist. In den meisten Software-Himmelfahrtskommandos bedeutet dies üblicherweise, dass eine oder mehrere der folgenden Beschränkungen wirksam werden:

- Der Zeitplan wurde zu weniger als der Hälfte des Ergebnisses eines vernünftigen, analytischen Schätzverfahrens komprimiert Das heißt: Man fordert nun, dass das Projekt, von dem man normalerweise erwarten würde, dass es zwölf Kalendermonate dauerte, in sechs Monaten oder weniger fertig gestellt werden soll. Wegen des Wettbewerbsdrucks im heutigen globalen Markt ist dies wahrscheinlich die üblichste Form von Himmelfahrtskommandos.

- Das Personal wurde auf weniger als die Hälfte der Ressourcen verringert, die normalerweise einem Projekt dieser Größe und dieses Anwendungsbereich angemessen wäre; d.h., dem Projektmanager wurde gesagt, ihm stehen anstelle eines Projektteams von zehn Leuten nur fünf Mitarbeiter zur Verfügung. Dies kann passieren, wenn jemand naiv glaubt, dass ein neues CASE-Tool oder eine neue Programmiersprache die Produktivität des Teams auf wunderbare Weise verdoppeln wird – obwohl das Team in Wirklichkeit keine Ausbildung oder Praxis in der neuen Technologie besitzt. Wahrscheinlich wurde das Team, das ja schließlich die neue Technologie als Erstes benutzen würde, nicht einmal hierzu konsultiert. Generell geschieht so etwas heute grob gesagt aus Gründen des Downsizing, Reengineering und verschiedener anderer Formen der Personalreduzierung

- Das Budget und die damit verbundenen Hilfsmittel wurden halbiert. Dies ist oft das Ergebnis von Downsizing und anderen kostenreduzierenden Maßnahmen, aber es kann auch das Ergebnis eines Angebotswettbewerbs mit Festpreisvertrag sein. Der Projektmanager in einer Beratungsgesellschaft wird dann schlicht von der Vertriebsabteilung darüber mit den Worten informiert: »Die guten Nachricht ist, wir haben den Auftrag; die schlechte ist: Wir mussten Ihr Budget halbieren, um den Wettbewerb zu gewinnen. Diese Art von Engpass hat meistens unmittelbaren Einfluss auf die Anzahl der Projektmitarbeiter, die eingestellt werden können. Die Folgen sind meistens etwas subtiler. Es kann zum Beispiel zu der Entscheidung führen, relativ billige, unerfahrene jüngere Software-Entwickler anstelle teurerer Seniorentwickler einzustellen. Und, es kann zu einer alles beherrschenden Pfennigfuchser-Atmosphäre führen, die es dem Projektmanager zum Beispiel unmöglich macht, der Mannschaft eine Pizzarunde zu spendieren, wenn sie schon das ganze Wochenende Überstunden macht.

- Die Funktionalität, Features, Leistung oder andere technische Aspekte des Projektes sind doppelt so hoch angesetzt wie normal. Das heißt, das Projektteam soll doppelt so viele Leistungsmerkmale im gleichen Haupt- oder Festplattenspeicher unterbringen wie die Konkurrenz. Oder es wurde verlangt, dass das zu entwickelnde System das Doppelte an Transaktionen leisten muss, das irgendein vergleichbares System vorher beherrschen konnte. Leistungsbeschränkungen können oder dürfen zu keinem Himmelfahrtskommandoführen; immerhin können wir immer von billigerer, schnellerer Hardware profitieren, und wir können, um Leistungssteigerung zu erzielen, immer nach einem geschickteren Algorithmus oder einer Designverbesserung suchen. So sind schließlich die Grenzen bei gegebenem Termindruck nur durch die unglaubliche Findigkeit und Kreativität des menschlichen Geistes gesetzt. Eine Verdoppelung der Funktionalität jedoch bedeutet in der Regel auch eine entsprechende Vergrößerung des zu erbringenden Aufwands und das führt schließlich sicher in ein Himmelfahrtskommando.

Die unmittelbare Konsequenz aus diesen Engpässen ist in vielen Unternehmen, die Projektmannschaft darum zu bitten, doppelt so hart und/oder doppelt so viele Stunden pro Woche zu arbeiten als in einem »normalen« Projekt. Wenn die normale Wochenarbeitszeit 40 Stunden ist, sieht man ein Team in einem Himmelfahrtskommando oft 13 bis 14 Stunden pro Tag arbeiten, und zwar an sechs Tagen in der Woche. Natürlich steigern sich die Spannungen in solchen Umgebungen, so dass das Himmelfahrtskommandoteam funktioniert, als sei es in einer Dauer-Jolt-Cola-Diät.

Eine andere Möglichkeit, solche Projekte zu charakterisieren, ist:

Ein Himmelfahrtskommando ist ein Projekt, für das eine unvoreingenommene, objektive Risikoabschätzung (was eine Abschätzung von technischen Risiken umfasst, persönliche Risiken, gesetzliche Risiken, politische Risiken etc.) ergibt, dass die Wahrscheinlichkeit des Misserfolgs größer als 50 Prozent ist.

Natürlich könnte auch ein Projekt ohne Zeit-, Personal- und Budgetplan oder den oben beschriebenen Engpässen ein hohes Risiko bergen, zum Beispiel wegen Spannungen und politischen Konflikten zwischen der IS/IT-Abteilung und der Benutzergemeinschaft. Aber in der Regel ist der Grund für ein hohes »Crashrisiko« eine Kombination der Engpässe, die ich oben beschrieben habe.

1.2 Kategorien von Himmelfahrtskommandos

Nicht alle Himmelfahrtskommandos sind gleich; so umfassen sie unterschiedliche Mischungen aus Zeitplan-, Personal-, Budget- und Funktionalitätsengpässen, sondern sie kommen auch in unterschiedlichen Größen, Formen und »Geschmacksrichtungen« vor.

Nach meiner Erfahrung ist der Umfang das wichtigste Merkmal, das ein Himmelfahrtskommando von anderen unterscheidet. Betrachten Sie bitte diese vier unterschiedlichen Größenordnungen von Projekten:

- *Kleinprojekte*: Das Team besteht aus weniger als zehn Leuten, die beinah ohne echte Chance darum kämpfen, ein Projekt in drei bis sechs Monaten zu beenden.
- *Mittelgroße Projekte*: Das Team besteht aus 20 bis 30 Leuten, die an einem Projekt beteiligt sind, von dem man etwa eine Dauer von ein bis zwei Jahren erwartet.

- Ein *Großprojekt*: Es besteht aus 100 bis 300 Leuten, und der Projektzeitplan erstreckt sich über 3 bis 5 Jahre.
- Ein *Wahnsinnsprojekt*: Es hat eine Armee von 1.000 bis 2.000 oder mehr (einschließlich, in vielen Fällen, Beratern und Zulieferern) Mitarbeitern und soll etwa sieben bis zehn Jahre dauern.

Aus vielen Gründen kommen Kleinprojekte als Himmelfahrtskommandos in den Unternehmen, die ich heute kenne, am häufigsten vor; glücklicherweise haben sie aber die größte Chance, erfolgreich zu sein. Eine straff organisierte Gruppe von weniger als zehn Leuten hält besser zusammen und geht eher einmal miteinander durch dick und dünn, solange die Verpflichtung nicht mehr als, sagen wir, sechs Monate dauert. Eine Gruppe hochmotivierter Leute ist auch wahrscheinlicher bereit und in der Lage, persönliche Interessen (ganz zu schweigen von ihrer Gesundheit!), zeitweise (etwa für drei bis sechs Monate) zurückzustellen, solange sie weiß, dass die Orgie von langen Nächten, verschwendeten Wochenenden und verschobenem Urlaub nach Monaten zu einem Ende kommen wird.

Die Aussicht auf Projekterfolg verringert sich auffällig bei mittelgroßen Projekten und verschwindet fast vollkommen bei Großprojekten. Mit steigender Anzahl beteiligter Leute ist es schwieriger, den Mannschaftsgeist zu bewahren; und die statistische Wahrscheinlichkeit dafür, dass jemand kündigt, von einem Lastwagen überfahren wird oder den verschiedenen Gefahren der modernen Gesellschaft erliegt, wird rasch größer. Entscheidend ist hier nicht nur die Anzahl der beteiligten Leute, sondern die zeitlichen Randbedingungen: 80-Stunden-Wochen kann man sechs Monate durchhalten, aber, wenn man dies zwei Jahre lang durchziehen muss, gibt es Probleme. Wenn auch ein Manager eine kleine Gruppe von Technikfreaks überzeugen kann, solch ein Opfer zu bringen, ist dies fast unmöglich bei größeren Projektteams; statistisch sind die Chancen viel größer, dass einige von ihnen heiraten oder sich lieber Hobbys zuwenden wollen.

Was die »Wahnsinns«-Himmelfahrtskommandos angeht, fragt man sich, warum diese überhaupt existieren. Vielleicht könnte man das

NASA-Projekt, das 1969 Menschen auf den Mond brachte, als erfolgreiches Beispiel eines Himmelfahrtskommandos betrachten; aber die überwiegende Mehrheit solcher Projekte ist von Anfang an zum Scheitern verurteilt. Glücklicherweise haben die meisten erfahrenen Manager dies erkannt, und die großen Unternehmen (die sind es ja gerade, die sich so etwas leisten können) haben solche Projekte verboten. Öffentliche Einrichtungen lassen sich leider noch von Zeit zu Zeit auf solche Projekte ein; Appelle an die »nationale Sicherheit« oder andere herzerwärmende Motive können allerdings ausreichen, das Management gegenüber der Realität blind werden zu lassen, nämlich dass der Erfolg des Projekts unmöglich ist.

Zusätzlich zum Umfang eines Projekts kann es auch sinnvoll sein, den »Grad« eines Himmelfahrtskommandos mit solchen Kriterien wie der Anzahl von beteiligten Benutzergruppen zu charakterisieren. Die Dinge sind schon schwierig genug, wenn die Projektmannschaft nur einen Benutzer oder eine Gruppe gleichartiger Benutzer innerhalb einer einzelnen Abteilung zufrieden stellen muss. Unternehmensweite Projekte sind üblicherweise eine Größenordnung schwieriger, einfach wegen der Politik und den durch die Querverbindungen im Unternehmen bestehenden Kommunikationsproblemen. Dadurch degenerieren die oft mit Business-Reengineering verbundenen Systementwicklungsprojekte bis zum Status eines Himmelfahrtskommandos. Auch wenn die Entwicklungsproblematik eigentlich relativ gering im Bereich der Hardware- und Software-Probleme ist, können die politischen Konflikte das ganze Unternehmen lähmen und erhebliche Frustration für das Projektteam verursachen. Schließlich sollten wir zwischen Projekten, die unglaublich schwierig sind, und jenen, die grundsätzlich unmöglich sind, unterscheiden, wie John Boddie, Verfasser von *Crunch Mode*, zeigt:

Eine Mischung aus ausgezeichnetem technischen Personal, überragendem Management, genialen Konstrukteuren und intelligenten, zu ihren Aussagen stehenden Kunden ist immer noch nicht genug, den Erfolg für ein »Crunch Mode«-Projekt zu garantieren. Es gibt sie wirklich, die unmöglichen Projekte. Jeden Tag werden neue gestartet. Die meisten dieser unmöglichen Projekte könnten schon im frühen Entwicklungsstadium erkannt werden. Dabei scheint es zwei Hauptkategorien zu geben: »unzureichend verstandene Systeme« und »sehr komplexe Systeme«.[3]

Dies lässt noch offen, warum ein vernünftiges Unternehmen sich auf solch ein Projekt einlässt und warum ein rationaler Projektmanager oder ein technischer Mitarbeiter sich bereit erklärt, an solch einem Projekt teilzunehmen. Gerade hiermit werden wir uns weiter unten genauer befassen.

1.3 Wie kommt es zu Himmelfahrtskommandos?

Wenn Sie über das nachdenken, was in Ihrem Unternehmen vor sich geht, ist es nicht schwierig, zu verstehen, wie es zu Himmelfahrtskommandos kommt. Wie Scott Adams, Verfasser der unglaublich beliebten »Dilbert«-Comics, zeigt:

Als ich begann, diesen Erzählungen zuzuhören [über irrationales Verhalten im Unternehmen], staunte ich zunächst, aber nach sorgfältiger Analyse habe ich eine komplexe Theorie erarbeitet, um die Existenz dieses bizarren Arbeitsplatzverhaltens zu erklären: Leute sind Idioten.

Einschließlich meiner Person. Jeder ist ein Idiot, nicht einfach nur die Leute mit niedrigem IQ. Der einzige Unterschied zwischen uns ist, dass wir Idioten in unterschiedlichen Dingen zu unterschiedlichen Zeiten sind. Egal wie smart Sie sind – Sie verbringen einen Großteil Ihres Tages damit, ein Idiot zu sein.[4]

Vielleicht ist es für Sie zu deprimierend, sich vorzustellen, Sie seien ein Idiot, und dass Sie umgeben sind (und gemanagt werden von!) Idioten. Oder vielleicht halten Sie es sogar für eine Beleidigung, dass jemand solch einen Ansicht vertritt. Hier eine detailliertere Liste von Gründen für das Auftreten von Himmelfahrtskommandos:

- Politik, Politik, Politik
- Naive, vom Marketing, oberen Führungskräften, naiven Projektmanagern etc. gemachte Versprechen

- Naiver Optimismus der Jugend: »Wir können es übers Wochenende schaffen!«
- Die »Start-Up«-Mentalität unerfahrener Firmen
- Die »Marine Corps«-Denkungsart: Der wahre Programmierer braucht keinen Schlaf!
- Heftiger, durch die Globalisierung verursachter Wettbewerb
- Heftiger, durch das Entstehen neuer Technologien verursachter Wettbewerb
- Heftiger, von unerwarteten neuen Vorschriften verursachter Druck
- Unerwartete und/oder ungeplante Krisen: Ihr Hardware/Software-Lieferant ging gerade bankrott, oder Ihre drei besten Programmierer starben gerade an der Beulenpest.

Die Kriterien scheinen offensichtlich zu sein. Sie sind es trotzdem wert, hier diskutiert zu werden, denn sie können Ihnen zeigen, dass Ihr Himmelfahrtskommando so verrückt und irrational ist, dass Sie sich gar nicht erst daran beteiligen sollten. Tatsächlich sollten Sie, auch ohne solche Gründe prüfen, ob Sie die nächsten Monate (oder Jahre) mit solch einem Projekt verbringen wollen. Wir werden dieses Thema später in diesem Kapitel vertiefen.

1.3.1 Politik, Politik, Politik

Viele Software-Entwickler schwören Stein und Bein, sie seien von politischen Faktoren in ihrer Arbeit nicht betroffen – einerseits weil sie ahnen, dass sie in politischen Spielchen nicht sehr gut sind, andererseits weil sie glauben, Politik sei irgendwie widerlich. Nun, Politik kann man nicht umgehen; sobald zwei oder mehr Leute an einer Unternehmung beteiligt sind, gibt es auch Politik.

Aber, wenn Politik die dominierende Kraft in einem großen, komplexen Projekt wird, werden Sie feststellen, dass es zu einem Himmelfahrtskommando verkommt. Erinnern Sie sich an meine Definition eines Himmelfahrtskommandos: Zeitplan, Budget, Stab oder Hilfsmittel weichen 50 bis 100 Prozent von ihrem analytischen Sollwert ab. Warum wird nun das Projekt diesen Problemen ausgesetzt? Es gibt da viele mögliche Erklärungen, wie wir in der Diskussion unten sehen werden; aber in vielen Fällen ist die Antwort einfach nur »Politik«. Es kann zum Beispiel ein Machtkampf zwischen zwei überehrgeizigen Managern in Ihrem Unternehmen sein oder das Projekt kann bewusst aus Rache so angesetzt worden sein, damit ein bestimmter Manager damit abstürzt, der irgendwem irgendwann einmal auf die Füße getreten hat. Die Zahl der Möglichkeiten ist unendlich.

Die Chancen sind gering, die entsprechenden Politiker dazu zu bringen, zuzugeben, was eigentlich wirklich passiert; wenn Sie ein technisches Teammitglied sind, ist es allerdings nicht unvernünftig, Ihren Projektmanager zu fragen, ob das ganze Himmelfahrtskommando eine politische Heuchelei ist. Auch wenn Politik Ihnen nicht gefällt und auch wenn Sie denken, ein politischer Neuling zu sein, hören Sie sich vorsichtig die Antwort an, die Ihr Manager Ihnen gibt. Sie sind nicht dumm, und Sie sind nicht so naiv. Wenn Sie einen sechsten Sinn haben und spüren, dass hässliche Politik das ganze Projekt dominiert, haben Sie wahrscheinlich auch Recht; und wenn Ihr unmittelbarer Gruppenleiter Ihnen eine dumme oder mehrdeutige Antwort auf Ihre Fragen gibt, sollten Sie Ihre eigenen Schlüsse ziehen. Was, wenn Ihr Manager offen mit Ihnen übereinstimmt? Was, wenn er oder sie sagt »ja, dieses ganze Projekt ist nichts weiter als ein erbitterter Machtkampf zwischen den Vizepräsidenten Schmitz und Huber«? Wenn das der Fall ist, warum um Himmels willen beteiligt sich dann Ihr Manager an diesem Projekt? Wie wir weiter unten sehen werden, kann es viele Gründe geben, aber die Gründe Ihres Managers sind nicht unbedingt auch Ihre Gründe. Die Existenz hässlicher Politikeinflüsse heißt nun nicht, dass Sie das Projekt aufgeben oder Ihren Job kündigen sollten. Aber es bedeutet, dass Sie Ihre eigenen Prioritäten, Ziele, Ethik von dem trennen sollten, was im Projekt geschieht, denn es ist sehr wahrscheinlich, dass viele Entscheidungen, (beginnend mit dem Zeitplan, Budget und den Ressourcen, die das Projekt als ein Himmelfahrtskommando von Anfang an definierten) nicht im besten Interesse der User oder des Unternehmens getroffen wurden. Wenn das Projekt überhaupt erfolgreich ist, ist es wahrscheinlich eher Zufall oder es mag sein, weil das angepeilte Opfer (zum Beispiel Ihr Projektmanager oder ein Manager einige Stufen darüber) ein geschickterer Politiker ist, als die Opposition sich ausrechnete.

1.3.2 Dumme Marketingaussagen, Chefs, Projektmanager usw.

Dummheit ist oft direkt verknüpft mit einem Mangel an Erfahrung. So überrascht es nicht, wenn unrealistische Versprechen von Leuten gemacht werden, die keine Ahnung haben, wie viel Zeit oder Aufwand erforderlich ist, das beabsichtigte System zu entwickeln. Im Extremfall kann dies zu dem führen, was mein Freund Tom DeMarco »hysterischen Optimismus« nennt. Dieser liegt vor, wenn jeder im Unternehmen geradezu verzweifelt glauben möchte, dass ein komplexes Projekt, das vorher so noch nie durchgeführt wurde und das nach realistischer Schätzung einem Aufwand von drei Kalenderjahren entspricht, irgendwie in neun Monaten beendet werden kann.

Naivität und Optimismus breitet sich auch, wie wir sehen werden, bis zu den technischen Mitarbeitern aus. Aber nehmen Sie für den Augenblick einmal an, dass es Ihr Chef, Ihre Vertriebsabteilung oder der Endbenutzer ist, der für den naiv optimistischen Zeitplan verantwortlich ist oder die Kosten hierfür veranschlagt hat. Die Frage ist: Wie werden sie reagieren, wenn es schließlich klar wird, dass die anfänglichen Zusagen oder Annahmen zu optimistisch waren? Werden sie den Zeitplan verlängern, das Budget vergrößern und ruhig hinnehmen, dass die Sache eben aufwendiger ist, als sie sich anfangs vorgestellt hatten? Werden sie Ihnen danken für die großen Anstrengungen, die Sie und Ihre Kollegen bis zu diesem Zeitpunkt aufgewendet haben? Ist dies tatsächlich der Fall, dann ist es Ihre wichtigste Aufgabe, den klassischen Wasserfall-Lebenszyklus durch einen RAD(Rapid Application Development)-Ansatz zu ersetzen, so dass eine realistischere Abschätzung von Zeitplan, Budget und Ressourcen, nach dem ersten Prototypen des Systems geliefert gemacht werden kann[5]

Nun, leider ist diese irgendwie vernünftige Kurskorrektur in vielen Himmelfahrtskommandos unmöglich. Es kann zum Beispiel sein, dass ein Manager dem Kunden eine naive Zusage gemacht hat, und dann glaubt, diese Zusage einhalten zu müssen – egal wie. Im schlimmsten Fall weiß die Person, die die Verpflichtung eingegangen ist, sogar genau Bescheid. (Das wird besonders offensichtlich, wenn der Vertriebsmanager dem Projektmanager bei einem Bier während der Feier des Vertragsabschlusses mit einem leichtgläubigen Kunden offenbart: »Wir hätten diesen Vertrag nicht bekommen, wenn wir den Kunden gesagt hätten, wie lange das Projekt wirklich dauert; wir wussten schließlich, dass unsere Konkurrenten mit einigen wirklich aggressiven Angeboten kommen würden. Und außerdem zieht ihr Jungs euch, was Zeitpläne und Budgets angeht, doch sowieso immer ziemlich warm an, oder?« Die letzte Bemerkung ist besonders unangenehm, wenn sie von Ihrem Chef oder von einigen Managern zwei oder drei Stufen über Ihnen kommt. Sie unterstellt, dass der ganze Prozess der Schätzung von Zeitplänen und Budgets, den ich ausführlich in Kapitel 3 vorstellen werde, verhandelbar ist. Es steckt aber eine gehörige Portion Naivität in der Unterstellung, dass Sie Ihr Projekt aufgrund des »Warmanziehens« ja doch zu dem lächerlichen Termin vollenden könnten, der Ihnen von dem Manager auferlegt wurde. Andererseits könnte diese Auffassung etwas zu tun haben mit der »Marines«-Stimmung, wie weiter oben erläutert.

Ähnlich könnte die Verpflichtung zu solch einem lächerlichen Zeitplan und Budget von der Vertriebsabteilung ausgehen, aber aus anderen politischen Motiven, wie oben schon erklärt; das heißt, der Vertriebskollege kümmert sich wahrscheinlich nicht um Zeitplan und Budget. Was er anbot, wurde deshalb lächerlich, weil sein oberstes Ziel die Verkaufszahlen, die Angebotsvorgaben oder der Wunsch ist, dem Chef zu gefallen. Nehmen Sie für den Augenblick einmal an, dass das Himmelfahrtskommando aus reiner Dummheit geschaffen wurde, ohne politische oder sonstige unsachgemäße Faktoren. Die Frage ist: Was sollten Sie nun tun? Wie schon bemerkt, ist eine Schlüsselfrage die Wahrscheinlichkeit, dass die Entscheidungsträger ihre Budgets und Zeitpläne revidieren werden, wenn klar wird, dass die ursprünglichen Verpflichtungen nicht eingehalten werden können. Es ist schwierig, dies vorauszusagen, obwohl es nicht schwer fallen würde, zu prüfen und zu sehen, was in ähnlichen Situationen bei anderen Himmelfahrtskommandos passiert ist und dies dann auf das neue Projekt zu übertragen. Wenn dies für Sie das erste Projekt dieser Art ist, das Sie kennen lernen, dann sind Sie wirklich in unerforschtem Territorium.

Wenn Sie den starken Eindruck haben, entweder aus Ihrem politischen Instinkt heraus oder aufgrund von Erfahrungen aus bisherigen Projekten in Ihrem Unternehmen, dass das Management sich fest an sein ursprüngliches Budget und Zeitplan hält, egal, wie groß die Abweichung von der Realität wird, dann müssen Sie sehr grundsätzlich darüber nachdenken, ob Sie weitermachen oder nicht. Hierzu gehört auch die Frage, in welchem Umfang Sie über weitere Faktoren Ihres Projektes noch verhandeln können – zum Beispiel über die technischen Mitarbeiter, die dem Projekt zugeordnet werden. Näheres hierzu diskutieren wir in Kapitel 2.

1.3.3 Der naive Optimismus der Jugend oder »Wir können es übers Wochenende schaffen!«

Obwohl das Management ein bequemer Sündenbock für viele der idiotischen Entscheidungen ist, die mit Himmelfahrtskommandos verknüpft sind, ist das technische Personal nicht gänzlich harmlos. Tatsächlich wird das Management in vielen Fällen gern seine Naivität und den Mangel an Erfahrung mit dem technischen Prozess nutzen, komplexe Projekte zu schätzen und zu definieren. »Wie lange glauben Sie, brauchen wir für das Projekt?«, werden sie den »Mann der Stunde« aus dem Technikteam fragen, der gerade letzte Woche zum Gruppenleiter ernannt wurde.

Und wenn dieser Gruppenleiter ehrgeizig ist, lautet die Antwort aus jugendlichem Optimismus, der oft den Teenagerillusionen von Unsterblichkeit, Omnipotenz und Allwissenheit entspringt, wahrscheinlich: »Kein Problem! Wir können es wahrscheinlich übers

Wochenende schaffen.« Ein wirklich guter Software-Entwickler, hier wäre sicher »Hacker« eine passendere Beschreibung, ist jetzt fest überzeugt, dass er das System an einem Wochenende entwickeln könnte. Solche unwichtigen Dinge wie Dokumentation, Fehlermanagement und der Test der möglichen Benutzereingaben sind so langweilig, dass sie nicht zählen. Wenn Sie der naiv optimistische Software-Ingenieur, verantwortlich dafür, die Schätzung des Himmelfahrtskommandos zu realisieren, haben Sie die Chance, dass Sie nicht einmal wissen, worauf Sie sich einlassen. Sie haben wahrscheinlich den vorigen Absatz gelesen, sträubten sich gegen die Unterstellungen und schimpften, »Verdammt richtig! Ich kann wirklich ein System an einem Wochenende fertig bekommen!« Gott schütze Sie! Vielleicht haben Sie ja Erfolg. Auf jeden Fall wird wahrscheinlich nichts, was Sie von einem alten Furz wie mir hören, in der Lage sein, Ihre Meinung zu ändern.

Aber wenn Sie ein kampferprobter Veteran sind und Sie schon sehen können, dass Sie im Begriff sind, an ein Himmelfahrtskommando gefesselt zu werden, weil einige naive junge technische Manager lächerlich optimistische Zusagen bezüglich des Zeitplans des Projektes, des Budgets und der Ressourcen gemacht haben, was sollten Sie tun? Der beste Rat, denke ich, ist: »Weglaufen!« Wenn solchen technischen Managern klar wird, dass alles über ihren Köpfen zusammenbricht, brechen sie oft zusammen, was sich in völlig irrationalem Verhalten oder Lähmung äußert. In den meisten Fällen haben sie sich vorher nicht einmal damit befasst, dass etwas so groß und komplex sein könnte, dass es nicht durch schiere Klugheit oder Brachialgewalt (zum Beispiel 48 Stunden Non-Stopp-Kodieren an einem Wochenende) bewältigt werden könnte. Auf jeden Fall sind sie, wenn ihr Projekt in Verzug gerät, sicherlich nicht in der Stimmung, zuzuhören, wenn jemand sagt, »Habe ich es nicht gesagt?«

1.3.4 Die »Start-Up«-Mentalität von Gründungsunternehmen

Ich habe nicht nur schon gesehen, wie so etwas passiert ist. Ich habe auch an solchen Projekten teilgenommen und bin sogar verantwortlich dafür gewesen, sie in einigen Fällen so zu initiieren. Als dieses Buch geschrieben wurde, schien es, dass jedes neu gegründete Unternehmen, in dessen Name oder Produktname »Java« vorkommt, mehr Wagniskapital bekommen könnte, als es verbrauchen könnte. Aber im Allgemeinen sind Jungunternehmen unterbesetzt, unterfinanziert, untergemanagt und unverschämt optimistisch bezüglich ihrer Erfolgsaussichten. Sie müssen so sein, weil ein umsichtiger, konservativer Manager nicht davon träumen würde, eine neue Firma ohne Tonnen sorgfältiger Planung und mit einem dicken Bankkonto zu gründen, um sich vor unvorhergesehenen Kosten zu schützen.[6]

Deshalb entwickelt sich, fast schon definitionsgemäß, ein großer Prozentsatz der mit Neugründungen verbundenen Projekte zu Himmelfahrtskommandos. Ein großer Prozentsatz dieser Projekte wird misslingen; ein großer Prozentsatz der Gesellschaften wird mit ihnen mitgerissen. C'est la vie, das ist eben Hightech-Kapitalismus (besonders übrigens in den USA). Für mich, der ich in einer solchen Umgebung aufgewachsen bin, ist das ganz normal. Meine Haltung wird natürlich auch von der Tatsache beeinflusst, dass ich das Glück hatte, mit ein paar solchen Wagnissen Erfolg zu haben. Tatsächlich ist dieses Szenario aber oft einer der positiven Gründe dafür, sich auf ein Himmelfahrtskommando einzulassen, wie ich später in diesem Kapitel ausführen werde.

Nicht jeder ist mit der Kultur und Umgebung eines »Start Ups« vertraut. Wenn Sie die letzten 20 Jahre Ihrer Karriere mit COBOL-Zombies in einer aussterbenden Behörde (oder bei Banken, Versicherungsgesellschaften oder Telefongesellschaften) gearbeitet haben und Sie gerade eine Aufgabe in einer Start-Up-Firma angenommen haben, weil Sie downgesized, outgesourced oder reengineered wurden, dann haben Sie wahrscheinlich wenig oder gar keine Ahnung, wofür Sie nun da sind. Himmelfahrtskommandos kommen auch in großen Gesellschaften vor, aber sie werden oft personalisiert wie in dem Film *Die Nacht der lebenden Toten*. Die Umgebung ist vollkommen bei Himmelfahrtskommandos von Jungunternehmen; es ist wie ein reiner Adrenalinschuss. Gleichzeitig leiden Jungunternehmen oft an dem irgendwie an dem naiven Optimismus, den ich schon erwähnte. Viele Jungunternehmen werden von technischen Überfliegern gegründet, die davon überzeugt sind, dass ihre neue Technologie sie reicher machen wird als Bill Gates; andere Gründer sind Marketingzauberer, die davon überzeugt sind, leichtgläubigen Eskimos internetfähige Kühlschränke verkaufen zu können. Optimismus ist wichtig in einem Start-Up-Unternehmen und der Erfolg des Abenteuers Unternehmen kann davon abhängen, etwas zu tun, wozu niemand jemals zuvor in der Lage war. Aber, sogar ein aggressives, optimistisches Start-Up muss die grundlegenden Gesetze von Physik und Mathematik einhalten. Wenn Sie an einem Start-Up-Himmelfahrtskommando beteiligt werden, überprüfen Sie, ob Sie irgendeine Art von Erfolgsplan erkennen können oder ob das ganze Wagnis auf Wunschträumen basiert.

1.3.5 Die Denkweise der »Marines«: Echte Programmierer brauchen keinen Schlaf!

Start-Up-Firmen sind manchmal infolge des »Marines«-Syndroms leicht verwundbar. Am häufigsten habe ich dieses Phänomen allerdings in den großen Dienstleistungsunternehmen wie EDS und den großen[7] Wirtschaftsprüfungsunternehmen beobachtet. Es spiegelt vielleicht die Persönlichkeit der Firmengründer wider. Oder es ist eine Reflexion der Unternehmenskultur aus dessen Gründungszeit. Das Unternehmensklima bei Microsoft, zum Beispiel, ist oft diesen Faktoren zugeschrieben worden. Im Wesentlichen wird Ihnen jeder entsprechende Manager sagen: »Jedes Projekt ist hier so, weil die Dinge hier eben so sind, wie sie sind. Es funktioniert, wir sind erfolgreich, und wir sind verdammt stolz darauf. Wenn Sie damit nicht zurechtkommen, dann gehören Sie nicht hierhin.«

Ob eine Haltung wie diese zivilisiert ist, menschlich oder richtig, ist eine andere Frage. Tatsächlich ist es sogar eine andere Frage, ob so etwas erfolgreich ist. Das Wichtige ist, zu erkennen, dass es absichtlich, nicht zufällig so ist. Wenn Sie ein Märtyrer oder ein Revolutionär sind, könnten Sie beschließen, die Unternehmenskultur zu attackieren. Aber Sie werden wohl keinen Erfolg damit haben. Es ist zum Beispiel möglich, dass einige negative langfristige Konsequenzen in einer ausgeprägten Himmelfahrtskommando-Kultur entstehen: Die besten Leute werden langsam verschwinden und das Unternehmen kann schließlich scheitern. Aber niemand fragt danach, warum dieses Projekt mit einem beinah unmöglichen Fahrplan und Budget eingerichtet wurde. Wie der typische Manager solch einer Gesellschaft sagt, »Wenn Sie damit nicht zurechtkommen können, dann gehören Sie hier nicht hin.«

Manchmal gibt es einen offiziellen Grund für ein solches Unternehmensverhalten – zum Beispiel: »Wir konkurrieren in einem hart umkämpften Markt, und alle unsere Konkurrenten sind genau so gut wie wir. Der einzige Weg zum Erfolg ist, doppelt so hart zu arbeiten.« Manchmal werden Himmelfahrtskommandos eingerichtet, um die jüngeren oder schwächeren Angestellten auszufiltern, so dass nur die Überlebenden der Himmelfahrtskommandos den gehobenen Status eines »Partners« oder Vizepräsidenten erreichen werden. Was auch immer die Gründe dafür sind, das Phänomen ist in der Regel ziemlich durchgängig; es bringt auch nicht viel, nur im Zusammenhang mit einem einzigen Projekt darüber zu sprechen. Das bedeutet nicht notwendigerweise, dass Sie eine Zuordnung zu solch einem Projekt akzeptieren sollten; gerade weil jedes andere Projekt in diesem Unternehmen ein Himmelfahrtskommando ist, heißt das eben nicht, dass Ihres erfolgreich sein wird oder dass Sie es überleben werden. Es bedeutet einfach, dass die Entscheidung, solch ein Projekt zu schaffen, einen nachvollziehbaren Grund hat.

1.3.6 Heftiger Wettbewerb durch Globalisierung der Märkte

Unternehmen, die Himmelfahrtskommandos in der Vergangenheit nicht toleriert hätten, waren in den letzten Jahren manchmal gezwungen, dies trotzdem zu tun, einfach wegen des verschärften Wettbewerbs im globalen Markt. Die sekundären Faktoren sind hier die weltweite Telekommunikation (einschließlich des Internets) und politische Entscheidungen, früher geschützte Märkte zu öffnen oder bestimmte Zolltarife und Kontingente zu beseitigen. Für einige Unternehmen ist dies kein neues Phänomen. Die Auto- und die

Elektronikindustrie zum Beispiel haben seit den 70er Jahren harten Wettbewerb. Aber für andere Unternehmen kann das Auftreten von europäischen oder asiatischen Konkurrenten ein herber Schock sein. Sobald das obere Management die Realität ernsten Wettbewerbs erst einmal akzeptiert hat, kann es eine Vielzahl radikaler Maßnahmen beschließen, vom Downsizing bis zum Reengineering –, aber auch direkt mit einem neuen Erzeugnis oder einer Dienstleistung zu konkurrieren, die eine neue, ehrgeizige Systemunterstützung erfordern. Voilà! Der Beginn eines Himmelfahrtskommandos.

Eine relativ junge Version dieser Globalisierungsphänomene ist das Outsourcing von Software-Entwicklung in abgelegene Unternehmen in Indien, China, Russland oder andere Länder. Nachdem ich verschiedene Software-Unternehmen in verschiedenen dieser Länder besucht habe, kann ich nur bestätigen, dass diese Unternehmen in der Regel keine Amateurunternehmen sind, die Ihren Mitarbeitern einen 16-Stunden-Tag an sieben Tagen in der Woche zumuten. Nichtsdestotrotz reicht die Existenz dieser externen Programmierer dazu aus, dass die heimischen Softwareunternehmen und EDV-Abteilungen ihre höher bezahlten Programmierer länger arbeiten lassen, damit die Kalkulation wieder stimmt. Wie ein Leser mir in einer E-Mail unlängst mitteilte:

»Ich sehe, wie alles schlechter wird. Durch den Trend, Softwareentwicklung nach Übersee auszulagern, um die Arbeitskosten drastisch zu senken, nimmt der Druck auf die übrig gebliebenen heimischen Software-Häuser enorm zu. Die einzige Lösung in diesem Wettbewerb wird sein, das eigene Produkt schneller auf den Markt zu bringen und die Kosten gleichzeitig zu senken. Himmelfahrtskommandos werden vielleicht für viele Unternehmen zum Standard. Selbst, wenn sich die gesamte Wirtschaftslage verbessert, wird das nichts an diesen Marktrealitäten ändern.« [8]

1.3.7 Heftiger Wettbewerb mit neuen Technologien

Wettbewerb aufgrund eines sich erweiternden Marktes wird oft als eine defensive Ausgabe wahrgenommen, aber es kann auch wahrgenommen werden als eine eher offensive, vorausschauende Gelegenheit – »Wenn wir dieses neue System mit Doppelbytezeichen-Code entwickeln, können wir die Erzeugnisse unseres Unternehmens auch nach Japan verkaufen.« Ähnlich kann die Einführung von grundlegend verbesserter Technologie eine defensive, kritische Antwort eines Unternehmens verursachen, das mit den Produkten auf der Basis einer älteren, aber billigeren Technologie zufrieden war; oder es kann zu einer zukunftsorientierten Entscheidung führen, die neue Technologie für einen Wettbewerbsvorteil auszunutzen. Als dieses Buch geschrieben wurde, waren Technologien wie Java und das Internet ein offensichtliches Beispiel dieses Phänomens; aber das Erstaunliche in unsere Industrie ist, dass sich neue Beispiele dieser Art alle paar Jahre ergeben.

Wenn die Antwort des Unternehmens auf die Neue Technologie-Situation im Wesentlichen defensiv ist, kann das Himmelfahrtskommando dadurch entstehen, dass das Unternehmen versucht, die alte Technologie weit über seine normalen Grenzen auszubeuten. Wenn das Unternehmen zu viel in die alte Technologie (und die damit zusammenhängende Infrastruktur) investiert hat, um es gänzlich aufgeben zu können, kann es versucht sein, sich auf eine Neuentwicklung seiner alten Systeme mit der Forderung an die Programmierer einzulassen, es zehnmal schneller und attraktiver zu machen.

Viele Himmelfahrtskommandos in dieser Kategorie sind jene, in denen technisches Neuland betreten wird oder neue Technologien zum ersten Mal zum Einsatz kommen. Denken Sie an das erste Client/Server-System, Objektorientierung, relationale Datenbanken oder Internet-/Java-Projekte in Ihrem Unternehmen; einige von ihnen können bescheidene Versuche gewesen sein, um die potenziellen Nutzen der Technologie zu erforschen, aber einige von ihnen wurden wahrscheinlich als eine wettbewerbsorientierte Antwort auf die Einführung der gleichen Technologie in einem anderen Unternehmens geschaffen. Im letzteren Fall haben wir es normalerweise mit großvolumigen Projekten mit unverschämt aggressiven Zeitplänen und Budgets zu tun. Aber was wirklich zur Himmelfahrtskommando-Natur solcher Projekte beiträgt – über die offensichtlichen Faktoren Größe, Fahrplan und Budget hinaus –, ist der Versuch, eine völlig neue Technologie für eine industrielle »Poweranwendung« zu benutzen. Auch wenn die Technologie prinzipiell brauchbar ist, erhöht sich ihr Nutzen nicht unbedingt bei ausgedehnter Anwendung; niemand weiß, wie man ihre Stärken nutzt und ihre Schwächen umgeht; und die Verkäufer wissen nicht, wie man hierfür einen richtigen Support durchführt und und und ...

Während das alles als eine unangenehme Erfahrung von den erfahreneren Projektmitgliedern wahrgenommen werden kann (diejenigen, die sich an die »guten alten Tage« von FORTRAN II und Assembler erinnern), ist es wichtig, sich klarzumachen, dass die jüngeren Techniker und Projektmanager die neuen Technologien bevorzugen, genau weil sie neu sind. Dies sind dieselben Leute, die ich oben als naive Optimisten charakterisierte, naiv optimistisch bezüglich des Zeitplans und der Budgetbeschränkungen, innerhalb derer sie arbeiten. Ist es da ein Wunder, dass solche Projekte zu einem Himmelfahrtskommando degenerieren, in dem jeder die Nächte und lange Wochenenden durcharbeitet, um einer experimentellen neue Technologie den Anschein des ordentlichen Funktionierens zu geben?

1.3.8 Hoher Druck durch unerwartete Behördenregulierungen

Wie oben erwähnt, ist einer der Gründe für Himmelfahrtskommandos, die mit der Globalisierung der Märkte verknüpft sind, die Entscheidung der Regierung, (Zoll-)Tarife zu reduzieren, Einfuhrquoten zu beseitigen, oder andere solcher Entscheidungen, einen früher geschlossenen Markt zu öffnen. Aber dies ist nur ein Beispiel für den Einfluss von Behörden, der zu einem Himmelfahrtskommando führen kann. Deregulierung von kontrollierten Industrien oder Privatisierung von öffentlichen Einrichtungen sind zwei andere nahe liegende Beispiele. Tatsächlich sind viele Himmelfahrtskommandos, die heute rund um die Welt stattfinden, die direkten Resultate von Behördenmaßnahmen wie die Deregulierung in der Telekommunikationsindustrie, der Finanzdienstleistungsbranche, bei den Fluggesellschaften ... und so weiter. Allerdings gibt es auch viele Fälle verstärkten Regulierungsdrucks durch die Staatsautorität, besonders in den Bereichen der Steuer, der Offenlegung von Daten von Aktiengesellschaften, umwelttechnische Vorschriften und dergleichen. In jeder Art von demokratischer Gesellschaft wird der Werdegang solcher Regulierungen intensiv wahrgenommen, weil die Legislative streitet und debattiert und sich über Details Monate, wenn nicht Jahre engagiert, bevor ein entsprechendes Gesetz verabschiedet wird. Aber oft sind die Details bis zum letzten Moment nicht klar und die typische Reaktion des oberen Managements ist gewöhnlich, das ganze Ding zu ignorieren, bis es eine unvermeidliche Realität wird. Und damit ist ein anderes Himmelfahrtskommando geschaffen.

Das besonders Unangenehme an vielen dieser von der Politik generierten Himmelfahrtskommandos ist der Termin: Das neue System muss bis zu einem bestimmten Datum, wie zum Beispiel dem ersten Januar, betriebsbereit sein oder es drohen Geldstrafen in Millionenhöhe. Nun kann es die Möglichkeit geben, eine Fristverlängerung zu beantragen, aber in vielen Fällen ist der Termin absolut fest. Und die Konsequenzen sind üblicherweise genauso schrecklich für das oben erwähnte Unternehmen wie jene, die oben schon erwähnt wurden: Arbeitsplatzabbau, Konkurs oder andere Katastrophen, wenn das neue System nicht pünktlich verfügbar wird.

Beachten Sie, dass Technologie in Projekten wie diesen üblicherweise nicht das Problem ist; was Projekte als Himmelfahrtskommando charakterisiert, ist der aggressive Zeitplan. Natürlich kompliziert das Management manchmal die Situation durch Unterpersonalisierung oder bringt es mit einem unzureichenden Budget zum Stolpern.

1.3.9   Unerwartete und/oder ungeplante Krisen

Ihre zwei besten Programmierer sind gerade in Ihr Büro marschiert, um Sie darüber zu informieren, dass sie (a) heiraten werden, (b) den Zeugen Jehovas beitreten und (c) heute ihr letzter Tag in ihrem alten Job ist. Oder, Ihr Netzdienstleister ruft Sie an, um zu sagen, dass Ihr Anbieter gerade bankrott gegangen ist und Sie alles in den nächsten 30 Tagen umprogrammieren müssen, um das Netzwerk eines anderen Anbieters zu benutzen. Oder Ihre Rechtsabteilung teilt Ihnen am Telefon mit, dass das Unternehmen auf zehn Millionen Euro verklagt wurde, weil es gegen den Paragraf 13 (b) von Gesetz Q einiger obskurer Steuergesetze verstoßen hat, von denen niemand etwas wusste. Oder ...

Natürlich könnten Sie behaupten, dass in einem gut geführten Unternehmen die bevorstehende Kündigung Ihrer zwei besten Programmierer vorausgeplant würde. Und man wäre nicht so albern gewesen, allein abhängig von einem einzigen Netzwerkanbieter zu sein. Und das Management hätte die Vorausschau gehabt, die Details von Vorschrift Q zu überprüfen. Solche Krisen, sagt der Purist, sind das Ergebnis schlechter Planung und ebensolchem Management; eine »ungeplante Krise« ist deswegen ein Oxymoron, ein impliziter Widerspruch.

Nun, vielleicht ist das so. Aber in der Praxis wird es tatsächlich immer schwieriger, all die verrückten Dinge vorherzusehen, die in der Geschäftswelt passieren können. In Freud und Leid wohnen wir in einer Welt von Chaos, und Himmelfahrtskommandos sind eine natürliche Konsequenz dieses Chaos.[9] Auch wenn wir eine prinzipielle Ahnung davon haben, dass chaotische Dinge in der Zukunft vorkommen könnten, können wir auf sie in einer Himmelfahrtskommandoart reagieren. Jeder im Umkreis des St.-Andreas-Grabens in Kalifornien zum Beispiel weiß, dass ein massives Erdbeben über kurz oder lang stattfinden wird; aber das wird nicht verhindern, dass am Tag nach dem »großen Beben« zahlreiche Himmelfahrtskommandos begonnen werden, auch wenn der Westen Kaliforniens im Meer versunken ist. Selbst wenn wir wissen, wann genau eine Krise entsteht, geraten wir oft in ein Himmelfahrtskommando, weil das Management es bis zum letztmöglichen Augenblick vermeidet, sich mit der Situation zu befassen. Wie sonst können wir die Panik erklären, die viele IT-Abteilungen ergriff, als der Januar des Jahres 2000 bevorstand? Wir wussten doch schon lange, dass der Wechsel zum Jahr 2000 zwangsläufig kommen würde, und wir wussten auch, dass man diesen Termin nicht einfach verschieben konnte. Wir haben die Natur des Problems genau gekannt, und zur Lösung bedurfte es keiner neuen technischen Entwicklung wie etwa Java. Warum also wurden 1998 und 1999 so viele Y2K-Himmelfahrtskommandos begonnen?

Auf jeden Fall führen unvorhergesehene Krisen zu allen möglichen Arten von Himmelfahrtskommandos. Im Grenzfall schaffen sie Projekte, für die der Termin »gestern, wenn nicht noch früher« war – weil die Krise schon da ist, und die Probleme sich permanent vergrößern, bis ein neues System hier Abhilfe schafft. In anderen Fällen, wie zum Beispiel überraschenden Verlust von Schlüsselpersonal, können an sich rationale Projekte zu Himmelfahrtskommandos werden, weil einfach die Manpower zu gering wird oder wichtige intellektuelle Ressourcen verloren gehen.

Aus den verschiedensten Gründen werden diese Projekte oft zu den schlimmsten Himmelfahrtskommandos, weil niemand vorhersehen konnte, dass sich die Lage so verändern würde. Für die oben beschriebene »Marines«-Situation gibt es keine solchen Überraschungen. Jeder weiß von dem ersten Tag des Projektes an, dass, wie bei allen bisherigen Projekten, auch hier außergewöhnliche Anstrengungen nötig sein werden. Jungunternehmen sehen dem Himmelfahrtskommando mit Spannung entgegen; nicht nur weil es spannend und herausfordernd ist, sondern weil seine erfolgreiche Bewältigung jeden reich machen könnte.

1.4 Warum beteiligen sich Menschen eigentlich an Himmelfahrtskommandos?

Das Thema der bisherigen Diskussion ist die Tatsache, dass Unternehmen aus einer Vielzahl von Gründen Himmelfahrtskommandos schaffen oder tolerieren. Wir können nun diese Gründe akzeptieren oder ablehnen, und wir können mit den von wirklich unerwartetem Krisen verursachten Gründen vielleicht sogar auf eine gewisse

Art sympathisieren – aber letztlich müssen wir Individuen sie als Tatsachenentscheidungen des Lebens hinnehmen.

Das bedeutet aber nicht, dass wir an ihnen teilnehmen müssen. Der größte Teil dieses Buches setzt voraus, dass Sie an einem Himmelfahrtskommando teilnehmen werden, obwohl ich Ihnen unter gewissen speziellen Umständen nahe legen werde, auszusteigen. Der beste Zeitpunkt hierfür ist natürlich der Projektanfang. Wenn man Sie solch einem Projekt zugewiesen hat (entweder als Manager oder technisches Projektmitglied), sollte Sie diesen Spruch bereithalten: »Nein danke! Ich gebe das an jemand anderen weiter.« Wenn das keine annehmbare Antwort im Rahmen Ihrer Unternehmenskultur ist, haben Sie fast immer die Option »Nein, danke! Ich wollte gerade kündigen.«

Offensichtlich argumentieren einige Entwickler – und wahrscheinlich eine größere Anzahl von Managern –, dass dies keine wirklich realitätsnahe Option ist. Ich werde hierüber bald ins Detail gehen. Für den Augenblick mag es ausreichen, zu bemerken, dass dies einer der möglichen »negativen« Motive ist, an Himmelfahrtskommandos teilzunehmen; die genannte Option mag nicht gerade lustig sein, aber vielleicht ist sie gar nicht so schlimm wie die Alternativen.

Andererseits lassen sich einige Entwickler (und einige Manager) sogar gern zu solchen Projekte verpflichten; außer aus naivem Optimismus, warum sollte ein vernünftiger Mensch freiwillig dazu bereit sein, an einem Projekt teilzunehmen, das wahrscheinlich 14-Stunden-Tage, 7-Tage-Wochen und um ein oder zwei Jahre verschobenen Urlaub erfordert? Die üblichen Gründe dafür, an Himmelfahrtskommandos teilzunehmen, sind:

- Die Risiken sind hoch, aber der Lohn sicher auch.
- Das »Mount Everest«-Syndrom
- Die »Erregung«, mit anderen verpflichteten Leuten zusammenzuarbeiten
- Die Naivität und der Optimismus der Jugend
- Die Alternative wäre Arbeitslosigkeit.
- Es ist erforderlich, damit man bei künftigen Beförderungen berücksichtigt wird.

- Die Alternative ist die Pleite oder eine andere Katastrophe.
- Es ist eine Gelegenheit, der »alltäglichen« Bürokratie zu entgehen.
- Rache

Dies soll keine vollständige Liste sein.

Kevin Huigens[10] bat sein Projektteam darum, zu einem seiner jüngsten Personalisierungsmeetings ein Brainstorming durchzuführen. Sie dachten sich dabei folgende Erklärungen für Teilnahme an Himmelfahrtskommandos aus:

- Jeder möchte fühlen, dass er gebraucht wird.
- Eine wahrgenommene Gelegenheit
- Ein möglicher Geldvorteil
- Kann sich nicht leisten, den Job zu verlieren
- Von extern hinzugekommen, um das Projekt zu führen
- Freiwillige Ausblendung von Skepsis
- Ist egal, ob das Projekt scheitert, will nur mit »cooler« Technologie arbeiten
- On-the-Job-Training in neuer Technologie
- Ewiger Optimismus
- Herausforderung
- Schlichte Blödheit
- Gelegenheit, sich zu beweisen
- Die Aufgabe vollenden
- Es ist das einzige Projekt.
- Ihr Freund betreibt das Projekt.
- Ihr Bruder betreibt das Projekt (das benötigt mehr als Freundschaft).
- Ihr Chef ordnete es so an.
- Sie haben kein anderes Leben.
- Haben gerade nichts Besseres zu tun.
- Aktienoptionen
- Habe Ist-Gehalt verglichen mit einer Gehaltserhöhung
- Liebe macht blind.
- Will mein Haus weiterbauen.
- Ignoranz

- Kameradschaft
- Erwartungen an den Zeitbedarf sind einfach zu niedrig

Natürlich setzt dies alles voraus, dass Sie im Voraus wissen, dass es ein Himmelfahrtskommando ist. Wie Berater Dave Kleist[2] beobachtete, ist das nicht immer so leicht, wenn Sie sich in einem Bewerbungsgespräch für einen neuen Job befinden:

... es steht selten in der Stellenanzeige. Es macht nicht viel Sinn, zu sagen, »Sind Sie interessiert an unglaublich vielen Arbeitsstunden ohne zusätzliches Gehalt?« ... Im Ernst: Himmelfahrtskommandos werden selten derart angekündigt, und es ist ziemlich aufwendig, zu erkennen, dass Ihr neuer Arbeitgeber dazu neigt, Himmelfahrtskommandos zu schaffen, wenn Sie von außen hinzukommen.

Und Sie werden, wie Steve Benting[11] herausfand, manchmal überrascht:

... es scheint diesmal ein gut durchdachtes Projekt zu sein. Sie haben eine Führungskraft bekommen mit einem wirklichen Geldgeber im Hintergrund, der Projektplan scheint solide zu sein, die beteiligten Leute sind offenbar auch gut. Zum Teufel, Sie wollen an dieser Sache mitarbeiten. Dann bricht alles zusammen, weil Ihr Geldgeber in einem politischen Grabenkampf ausgeschaltet wird, und es stellt sich heraus, dass der Projektplan auf Annahmen basiert, die falsch sind, und ein oder zwei Schlüsselpersonen rasten aus. Sie können lernen, auf so etwas aufzupassen, aber manchmal trifft man eben Fehlentscheidungen. Und – Sie wollen es einfach nicht glauben, dass es schon wieder passiert.

1.4.1 Die Risiken sind hoch, aber auch der Lohn

Das oben vorgestellte Jungunternehmen ist ein gutes Beispiel dieser Situation. Wenn Sie einem Projektteam sagen, bei Erfolg ihres Projektes könne die Firma an die Börse gehen, und dass ihre Aktien sie augenblicklich zu Millionären machen, werden sie gern arbeiten, bis sie umfallen. Sie nehmen, zumindest rational, wahr, dass mit dem Abenteuer gewisse Risiken verbunden sind. Da viele von ihnen aber noch glauben, dass sie unsterblich und allmächtig sind, schenken sie dem nicht allzu viel Beachtung. Wenn man die Einflüsse westlicher Kultur (besonders in den USA) berücksichtigt, überrascht es in der Tat nicht, dass junge Software-Entwickler freiwillig für Himmelfahrtskommandos anheuern. Uns wurde auf unzählige Art und Weise vermittelt, dass der Erfolg von Filmstars, Rocksängern, Sporthelden, Olympiaathleten genauso wie von Geschäftsführern und Software-Unternehmern hauptsächlich auf unermüdlichem Energieeinsatz, enormem Engagement, langen Arbeitszeiten und persönlichen Opfern beruht.

Wir hören niemals etwas über List und Tücke, die zweifelhaften Coups und illegalen Aktionen, die sich manchmal mit deren Erfolg verbinden. Und wir hören selten irgendetwas über Glück und darüber, was es bedeutet, zur rechten Zeit am rechten Platz zu sein. Bill Gates zum Beispiel zeigt erfolgreiche Geschäftsleitung wie aus dem Lehrbuch. Aber wenn eine Gruppe von IBM-Managern nicht auf der Suche nach einem PC-Betriebssystem in Seattle 1980 erschienen wäre, und wenn Gates nicht verfügbar gewesen wäre, als IBM es nicht schaffte, sich mit seinem ursprünglich geplanten OS-Vertragspartner zu treffen ... wer weiß denn, wo Microsoft heute wäre? Und noch etwas: Wir hören leider nicht genug über die realen Konsequenzen für die »normalen Opfer« von Himmelfahrtskommandos. Opfer im Bereich physischer und psychischer Gesundheit sowie in den persönlichen Beziehungen. Keiner dieser Tribute sind für einen 22-jährigen technischen Mitarbeiter besonders relevant, erst recht nicht für die introvertierten, »antisozialen« Menschen, die vom Computerbereich angezogen werden. Andererseits ist es schon verwunderlich, dass man doch einige Menschen in den 40ern oder 50ern findet, die sich freiwillig für Himmelfahrtskommandos melden. Sie haben nicht nur die Erfahrung, dass die meisten dieser Projekte wirklich zum Scheitern verurteilt sind, sondern sie haben auch gelernt (üblicherweise der schwerere Weg!), dass das Himmelfahrtskommando es nicht wert ist, auf ihre Ehen und gute Beziehungen zu ihren Kindern zu verzichten.

Letztlich ist dies eine persönliche Wahl auf der Grundlage einer persönlichen Werteskala. Ich bin nicht in der Position, irgendjemandem zu sagen, was Recht oder Unrecht ist. Ich sollte dennoch betonen, dass ich nicht so negativ bin, wie man aufgrund der Bemerkungen oben denken könnte. Obwohl ich glaube, dass ich nicht mehr so naiv bin wie vor 30 Jahren, werde ich immer noch von unternehmerischen Gelegenheiten angezogen. Zeigen Sie mir ein ausreichend spannendes Risiko/Nutzen-Verhältnis, und ich werde mich trotz allem an noch einem Himmelfahrtskommando beteiligen.

Es kommt vor, dass die Belohnungen manchmal eher psychologischer als finanzieller Natur sind, wie Sharon Marsh Roberts[12] beobachtete:

Die »Helden« werden gebraucht, gesucht, erwünscht. Sie sind sich ihres Platzes in der Geschichte sicher, wenn nur sie dieses Projekt davor bewahren können, unterzugehen.

Die gleichen Leute übernehmen gerne Notfall-Arbeit und genießen »Firefighting«. Wenn Sie nur einmal von zehn Mal siegen, aber jeder andere zehnmal verliert, wären Sie dann nicht auch ein Held?

Paul Neuhardt[13] drückte es anders aus:

Für mich war es schlicht und einfach Ego. Sie sagten mir, sie wüssten, dass nur ich es schaffen könnte, das Projekt davor zu bewahren, ein Himmelfahrtskommando zu werden. Ich wurde zum »technischen Projekt-Manager« gemacht, eine Egoverstärkung auf regulärer Basis, dann mit dem Rest der Mannschaft in die Wüste geschickt. Links, rechts, links, rechts, links ... und aus.

1.4.2 Das »Mount Everest«-Syndrom

Warum Menschen so gefährliche Gipfel wie den Mount Everest besteigen, trotz der Qualen und des Risikos? Weil es ihn gibt. Warum Menschen Marathon laufen und sich an die Schwelle zum körperlichen Kollaps an einem Triathlon beteiligen? Wegen der Herausforderung. Es ist alles umso aufregender, wenn die Herausforderung bisher nie gemeistert wurde; von den fünf Milliarden Menschen auf der Erde kann zum Beispiel nur einer von sich sagen: »Ich war der erste Mensch auf dem Mond.« Manche mögen meinen, das sei verrückt, geltungsbedürftig und egoistisch. Andere wiederum sind aber ebenso bereit, den Wahrscheinlichkeiten zu trotzen und sich auf entsetzliche Schwierigkeiten für den persönlichen Kick und öffentlichen Ruhm einzulassen, um schließlich erfolgreich zu sein. Wie Berater Al Christians[14] mir kürzlich in einer E-Mail schrieb: *Irgendwie möchte ich einfach »Testosteron« antworten, was ziemlich das Gleiche ist wie »weil es ihn gibt (den Mount Everest)«. Eine Fülle von Aufgaben legt die Frage »warum« nahe. Untertagebau, Vieh treiben, Bäume fällen, Ölfeuer löschen, Kampffliegerei, U-Boot fahren, sogar Fensterputzen in Wolkenkratzern liefern Probleme, viel schlimmer, als Sie sie für Software-Projekte beschreiben. Und dennoch sind all diese Leute Praktiker, deren Selbstverständnis mit ihrem Beruf eng verbunden ist.*

Und so ist das auch mit den Himmelfahrts-Software-Projekten. Ich hatte die Gelegenheit, das ursprüngliche Macintosh-Projekt ein paar Monate, bevor das Produkt der Öffentlichkeit im Herbst 1993 vorgestellt wurde, zu besichtigen. Ich war geradezu gedemütigt vom Engagement und dem Einsatz der Mitarbeiter in der Bewältigung ihrer großen Herausforderung. Welche anderen Gründe sie auch dafür hätten haben können, so lange zu arbeiten und sich mit Steve Jobs' größenwahnsinnigem Ego zu befassen, waren die Mannschaftsmitglieder vollkommen überzeugt (teilweise infolge Jobs' Charisma), dass der Macintosh PC-Datenverarbeitung revolutionieren würde. Sie hatten Glück, sie sollten Recht behalten. Aus dieser Perspektive könnten sogar Himmelfahrtskommandos, die scheitern, gewissermaßen Misserfolge der edlen Art sein. Zahllose Projekte im Silicon-Valley fallen in diese Kategorie, nachdem durch sie zig Millionen Dollar Wagniskapital verbrannt wurden; die Schreibstift-basierten Computerprojekte der frühen 1990er sind hierzu ein passendes Beispiel. Aber auch wenn sie so schlimm scheiterten, dass ganze Unternehmen Pleite gingen, und obwohl sie Scheidungen, Geschwüre und Nervenzusammenbrüche und noch viel mehr verursachten, schwärmen die an jenen Projekten beteiligten Leute hierüber immer noch in den höchsten Tönen. »Ich arbeitete am Betriebssystem bei der Firma Go!«, wird ein grauhaariger Veteran seinem ehrfürchtigen Lehrling sagen. »War das vielleicht eine revolutionäre Software!«

Obwohl sie es niemals auf die Titelseiten der Computerworld schaffen werden, gibt es auch zahlreiche ambitionierte, ehrgeizige Himmelfahrtskommandos, beerdigt auf dem Projektfriedhof großer Unternehmen, bei denen die Anwendungsentwickler sich gerne beteiligten, weil der Unternehmens-Mount-Everest eine solch ehrenhafte Herausforderung darstellte. Manchmal scheitern solche Projekte, weil der Markt oder der Enduser diese ruhmvollen, revolutionären Systeme nicht will oder nicht benötigt. Manchmal scheitern sie auch, weil die Projektmannschaft den Mund zu voll genommen hatte, d.h. mehr versprach, als sie halten konnte.

Es gibt zwei Dinge, auf die Sie achten müssen, wenn Sie sich in der Hysterie eines Mount-Everest-Himmelfahrtskommandos wiederfinden. Geben Sie zuerst auf die Projekte Acht, die vorhersehbar scheitern werden. Nehmen Sie zum Beispiel an, dass jemand Ihnen sagt, Sie könnten auf der ersten Mission zum Mars dabei sein, und dass Sie sogar die Ehre hätten, der erste Mensch zu sein, der seinen Fuß auf den Mars setzt. »Natürlich«, wird Ihr Projektmanager fortfahren, »Sauerstofftanks haben Sie nicht dabei, weil im Raumfahrzeug nicht genug Platz für all das zusätzliche Gewicht ist. Sie werden deshalb garantiert sterben, aber denken Sie nur an die Ehre und den Ruhm!« Ich werde diese Projekte ausführlicher in Kapitel 2 erläutern. Für den Augenblick spricht das Szenario für sich.

Das Zweite, auf das Sie achten sollten, ist, dass die Aufgabe, die von Ihrem Unternehmensmanagement (oder vom Gründer Ihres Software-Hauses) beschrieben wird, überhaupt nicht erst ein solch groß angelegtes Projekt sein darf. Dies ist eine besonders hinterhältige Gefahr, wenn die Herausforderung technischer Natur ist. »Wir werden die ersten Leute auf der Erde sein, die ein Betriebssystem mit der Funktionalität von Windows 95 in 4 Kbyte ROM unterbringt!« Klar, das wäre eine erstaunliche technische Leistung – aber ... na und? Es ist immer gut, »na und?« zu fragen. Fragen Sie zwei- oder dreimal – fragen Sie weiter auf jede folgende Antwort, die Sie von Ihrem Manager erhalten. Wenn die Antwort auf das oben aufgestellte Windows-95-Szenario »Nun, das bedeutet, dass wir das ganze Windows 95 auf Ihrer Armbanduhr unterbringen können!«, fragen Sie wieder »na und?« In einigen Fällen werden die Antworten schließlich albern, und Sie fallen in die Realität zurück. Nehmen Sie zum Beispiel an, dass Ihr Chef die zweite »na und?«-Frage mit der Erklärung, »Wenn wir nur noch ein volles Stimmerkennungsprogramm einbauen können, können Sie Visual-Basic-Programme schreiben, während Sie über die Straße gehen und mit Ihrer Armbanduhr reden!«

Ohne Zweifel gibt es sicher einige Programmierer, die »Cool!« sagen würden und sich freiwillig melden, um die nächsten drei Jahre ihres Lebens in einem solchen Projekt zu verbringen. Die Tatsache, dass niemand bei gesundem Verstand jemals solch ein Projekt ins Auge fassen würde, ist für sie irrelevant. Die technische Herausforderung reicht als Grund völlig aus. Volle Spracherkennung unter Windows 95 und Visual Basic in 4 Kbyte ROM gibt Ihnen das Recht, auf der nächsten Hacker-Konferenz schrecklich anzugeben. Wenn es das ist, wofür Sie leben, dann, bitteschön, gehen Sie hin und tragen sich für ein solches Projekt ein. Eine gute Idee ist es auch, das Projekt in vereinfachten nichttechnischen Worten Ihrem Ehegatten, der »besseren Hälfte« oder den Eltern zu erklären oder, noch besser, den Kindern. Sie werden die »na und?«-Frage unvoreingenommen und ohne die Verlockung durch die technische Herausforderung stellen. »Du bist im Begriff, deine Nächte und Wochenenden und den Urlaub für die nächsten zwei Jahre aufzugeben, um Windows 95 auf einer Armbanduhr unterzubringen?«, wird Ihr Partner ungläubig fragen. Und Ihre Kinder werden fragen, »Wer, außer Mutti und Vati, würde so etwas tun?« Wenn Sie diese Fragen beantworten können, ohne sich ausgesprochen blöde zu fühlen, dann können Sie sich reinen Gewissens für das Projekt bewerben.

Eine noch schlimmere Form eines Mount-Everest-Projekts liegt vor, wenn es eine enorm wichtige Herausforderung für die Unternehmensleitung ist, aber nicht für denjenigen, der über die Situation eine Sekunde lang nachdenkt. »Warum bewerben wir uns für dieses Himmelfahrtskommando-Projekt, Chef?«, fragt der junge Programmierer unschuldig. »Weil«, donnert der Chef zurück, »es unseren Unternehmensprofit pro Aktie um volle 3,14159 Cent vergrößern wird!« Dies bedeutet, dass der Programmierer, wenn er das Glück hätte, einhundert Aktien der Gesellschaft zu besitzen, und wenn die Dividenden komplett ausgezahlt würden, enorme 3,14$ bekäme. Wenn die Wall Street von all dem so angeheizt wird, dass der Aktienkurs um einen Dollar steigt, gewinnt er noch weitere 100,-$. »Und was hätte ich sonst noch von den Tausenden von Überstunden, zu denen ich mich nun verpflichten soll, Chef?«, fragt der junge Programmierer. Der Chef schweigt, denn er weiß, die ehrliche Antwort lautete: nichts. Das Projekt ist eigentlich langweilig, behandelt keine interessante Technologie und hat eine Chance von 75 Prozent zu scheitern.

Aber, die schlimmsten Himmelfahrtskommandos sind meiner Meinung nach diejenigen, in denen der Chef die unschuldige Projektmannschaft absichtlich und geschickt und wider besseres, eigenes Wissen dazu bringt, zu glauben, dass es sich um eine Mount-Everest-Herausforderung handelt. Stellen Sie sich nun das Teammitglied vor, das fragt, »Warum versuchen wir, dieses Batchverarbeitungs-Mainframe-COBOL-Fluggesellschafts-Reservierungssystem in sechs Monaten zu realisieren, Chef?« Der Chef wird wahrscheinlich antworten, »Weil niemand in der ganzen Flugverkehrsbranche bisher jemals versucht hat, es in weniger als drei Jahren zu schaffen!« Ich akzeptiere, dass es tatsächlich eine technische Herausforderung wäre, ein solch kompliziertes Fluggesellschafts-Reservierungssystem zu realisieren, aber es ist nicht die Art von Technologie, die ich in meinem Lebenslauf in den späten 1990er Jahren sehen wollte. Nun, was dieses Szenario zu einem Himmelfahrtskommando macht, ist nicht die technische Herausforderung, sondern der lächerliche Zeitplan, der dem Projekt vorgegeben wird. Warum tut der Projektmanager so etwas? Wer weiß! Aber es ist unwahrscheinlich, dass Sie mit solch einem Projekt ein Jahr später vor Ihren Freunden protzen können.

1.4.3 Die Naivität und der Optimismus der Jugend

Unsere Industrie ist noch jung, und viele spannende und herausfordernde Projekte werden von Leuten in den 20ern geleitet und realisiert. Es ist gar nicht ungewöhnlich, dass man Himmelfahrts-kommandos erlebt, in denen die ganze technische Mannschaft unter 25 ist. Irgendwie erinnern sie mich an die Kampfpiloten und Bom-bermannschaften, die von der Luftwaffe im Zweiten Weltkrieg und in Vietnam rekrutiert wurden: jung, idealistisch und vollkommen überzeugt, dass sie etwas bewirken könnten. Wie David Maxwell[15] es ausdrückte:

Projekte sind wie eine Ehe. Wir neigen dazu, naiv und voll von Hoffnungen anzufangen. Langsam, wenn die Realität sich durch-setzt, müssen wir unsere Erwartungen innerhalb der Beziehung über-denken. Es gibt viele Gründe abseits der Logik, die Leute dazu brin-gen, zu heiraten. Genau so ist das mit den Projekten. Bei über-wiegend jugendlicher Tatkraft kommen »Himmelfahrtskommando-Projekte« wahrscheinlich immer wieder vor, als Trainingsplattform gleichermaßen für Manager und Entwickler.

Ich weiß aus persönlicher Erfahrung, dass ich den gleichen Fehler oft wiederhole, bevor der Groschen fällt.

Tatsächlich ist es jenes überragende Selbstvertrauen, das es dem Team in einem Himmelfahrtskommando ermöglicht, erfolgreich zu sein, wo frühere Projektmannschaften gescheitert sind. Es ist Teil der Industriegeschichte, dass die erfolgreichsten Produkte, von Lo-tos 1-2-3 bis zum Netscape Navigator, von einer Hand voll Leuten unter Bedingungen entwickelt wurden, die keine »vernünftige« Pro-jektmannschaft akzeptiert hätte.

Wenn solche Projekte erfolgreich sind, bringen sie der Projektmann-schaft oft Ruhm und Reichtum. Wenn sie versagen, liefern sie ei-nige wertvolle Lektionen für jeden Beteiligten (während die Kon-sequenzen für die jeweiligen Unternehmen durchaus desaströs sein können!).

Es ist wichtig zu bemerken, dass die Naivität und der Optimismus der Jugend üblicherweise mit enormer Energie, geistiger Konzen-tration und der Freiheit von solchen Ablenkungen wie familiären Beziehungen verknüpft sind. Offensichtlich hat die Jugend zwar kein Monopol darauf, aber es passt besser zu einem 22-jährigen Programmierer, bereit und in der Lage zu sein, sich für ein oder

zwei Jahre auf die technischen Anforderungen eines Himmelfahrtskommandos bei einer 100-Stunden-Woche zu konzentrieren. Ein 35-
jähriger Programmierer mit Frau und zwei Kindern und einer gewissen Leidenschaft fürs Bergsteigen hat da so seine Probleme.

Der junge Programmierer, der sich für das Himmelfahrtskommando
bewirbt, und der relativ junge Projektmanager, der dem Unternehmen leichtsinnig Erfolg verspricht, sagen sich: »Natürlich werde ich
mit diesem Projekt Erfolg haben; ich werde alle Hindernisse mit
purer Energie aus dem Weg räumen!« Ich werde zu all diesen Dingen keine Werturteile abgeben. Das macht keinen Sinn. Wie oben
schon erwähnt, zieht unsere Branche die jungen Leute an, und ich
denke nicht, dass sich daran in den nächsten paar Jahren etwas
ändern wird. Es ist auch, glaube ich, nicht sehr wahrscheinlich,
dass junge Leute ihren Optimismus, ihre Energie und die Fähigkeit
verlieren werden, sich zielstrebig auf eine Aufgabe zu konzentrieren. Was ihre Naivität angeht ... nun, es hilft den kampferprobten
Software-Veteranen nicht viel, ihren jüngeren Kollegen deswegen
Schuld zuzuweisen.

1.4.4   Die Alternative ist Arbeitslosigkeit

Gerade weil wir eine von jungen, optimistischen Leuten bevölkerte
IT-Industrie haben, und weil es eine vibrierende Industrie ist, die in
den vergangenen 30 bis 40 Jahren ständig (und manchmal rasch!)
gewachsen ist, bin ich immer wieder überrascht, diese Erklärung für
die Teilnahme an Himmelfahrtskommandos zu hören. Aber wir befinden uns auch in einer Industrie, in der rasche Änderung einige Veteranen überflüssig macht. Tatsächlich hat es solch enorme Veränderungen während des vergangenen Jahrzehntes gegeben, dass unser Berufszweig, wie so viele andere Weißkittelberufe, erhebliches
»Downsizing«, »Reengineering« und auch Outsourcing durchma-
chen musste. Die Gesamtbeschäftigung in der Software-Industrie
mag zwar ständig steigen, aber wir vergessen manchmal, dass dies
nur bedeutet, dass die Anzahl von C++-Programmierjobs rascher
gestiegen ist, als COBOL-Jobs verloren gingen. Zusätzlich waren
große IS/IT-Firmen, die sich zu bürokratischen Konzernstruktu-

ren von einigen tausend Mitarbeitern entwickelt haben, besonders anfällig für Reengineering und Downsizing. Das Top-Management mag vielleicht noch nicht bereit sein, die Ränge von technischem Stab zu reduzieren, aber sie reduzieren häufig das mittlere Management, die Verwaltung und Sachbearbeiter.

All das kommt in Himmelfahrtskommandos in erheblichem Maß vor. Vielleicht ist der Grund dafür, dass Ihre Projektmannschaft nur die halbe Sollstärke hat, die Tatsache, dass das Management das Software-Unternehmen gerade auf die Hälfte reduziert hat. Und der Grund, weshalb Ihr Projektzeitplan doppelt so knapp ist, wie er sein dürfte, ist, dass das Management versucht, mit folgender Sendung Reengineering zu praktizieren: »Das ganze Unternehmen muss doppelt so produktiv sein wie bisher!«, was auch durch die einfache Anweisung, »Arbeitet härter! Arbeitet schneller!« ausgedrückt werden kann.[16]

Dies ist kein Buch über Reengineering, und ich will mich auch nicht über die durch das Management verwendeten Reengineeringstrategien auslassen. Der wichtige Punkt ist hierbei, dass viele Personalberater und Projektmanager eine gewisse Bedrohung empfinden, wenn Projekte unter solchen Randbedingungen geschaffen werden. Wenn sie den Parametern des Himmelfahrtskommandos nicht zustimmen, verlieren sie oft ihre Jobs. Für den 22-jährigen, unverheirateten Programmierer sollte dies kein Problem sein. Für den 35-jährigen Projektleiter mit einer Familie und einer Hypothek allerdings kann es ein ernsteres Problem darstellen. Für den 45-jährigen Programmierer, dessen einzige Fähigkeiten COBOL und CICS sind, kann das noch ernser werden. Auch wenn wir eine junge Industrie sind, ist auch schon lange klar, dass es sogar einige 55- und 60-jährige Programmierer gibt, die sich verbissen an ihrem Job festklammern, bis ihre Pensionsgrenze erreicht ist.

Es ist auch normal, dass Leute im mittleren und höheren Berufsalter an eine Sozialgemeinschaft gebunden sind, weil ihr Ehegatte einen Job in derselben Stadt hat oder ihre Kinder nicht aus den örtlichen Schulen herausgenommen werden können oder weil die Aussicht, die alten Eltern oder andere Angehörige zurückzulassen, allzu deprimierend wäre. Keiner dieser Punkte wäre ein Problem, wenn der Jobmarkt wächst, außer man lebt in Poughkeepsie. Im New York von heute weiß man, worüber ich rede. Man kann sich vorstellen, dass sich Leute, die in Redmond, Washington wohnen, in 5, 10, oder 20 Jahren einem heftigen Schock gleicher Art gegenübersehen.

Ich fühle im Allgemeinen mit den Software-Experten im mittleren und höheren Alter. Diese befinden sich in dieser Situation, obwohl das Reengineering/Downsizing-Phänomen lang genug existiert, und ich bin erstaunt, dass es technische Mitarbeiter gibt, die die Möglichkeit, dass ihnen so etwas passieren könnte, immer noch ignorieren. Aber das ist ein Thema für ein anderes Buch. Ich habe es in meinen Büchern *Decline and Fall of the American Programmer* und *Rise and Resrrection of the American Programmer* ausführlich erläutert, und ich werde hier meine Ausführungen auf die Realität solcher Himmelfahrtskommandos beschränken. Wenn Ihnen Ihre Firma ausdrücklich gesagt oder auch nur angedeutet hat, Ihren Job zu streichen, wenn Sie sich nicht zu einem Projekt mit lächerlichem Zeitplan, Budget und Ressourcen verpflichten, was sollten Sie tun? Offensichtlich hängt dies von Ihrer Einschätzung Ihrer finanziellen, körperlichen, emotionalen und psychischen Situation ab. Sie müssen aber auch die Situation innerhalb Ihres Unternehmens genau abschätzen.

In einigen Fällen ist die wirkliche Gefahr die, dass Ihre Beförderung, Ihr Bonus oder die Gehaltserhöhung zurückgehalten werden, wenn Sie sich verweigern (ich werde dies unten getrennt abhandeln). Aber auch wenn die Gefahr das Ende Ihres Arbeitsverhältnisses bedeutet, können große Unternehmen nicht üblicherweise ihre Drohung sofort umsetzen. Sie haben zwei oder drei Monate, bevor Sie Ihren Job verlieren, und das kann genug Zeit sein, einen neuen Arbeitsplatz zu finden.

Was, wenn die Gefahr unmittelbarer und offensichtlicher ist? »Sie verpflichten sich hier und jetzt für dieses Himmelfahrtskommando-Projekt, oder Sie packen Sie Ihre Sachen und verschwinden!«, sagt vielleicht Ihr Chef. Es ist mir unbegreiflich, dass eine vernünftige Person es vorziehen würde, in solch einer Umgebung zu arbeiten. Aber nehmen wir einmal an, dass die Umgebung einigermaßen freundlich war, bis der letzte Reengineeringanfall Ihren Chef in einen tobenden Irren verwandelte. Nun sind Sie dran: Unterschreiben Sie, kündigen Sie oder lassen Sie sich feuern? Was können Sie tun?

Wenn das überhaupt möglich, ist mein Rat, jetzt aufzuhören, weil es nur noch schlechter werden kann. Vielleicht müssen Sie für ein paar Monate von Ihren Ersparnissen leben und vielleicht müssen Sie sogar Gehaltseinbußen in Kauf nehmen, während Sie Know-how in einer neueren Technologie erwerben. Sie haben aber die Chance, ein glücklicherer Mensch zu sein, als wenn Sie sich unterwerfen und in einer Situation weitermachen, die kein Verbessserungspotenzial besitzt. Manchmal erreichen Sie dies, indem Sie sich für das Himmelfahrtskommando freiwillig melden, während Sie gleichzeitig Ihren Lebenslauf aktualisieren und auf Jobsuche gehen. Allerdings könnte es einige ethische und moralische Konflikte erzeugen, wenn Sie glauben, dass Sie Ihr Team hilflos im Stich lassen, wenn Sie das Himmelfahrtskommando auf halber Strecke verlassen. Wenn Sie glauben, dass Sie wirklich festhängen – wegen bevorstehenden Pensionsanspruchs, wegen schlecht vermarktbaren Know-hows oder wegen persönlicher Verpflichtungen in einer Kleinstadt mit nur einem Arbeitsplatz, dann könnten Sie versucht sein, dem Himmelfahrtskommando positiver gegenüber zu stehen. »Oh Mann, ich werde denen zeigen, dass in diesem alten Hund noch etwas Gebell übrig ist!«, wird der mittelalte Veteran sagen, »Ich werde dem Management zeigen, dass ich immer noch so gut bin wie diese jungen Knallköpfe, und wir werden dieses Projekt pünktlich fertig kriegen!« Der Mut und die positive Einstellung sind zwar großartig, aber denken Sie an eine Sache: Wenn Ihr Himmelfahrtskommando erfolgreich ist, kriegen Sie gleich noch eins. Erinnern Sie sich an das Thema am Anfang dieses Buches: Himmelfahrtskommandos sind nicht die Ausnahme, sondern die Regel.

1.4.5 Es ist wichtig, um bei künftigen Beförderungen berücksichtigt zu werden

Wie schon gesagt, gibt es Zeiten, in denen die »Einladung« zu einem Himmelfahrtskommando mit der Drohung verbunden ist, künftige Beförderungen und Gehaltserhöhungen seien davon abhängig, dass Sie (a) akzeptieren und (b) mit dem Projekt erfolgreich sind. Dies ist zum Beispiel oft mit einer Reengineering-Initiative verbunden – »Die Leute, die die Megalith-Bank in das einundzwanzigste Jahrhundert führen, sind auch diejenigen, die uns durch dieses unglaublich komplexe und herausfordernde Reengineering-Projekt System 2000 führen!« Wenn Sie sich in dieser Situation befinden, erinnern Sie sich, dass Politik ein Schlüsselfaktor ist. Die Leute, die schließlich den Erfolg des Himmelfahrtskommandos für sich reklamieren werden, müssen nicht die Leute sein, die daran teilnahmen. Und der Manager, der das Himmelfahrtskommando vorschlägt, kann die Reengineering-»Krise« einzig als eine Gelegenheit benutzen, seine Karriere voranzutreiben, ohne Rücksicht darauf, ob das Projektteam den Prozess überlebt. Wenn Sie Machiavellis Prinz auswendig können und wenn Ihnen politische Spielchen Spaß machen, mögen solche Himmelfahrtskommandos für Sie wie eine Mordsgaudi klingen. Aber die meisten Software-Experten haben »Den Prinzen« seit ihrer Unizeit nicht mehr gelesen (wenn überhaupt). Sie geben ihre politische Naivität gerne zu, drücken ihren Ekel vor der Politik aus und ihre ganze Respektlosigkeit gegenüber jedem, die sich ihr hingeben.

Wenn das so ist, warum sollte irgendjemand sich für das Projekt »Gesamtsystem der Megalith-Bank 2000« verpflichten? Die einzige einleuchtende Antwort: weil man aufrichtig glaubt, dass es ein einmaliges Himmelfahrtskommando ist und dass es dazu beitragen wird, Ihre langfristige Karriere innerhalb der Megalith-Bank schließlich doch voranzubringen. Wenn Sie das glauben, glauben Sie sicher auch, dass Schweine fliegen können.

In der Mehrheit der Fälle, die ich beobachtet habe, ist die Drohung mit dem Verlust von Beförderung und Gehaltserhöhung Teil der »Marines«-Kultur, wie früher schon ausgeführt. Ob es richtig oder falsch ist, spielt zu diesem Zeitpunkt keine Rolle. Was zählt, ist, dass es eine ziemlich konsistente Kultur ist. Wenn Sie solche Drohungen am Rand Ihres ersten Himmelfahrtskommandos erhalten, werden Sie sie wahrscheinlich auch bei Ihrem zweiten, dritten und vierten bekommen. Sie können noch zu blauäugig gewesen sein, um über die langfristigen Folgen solcher politischer Faktoren nachzudenken, als Sie in die Firma eintraten. Aber früher oder später werden auch Sie dies verinnerlichen. Es gibt wirklich nur zwei Möglichkeiten in diesem Fall: Akzeptieren Sie es oder hören Sie auf.

1.4.6   Die Alternative ist der Konkurs oder eine andere Katastrophe

Wie ich schon erläuterte, werden einige Himmelfahrtskommandos durch Reengineering, Downsizing und Outsourcing-Entscheidungen des Managements verursacht. Diese wiederum haben ihre Ursachen oft im globalen Wettbewerb, in unerwarteten Regulierungen und dergleichen. Was auch immer die Ursache ist, die Ergebnisse sind die gleichen: Der Mitarbeiter verpflichtet sich für das Projekt, weil er wirklich glaubt, die Alternative sei die Pleite oder eine andere schreckliche Katastrophe. Die Situation wird oft von den provozierenden Aussagen des Managements verschlimmert, dass Mitarbeiter, die am Himmelfahrtskommando nicht teilnehmen wollen, unverzüglich kündigen sollten, so dass die übrigen sich darauf konzentrieren können, das Unternehmen zu sichern.

Wieder ist der Punkt hier nicht, ob die Situation recht oder unrecht ist oder ob das Management früher Schritte zur Vermeidung der Krise hätte einleiten sollen. Der Punkt ist, dass Sie, sobald die Krise eingetreten ist und das Management das Himmelfahrtskommando initiiert hat, eine rationale Entscheidung treffen müssen, ob Sie dabei sein wollen oder nicht. Während dieses Buch geschrieben wird, ist Apple-Computer ein gutes Beispiel für ein Unternehmen randvoll mit Himmelfahrtskommandos, weil es ums Überleben kämpft. (Ich habe natürlich keine Kenntnis über Ultimaten durch die Geschäftsleitung der Art »Mach mit oder verschwinde«.)

Von früheren Diskussionen können Sie hier meinen Rat gleich vorwegnehmen: Treten Sie einen Schritt zurück und fragen Sie sich, ob dieses Himmelfahrtskommando eine Ausnahme ist oder der Anfang eines Dauerzustands. Auch wenn Sie den Kampf gewinnen, kann Ihre Gesellschaft den Krieg verloren haben; tatsächlich kann Ihr Erfolg mit Ihrem Himmelfahrtskommando die ironische Konsequenz haben, das Ende des Unternehmens gerade lang genug zu verzögern, um ein zweites Himmelfahrtskommando ertragen zu müssen.

Wieder ist dies eine persönliche Entscheidung, und sie kann von Gefühlen wie Loyalität, Mitleid oder einem von Hollywood inspirierten Verlangen beeinflusst sein, mit einem letzten »Hurra« der Welt zu zeigen, das Sie und Ihr Unternehmen nicht ohne Kampf aufgeben werden. Und wer weiß: Vielleicht wird ein Riesenerfolg mit Ihrem Himmelfahrtskommando die Dinge zum Guten wenden, wie das angeblich bei Borland der Fall war, als das Produkt »Delphi« 1995 auf den Markt kam. Weder ist irgendjemand im Besitz einer Glaskugel, um den Erfolg eines Himmelfahrtskommandos vorauszusagen, noch können wir genau prognostizieren, was die Konsequenzen eines Himmelfahrtskommando-Erfolgs oder -Misserfolgs wirklich wären. Einige Unternehmen sterben schnell, andere sterben nach langem Siechtum und wieder andere werden von anderen Firmen übernommen, bevor der letzte Zerfall einsetzt.

Wenn Sie Ihre eigene Glaskugel konsultierten, suchen Sie Rat von so vielen Leuten wie möglich. Besonders von jenen, die am Ergebnis des Projekts nicht beteiligt sind. Sie mögen einige ehrliche, objektive Manager in Ihrer Firma finden, die die Konsequenzen des Himmelfahrtskommando-Misserfolgs oder -Erfolgs offen besprechen werden. Aber, Sie sollten sich auch erinnern, dass die gleichen Manager ihre eigenen Karrieren und Gehaltsinteressen haben, um sich darüber Sorgen zu machen. Und dass ihre Egos und politischen Instinkte sie davon abhalten könnten, die wirklich lebenswichtigen Auskünfte nutzbar zu machen, die Sie zu einer fundierten Entscheidung benötigen.

1.4.7 Es ist eine Gelegenheit, der »normalen« Bürokratie zu entfliehen

Technische Personalleiter und Projektmanager beklagen sich oft, dass ihre Unternehmensbürokratie die Produktivität verringert und unnötige Verzögerungen im Entwicklungsprozess verursacht. Aber, je größer das Unternehmen, desto mehr verfestigt sich die Bürokratie – besonders in Unternehmen, in denen eine Qualitätssicherungsabteilung striktes Festhalten an SEI-CMM- oder ISO-9000-Prozessen erzwingt. Ähnlich kann die Personalabteilung komplizierte Verfahren durchführen, wenn neue Leute eingestellt oder wenn externe, freie Mitarbeiter bei einem Projekt eingesetzt werden sollen.

Himmelfahrtskommandos verschaffen häufig die Möglichkeit, Teile der oder vielleicht sogar die gesamte Bürokratie zu umgehen. Dies ist für viele frustrierte Software-Entwickler Grund genug, sich für solche Projekte zu melden. Im Extremfall nehmen diese Bemühungen die Merkmale eines »Stinktier«-Projektes an: Die Projektmannschaft verlässt den eigentlichen Unternehmenssitz und zieht in ein getrenntes Gebäude, wo sie ihre Arbeit ohne die Störungen durch die Bürokratie durchführen können. Aber auch in weniger extremen Situationen kann ein Himmelfahrtskommando grünes Licht für seine eigenen Tools und Programmiersprachen bekommen. So werden zum Beispiel neue Technologien wie objektorientiertes Programmieren ausprobiert, während viele der sonst vorgeschriebenen Methoden und Dokumentationsschritte nicht berücksichtigt werden. Ebenso wichtig ist, dass dem Projektmanager eines Himmelfahrtskommandos bei der Wahl seiner Teammitglieder viel mehr Freiheitsgrade eingeräumt werden, als dies normalerweise der Fall wäre.

Im günstigsten Fall können all diese Änderungen einen Himmelfahrtskommando durchaus in ein zivilisiertes Projekt verwandeln – das heißt, die Abläufe (Technologie und Mitarbeiter), die das Projekt in einen Himmelfahrtskommando umzuwandeln drohten, wurden beseitigt oder ersetzt. Und wenn das Himmelfahrtskommando schließlich erfolgreich ist, kann es als Katalysator wirken, Änderungen der Technologie, der Personalauswahl und in den Prozessen in anderen Entwicklungsprojekten im Unternehmen zum Standard zu erheben. Wenn das Himmelfahrtskommando missrät, könnte es umgekehrt leider auch als eine Bestätigung dienen, nach der die »standardmäßigen« Verfahren alle gar nicht so schlecht sind. Auf jeden Fall ist eine Situation wie diese ein absolut plausibler Grund, an einem Projekt mitzuarbeiten, das sonst unzivilisiert scheinen könnte.

In einigen Unternehmen heuern Software-Entwickler nur dehalb für solche Projekte an, weil es die einzige Methode ist, nicht in Bürokratie zu ertrinken.

1.4.8 Rache

Rache scheint vielleicht keine rationale Erklärung dafür zu sein, an einem Himmelfahrtskommando zu arbeiten, aber sie ist es trotzdem. Der Erfolg des Himmelfahrtskommandos könnte zum Beispiel dazu dienen, einem inkompetenten Vizepräsidenten Macht wegzunehmen, oder dazu, es einem verhassten Kritiker zu zeigen, der immer wieder sagt, »Es funktioniert ja doch nicht innerhalb des angestrebten Zeit- und Budgetplans.« Rache ist eine starke Emotion. Sie tritt besonders offen im oberen Management großer Unternehmen zu Tage, dort, wo man sich lange an Beleidigungen erinnert und wo listige Politiker manchmal Monate und Jahre warten, bevor sie sich schließlich an ihren Feinden rächen.

Rache kann ein sehr mächtiger persönlicher Motivator sein, aber es ist üblicherweise etwas schwieriger, eine ganze Projektmannschaft mit derselben Emotion zu erfüllen. Und wenn es geschieht, schafft es oft eine Situation, in der das Team die Spur des offiziellen Zieles verlässt, nämlich ein System innerhalb eines spezifizierten Budgets und Zeitplans zu liefern. Seine erste und höchste Priorität ist Rache. Wenn Rache Ihr Motiv ist, dann gibt es hier für mich nicht mehr viel zu sagen – dies ist ein anderer persönlicher Wertmaßstab. Aber wenn Sie sich für ein Projekt verpflichten, das von der Rache des Managers oder der Rache der Mannschaft getrieben wird und in dem Termine und Budgetbeschränkungen akzeptiert werden, die

Sie normalerweise nicht akzeptieren würden, dann sollten Sie wirklich vorsichtig werden. »Der Vizepräsident ist ein Idiot«, könnte Ihr Projektmanager Ihnen sagen, »und wenn wir dieses Projekt in sechs Monaten beenden, wird er vor dem Direktorium so erniedrigt, dass er kündigt!« Nun gut, der Vize ist vielleicht wirklich ein Idiot. Aber wollen Sie wirklich für die nächsten zwei Jahre auf Ihr Privatleben verzichten, nur um dessen Demission zu? Gewöhnlich ist der nächste Vizechef wahrscheinlich genau so ein Idiot wie sein Vorgänger. Andererseits: Wenn jeder mitkriegt, dass der Vizepräsident die Verkörperung von Darth Vader ist, und wenn der Projektmanager als eine Kombination von Luke Skywalker und Yoda angesehen wird, kann ein Himmelfahrtskommando durchaus erfrischend sein. Wenn dies der Fall ist, verwandelt sich das ganze Projekt in einen Kampf von Gut gegen Böse. Das ist für viele Leute Grund genug, unglaubliche Opfer klaglos zu akzeptieren.

1.5 Zusammenfassung

Wenn die Diskussion in diesem Kapitel pessimistisch und zynisch erscheint, bitte bedenken Sie – Himmelfahrtskommandos konnte sie dennoch nicht verhindern. Sowohl große als auch kleine Unternehmen sind voller Politik und von Managern und Entwicklern bevölkert, die an irrsinnigem Optimismus leiden wie auch an der üblichen Skala von Emotionen wie Angst, Unsicherheit, Arroganz und Grausamkeit. Die Mischung aus Reengineering, Downsizing, Outsourcing und globalem Wettbewerb, zusammen mit den neuen Technologien wie Objektorientierung, Client/Server und dem Internet bringt mich zu der Überzeugung, dass Himmelfahrtskommandos in den nächsten Jahren eine ganz normale Erscheinung sein werden. Und das ist der wichtigste Punkt dieses Kapitels. Sie mögen vielleicht keiner der hier dargestellten Überlegungen zustimmen; Ihnen mag keiner der Gründe für die Einrichtung solcher Projekte oder die Teilnahme an diesen Projekten gefallen – aber sie sind eine Realität. Der Schlüssel ist, Ihre eigenen Motive am Anfang eines Himmelfahrtskommandos zu erkennen und zu verstehen, so dass Sie dem Team beitreten oder sich nach einem anderen Job umsehen können. Da viele dieser Projekte zu Zeiten großen Firmenstresses und ebensolcher Emotionen gestartet werden, sind rationale Entscheidungen nicht so leicht zu schaffen, wie Sie vielleicht denken. Es ist allzu leicht, von den Emotionen Ihrer gleichgestellten Kollegen oder Ihres Managers mitgerissen zu werden. Es ist wichtig zu beachten, dass einige Beobachter eine optimistischere Sicht der Dinge haben als ich. Sie gehen davon aus, dass es gegen Ende dieser Dekade weniger Himmelfahrtskommandos geben wird. Als ich in einer Online-Diskussion im Frühjahr 2003 einmal fragte, ob es wahrscheinlich sei, dass in Zukunft weniger Himmelfahrtskommandos entstehen würden, antwortete Erik Petersen:

Hoffentlich, und zwar aus 2 Gründen: Die Kultur des stetig wachsenden IT-Budgets ist vorüber. Das Management will, dass die Projekte erfolgreich sind (auch vor dem Hintergrund, dass sie schlanke Projekte wollen). Nach allem, was ich so beobachte, sind Unterprojekte üblich geworden und die Alarmzeichen von Himmelfahrtskommandos werden früher erkennbar, so dass Projekte auch früher gestoppt werden können. Eine bessere Ausbildung reduziert die fehlende Kompetenz von Anfängern. Die meisten Studenten lernen heute auch etwas über das Testen und die Qualitätssicherung. Agile Entwicklungsmethoden, frühzeitiges Testen und Extreme Programing (XP) sind auch an den Universitäten populär geworden, zusammen mit dem Verschwinden des Überstundenkults. Das wird die Teams dazu ermutigen, bessere Software zu liefern und sich gegen unrealistische Pläne und Ziele zu wehren.«[17] Übrigens bedeutet dies nicht, dass ich grundsätzlich gegen Himmelfahrtskommandos bin. Ich stimme mit meinem Kollegen Rick Zahniser[18] darin überein, dass solche Projekte eine lehrreiche Erfahrung sein können, auch wenn sie scheitern: Ich habe immer gesagt, dass meines Erachtens jeder einmal an mindestens einem solchen Projekt teilnehmen sollte. Folgendes sollte Sie mindestens einmal tun:

- *Verbringen Sie eine Nacht im Gefängnis*
- *Betrinken Sie sich so sehr, dass Sie sich an der Kloschüssel festhalten müssen*

- *Erziehen Sie einen Jungen*
- *Erziehen Sie ein Mädchen*
- *Starten Sie Ihre eigene Firma*
- *Klettern Sie auf den Fujiyama*[19]

Von nun an unterstelle ich, dass es das Ergebnis einer rationalen Entscheidung ist, wenn Sie an einem Himmelfahrtskommando teilnehmen. Ich werde Sie aber von Zeit zu Zeit daran erinnern, dass Sie immer die Möglichkeit haben, während des Projektes auszusteigen. Wir wollen einmal annehmen, dass es zu diesem Zeitpunkt Ihr wichtigstes Ziel ist, das Projekt zum Erfolg zu führen oder zumindest es zu überleben. In den folgenden Kapiteln werden wir sehen, wie man das erreichen kann.

1.6 Anmerkungen

1. Von: Richard Sargent, 72762, 3342
An: Ed Yourdon, 71250,2322
Betrifft: Eds neues Buchprojekt,
Nachricht #159427, Antwort auf 158778
Datum: Montag, 24. Juni, 1996, 2:22:20 AM
Ed,
Einer meiner Kollegen machte mich auf folgendes para-
phrasierte Zitat aufmerksam. Ich denke, dass es hier
anwendbar ist. Die Definition des (Unternehmens-)Wahnsinns
ist, dass zwar das Gleiche immer wieder getan wird, aber
jedes Mal andere Ergebnisse erwartet werden. Ich habe
keine Ahnung, wer das ursprünglich gesagt hat, aber es
ist goldrichtig!
- Richard Sargent
5x5 Computing Solutions Inc.

2. Von: Dave Kleist, 70730, 1613
An: Ed Yourdon, 71250,2322
Betrifft: Eds neues Buchprojekt,
Nachr. #158064, Antwort auf 158015
Datum: Montag, 4. Juni, 1996, 7:28:03 PM

Ed,

»1. Warum würde sich jemand mit gesundem Menschenverstand bereit erklären, an einem »Himmelfahrtskommando«
(wie oben definiert) teilzunehmen?«
Weil das selten in der Stellenanzeige steht. Es macht
nicht viel Sinn zu sagen, »Sind Sie interessiert an
unglaublich viel Arbeit ohne einen zusätzlichen Gewinn
über Ihr normales Gehalt hinaus? Reizt Sie der Gedanke,
dauernd mit veralteter Technologie zu arbeiten, während
Sie auf den Augenblick warten, sich auf jenes spannende
GUI/DSS/warehouse/HTML-Subprojekt stürzen zu können?
Finden Sie nicht auch, dass Three-tier-Architektur eine
Gelegenheit ist, zu hören, woran andere Projektmitglieder
ohne Sie arbeiten?« Im Ernst, Himmelfahrtskommandos werden
selten als solche gekennzeichnet, und es kostet, wenn du
von außen hinzukommst, viel Arbeit, herauszubekommen,
dass dein Auftraggeber dazu neigt, Himmelfahrtskommandos zu
kreieren.
Außerdem sehen Himmelfahrtskommandos nur so aus. Während
sie gleichzeitig Stunden erforderten, ist jede einzelne
Stunde aber nicht produktiv. Nach einer Weile finden die
Leute nämlich Wege, die Dinge zu tun, die ihnen
vorenthalten wurden (Rechnungen zahlen, Besorgungen machen
etc.) Es wird nur nicht so nach außen zugegeben.
Die Umwelt erfordert es, aber die Leute hassen es.
Und, wie genau sind die Stundenabrechnungen? Von wem
kommen sie? Hast du Vertragspartner? Jemals gehört von
»Ärger-Stunde« oder »Störungs-Stunde«? Du weißt, wann ein
Vertragspartner zu hohe Rechnungen stellt, weil er einige
Leute, für die er arbeitet, nicht leiden kann. (Ich
möchte hier klar sagen, dass ich so etwas niemals getan
habe und es niemals tun werde. Ich kenne aber Leute, die
so etwas getan haben.) Die Unternehmensseite oder der
Manager tut was und der Vertragsunternehmer hält das für
Quatsch und plant im Stillen Rache. Und was ist mit den
Kosten? Müssen alle Stunden dem Projekt zugeordnet
werden, einschließlich Firmen- und Abteilungsmeetings,
Weiterbildung usw.?
»2. Wenn einer deiner Kollegen im Begriff wäre, die

Aufgabe anzunehmen, ein Himmelfahrtskommando zu managen, was hast du ihm dann an erster Stelle raten?« Versuche, eine raffinierte Ausstiegsklausel in den Vertrag einzubauen<VBG>. Im Ernst, einer der Gründe für eine Projektflucht ist das Unvermögen, die Wahrheit anzuhören. Das gilt insbesondere für das obere Management (egal, ob IT oder sonstiges Business). Jemand, der ein Himmelfahrtskommando übernimmt, muss für dieses Management etwas Manövriermasse finden (Funktionalität, Kosten, Zeit), sonst sind sie verdammt.

»3. Umgekehrt: Was ist die eine Sache, von der du deinem Kollegen unter allen Umständen abraten würdest, wenn er sich auf solch ein Projekt einlässt?« Einzuräumen, dass es ein Himmelfahrtskommando sein wird! Klingt nicht gerade nach Ehrlichkeit. Aber zuzugeben, dass es sich um ein Killerprojekt handelt, kann aus zwei Gründen demoralisierend sein: Erstens, die Leute mögen einfach nicht hören, dass die nächsten 6 bis 12 Monate die Hölle sein könnten. Zweitens unterschätzt das Management üblicherweise das Negative. Bleibt ja nicht viel Hoffnung, wenn Du weißt, hinter der Tür wird's grässlich. Ich hatte Freunde, die an einem Projekt arbeiteten, bei dem das Management offen zugab, dass es dabei zu Kündigungen kommen könnte, wenn man merkt, dass jemand seinen Job nicht schafft. Komischerweise hatten sie Mühe, die Stellen intern neu zu besetzen, als der Fall tatsächlich eintrat. Im Ernst, von vornherein zuzugeben, dass ein Projekt außer Kontrolle ist, sagt schon ein bisschen über die Fähigkeiten des Managements. Wenn man darum bittet, werden die Mitarbeiter manchmal Wege finden, ein Himmelfahrtskommando zu vermeiden. Die Himmelfahrtskommandos, die ich erlebt habe, haben eine Gemeinsamkeit: Mangel an Motivation und Energie. -Dave

3. John Boddie, *Crunch Mode*, Englewood Cliffs, NJ: Yourdon Press/Prentice Hall, 1987, Seite 20.

4. Scott Adams, *Das Dilbert Prinzip*, Landsberg: verlag moderne industrie, 1996, Seite 2.

5. Dies wird in Kapitel 4 genauer diskutiert.

6. Es sollte betont werden, dass, obwohl die dot.com-Unternehmen wahrscheinlich die jüngsten Beispiele für dieses Phänomen sind, sie trotzdem nicht die einzigen bleiben. Die Softwareindustrie hat neugegründete Unternehmen seit 1960 hervorgebracht, wenn nicht sogar schon früher. Das wird solange weitergehen, wie es intelligente Leute mit ihren innovativen Ideen für die Nutzung neuer Technologien gibt.

7. »X« hatte jahrelang den Wert 8, dann verringerte sich der Wert auf 6. Mit den Enron/Worldcom-Skandalen scheint nun diese Zahl stetig weiter zu sinken. Vielleicht gibt es eines Tages nur noch einen einzigen Riesen.

8. E-Mail von *Ought-Six*, 17. Juni 2003

9. Für weitergehende Information siehe auch mein Buch Byte Wars: *The Impact of September 11 on Information Technology*

10. Von: Kevin Huygens, 74762, 2726
An: Ed Yourdon, 71250,2322
Betrifft: Eds neues Buchprojekt,
Nachr.#158577, Antwort auf 158015
Datum: Montag, 10. Juni, 1996, 9:13:16 AM
Ed,
In unserem wöchentlichen Meeting hatten meine Leute und ich ein Brainstorming zu deinen 3 Fragen. Hier sind unsere Antworten:
1.) Warum ist irgendjemand bei klarem Verstand bereit, an einem »Himmelfahrtskommando-Projekt« zu arbeiten (wie oben definiert)?
Jeder will fühlen, dass er gebraucht wird;
Empfundene Gelegenheit;
Erwartung finanzieller Vorteile;
Kann sich nicht leisten, den Job zu verlieren;
Von extern für die Projektleitung hinzugekommen;
Bereit, zeitweilig Skepsis auszuschließen;
Ist mir egal, ob das Projekt scheitert, Hauptsache, ich arbeite mit »cooler« Technik;
On-the-Job-Training in neuer Technologie;
Ewiger Optimismus; Herausforderung;
Reine Dummheit;
Gelegenheit, sich zu beweisen;

Einfach nur den Job machen;
Es ist das einzige Projekt;
Ihr Freund realisiert das Projekt;
Ihr Bruder realisiert das Projekt; (Dazu ist mehr
als Freundschaft nötig)
Ihr Chef will es so;
Habe kein anderes Leben;
Habe sowieso nichts Besseres vor;
Aktienoptionen;
Erwarte Gehaltserhöhung;
Liebe macht blind;
Ignoranz;
Will Hausbau fortsetzen;
Kameradschaft;
Erwartungen bzgl. der Projektdauer sind zu niedrig;
2.) Wenn einer deiner Kollegen im Begriff ist,
den Job zu übernehmen, ein Himmelfahrtskommando zu
managen: was ist der eine Rat, den du ihm geben würdest,
um diese Aufgabe zu bewältigen?
Lass mich draussen!
Renn weg!
Halte die Augen offen Frage, was der Lohn ist;
Nimm viel Urlaub, bevor du das Projekt startest;
Vergewissere dich, dass du allen Kollegen vertrauen kannst;
Mach dir klar, dass nicht die Entwickler deine Feinde sind,
sondern die Manager;
Versuche, dem Management die Verästelungen des Projekts klar
zu machen;
Kommuniziere, kommuniziere, kommuniziere;
Halte die Mannschaft intakt;
Stelle neue Absolventen ein;
Behalten Sie die Mannschaft intakt Kontrolliere den Umfang;
Verschaffe dir einen Überblick über das Design;
Konzentration ist ein Ersatz für Zeit;
Vergewissere dich, dass der Testplan fertig ist, wenn die
Testphase beginnt;
Vergewissere dich, dass du einen Testplan hast;
Vergewissere dich, dass jeder weiß, was er tun sollte;
Dokumentation ist kritisch;
Hetze dich nicht bei der Codierung;

Halte die Dokumentation auf dem neuesten Stand;
Jeder sollte Zugang zur Dokumentation haben;
Halte regelmäßige wöchentliche Fortschrittsmeetings ab;
Halte täglich Fortschrittsmeetings ab;
Jeder neue Code soll am Abend funktionieren;
Halte jede Menge guten Kaffee bereit;
Vergewissere dich, dass die Mannschaft glücklich ist;
Vergewissere dich, dass die Mannschaft alles hat, was sie
braucht;
Praktiziere »Management durch Umhergehen«;
Vergewissere dich, dass jeder versteht, was er tut;
3.)Umgekehrt: Was ist die eine Sache, von der du deinem
Kollegen unter allen Umständen abraten würdest, wenn er
sich auf ein solches Projekt einlässt?
Plane keine Hochzeit;
Vermeide unklare Zuständigkeiten;
Erlaube nicht, dass das Design sich »leicht« ändert;
Sieh die 1. Version nicht als die »Final« an;
Werde nicht irritiert oder wütend;
Verliere nicht deine Gelassenheit;
Lass nicht zu, dass andere ihre Gelassenheit verlieren;
Vergiss nicht, das Fachpersonal zu sichern;
Erwarte nicht, dass sich jeder im Team nur dem
Projekt widmet;
Nehme Erfolg oder Misserfolg des Projekts nicht zu
persönlich;
Verlasse dich nicht zu sehr auf ein einziges Teammitglied;
Verteile die Ressourcen des Projekts nicht leichtfertig;
Unterstelle nicht, dass die Teammitglieder das ganze Projekt
verstehen;
Leg dich nicht zu sehr fest;
Unterschätze nichts;
Frage immer wieder, wenn du etwas nicht verstehst;
Starte das Projekt überhaupt nicht;
Starte das Projekt nicht, wenn du das Geld hierzu nicht
bekommst;
Halte nicht an unvernünftigen Terminen fest;
Hab' keine Angst, zu kündigen, wenn du glaubst, dass das
Management unvernünftig ist;
Sei nicht zu hart mit überanstrengten,

unterbezahlten Mitarbeitern;
Lass Meetings nicht länger dauern als 1,5 Stunden;
Hab' keine Angst, Regeln zu brechen;
Vergiss nicht, zu leben;
Beute die »Kleinen« aus dem Team nicht aus;
Hab' keine Angst, dem Management zu sagen, wenn du
etwas brauchst;
Vergiss nicht, deinen Lebenslauf (die Bewerbungsunterlagen)
auf dem Laufenden zu halten;
Nimm die Infos so genannter Experten nicht als Evangelium;
Vergiss nicht, dass das Management nicht weiß, wie man
Software entwickelt;
Vergiss nicht, dass Abkürzungen die Arbeit verkürzen,
aber sie nicht beseitigen;
Reicht das?
-Kevin

11. Von: Steve Benting, 72410, 477
An: Ed Yourdon, 71250,2322
Betrifft: Eds neues Buchprojekt,
Nachr. #158362, Antwort auf 158015
Datum: Freitag, 24. Juni , 1996, 12:59:21 AM
Ed,
Solange du weiterfragst ...
»1. Warum ist irgendjemand bei klarem Verstand bereit, an
einem »Himmelfahrtskommando-Projekt« mitzuarbeiten
(wie oben definiert)?«
Weil dieses Projekt zu diesem Zeitpunkt durchaus gut
durchdacht erscheinen kann. Du hast zum Beispiel für die
Projektleitung jemanden bekommen, der einen echten
Förderer im Management hat, der Projektplan scheint
solide, die Leute, die eingebunden sind, scheinen alle
okay zu sein. Zum Teufel, du willst einfach an dieser
Sache mitarbeiten. Dann bricht alles zusammen, weil der
Förderer im Verlauf einer politischen Auseinandersetzung
verschwindet. Es stellt sich auch heraus, dass der
Projektplan auf Annahmen beruhte, die nicht richtig sind,
und ein oder zwei Schlüsselleute stellen sich als
unzuverlässig heraus. Du kannst lernen, auf sie
aufzupassen, aber manchmal schätzt du die Lage einfach

falsch ein. Und du möchtest einfach nicht glauben, dass
das schon wieder passiert. (Einiges beruht hier auf
Annahmen. Ich war nur in einem großen Projekt involviert,
aber es stürzte schrecklich ab.) Lieferdatum war Oktober
94, was sich später auf den März 95 verschob. Ich
arbeitete an diesen Plan bis zum Ende und verließ nach
den meisten anderen das Team im Januar 95. Das neue
System existiert immer noch nicht. Die Firma ist nun im
Begriff, das System eines anderen Herstellers zu kaufen.
Dieses hat nicht die Hälfte der Funktionalität, die
ursprünglich einmal gefordert war.
»2. Wenn einer deiner Kollegen im Begriff ist, einen Job
mit einem Himmelfahrtskommando anzunehmen, was ist das
Eine, das du ihm/ihr raten würdest?«
Ich würde sagen, sich so viel um seine Leute zu kümmern,
wie nur möglich. Wirf sie am Freitagabend alle aus dem
Büro und vergewissere dich, dass sie genügend Schlaf
bekommen. (Monate mit 12-Stunden-Tagen sechsmal pro Woche
können Entwickler ziemlich ausbrennen, was sie dazu
bringt, zu kündigen oder viel zu viele Fehler zu machen.)
Egal, unter welch schlechten Bedingungen gearbeitet
werden muss, du musst dich um deine Leute kümmern. Um das
meiste (und Beste) von ihnen zu bekommen, ist es manchmal
erforderlich, sie nach Hause zu schicken. (Wenn du von
Anfang an weißt, dass das Projekt in Schwierigkeiten
steckt, hast du eine lange Durststrecke vor dir, auf der
du gute Leute brauchen wirst.)
Vergewissere dich auch, dass du die besten
Gehaltsvereinbarungen erzielt hast. Es wird kaum einen
Unterschied in den Kosten ausmachen, aber es ist
billiger, wenn du die Leute bei der Stange halten kannst.
»3. Umgekehrt: Was ist die eine Sache, von der du deinem
Kollegen unter allen Umständen abraten würdest, wenn er
sich auf ein solches Projekt einlässt?«
Lasse niemanden Druck auf den Kollegen neben dir ausüben.
Schirme die Entwickler von anderen ab, die versuchen, sie
darum zu bitten, mal eben einen »2-Minuten-Job« für sie zu
erledigen. (Wir hatten eine Entwicklerin, die für uns --
bevor das oben genannte Projekt gestartet wurde -- schon
arbeitete, als ich der EDV-Manager war. Sie realisierte

dabei ein neues Kommissionssystem. Die Vertriebsleiterin kam, um ihr zu sagen, dass ihre Vertriebsrepräsentanten ihre Hypotheken nicht bezahlen könnten, wenn das Projekt nicht abgeschlossen sei. Mein Gruppenleiter warf sie regelrecht hinaus, um die Entwicklerin in Ruhe arbeiten zu lassen.) Ich will damit nicht sagen, dass du jene Angestellte nicht etwas antreiben könntest, aber du musst das Stressniveau kontrollieren, wenn du die Mitarbeiter arbeitsfähig halten willst.

» Ich würde gerne auch etwas Input, Feedback, Kriegserzählungen, Fallbeispiele, gute Witze beisteuern«, Das muss einfach sein, wobei ich dir erzähle, wie mir bei jenem »gemeinen« Projekt der neue Präsident erklärte, warum er nicht zurücktreten würde, wenn man ihn dazu aufforderte. (Überflüssig zu sagen, dass dieser Sch...-Kerl ein wesentlicher Faktor für den Projektcrash war.) Er war ein Down-Home-Typ, der sich auf Leute stützte, die seine gedehnte südliche Aussprache als ein Zeichen dafür sahen, es mit einem Bauernlackel zu tun zu haben. Er hatte auch gerade die Beseitigung unseres Förderers, den bisherigen Präsidenten, betrieben, indem er das Projekt gekillt hatte. Sein Grund für die Weigerung gegenüber dem Management, zurückzutreten, war, dass ihm mein VP mit jenem Dokument »Feuer unter den Füßen machen könnte«. Mit anderen Worten, er würde sich nicht bereit erklären, das Dokument zu unterschreiben, weil er damit später leben müsste! Zu diesem Zeitpunkt wusste ich, dass ich wirklich dort weg kommen musste, und zwar schnellstens ...
-Steve

12. Von: S. Marsh Roberts [ICCA], 70007, 4251
An: Ed Yourdon, 71250,2322
Betrifft: Eds neues Buchprojekt,
Msg #158111, Antwort auf 158015
Datum: Mittw., 5.Juni, 1996, 5:31:15 AM
Ed,
» 1. Warum würde sich jemand bei klarem Verstand bereit erklären, an einem »Himmelfahrtskommando-Projekt« (wie oben definiert) teilzunehmen?
Es ist verständlich, dass ein unerfahrener Software-

Entwickler (oder jemand, der nicht das Vergnügen hatte, Scott Adams' »Das Dilbert-Prinzip« zu lesen) von der Behauptung des Managements getäuscht werden könnte, das Himmelfahrtskommando sei eine Anomalie und dass die damit verbundenen übermenschlichen Anstrengungen im Begriff sind, die Menschheit zu revolutionieren, den Kommunismus zu besiegen, Krebs zu heilen usw. Aber, nachdem Sie diese Töne zwei- oder dreimal gehört haben, klingt es wie eine kaputte Schallplatte. Warum werden wir dann wieder und wieder in so etwas hineingezogen?

»Helden« werden benötigt, gewollt, gewünscht. Sie sind sich ihres Platzes in der Geschichte sicher, wenn nur sie dieses Projekt davor bewahren können, unter seinem eigenen Gewicht völlig zu versinken.

Die gleichen Leute übernehmen EMT-Arbeit und genießen firefighting (wörtlich). Wenn Du nur einmal (von zehn Mal) gewinnst, aber alle anderen alle zehn verlieren, wärst du dann nicht auch ein Held?

»2. Wenn einer deiner Kollegen im Begriff ist, einen Job mit einem Himmelfahrtskommando anzunehmen, was ist die »eine Sache«, die du ihm/ihr raten würdest? (Das Leitmotiv wurde von Jack Palance in dem wunderbaren Film »City Slicker« vorgeschlagen, in dem auch Billy Crystal mitspielte)

Ich würde ihn ermutigen, seinen Sinn von Humor zu behalten. Es kann Galgenhumor sein, aber es ist alles, was ein Team hat.

»3. Umgekehrt: Was ist die eine Sache, von der du deinem Kollegen unter allen Umständen abraten würdest, wenn er sich auf ein solches Projekt einlässt?« Ich würde ihn ermutigen (entschuldige, 99/100 Fällen ist das ein »er«), nicht in Optionen zu investieren oder eine große Hypothek aufzunehmen. Sie können ein hohes Risiko zur selben Zeit nur in einem Bereich eingehen, ohne den vollständigen Verlust des persönlichen Vermögens zu riskieren.

Ich habe einmal gesagt, ich sei bereit, für ein Jahr einen bestimmten Job anzunehmen, dessen Inhaber sich vorher sieben Jahre darum gekümmert habe. Nach drei Monaten, denke ich, hätte ich genug verdient, um mich von dem Unvermeidlichen zu erholen ... -Sharon

74

13. Von: Paul Neuhardt, 71673, 454
An: Ed Yourdon, 71250,2322
Betrifft: Eds neues Buchprojekt,
Nachr. #158349, Antwort auf 158015
Datum: Freitag, 7. Juni, 1996, 12:20:19 AM
Ed,
1. «Warum ist irgendjemand bei klarem Verstand
bereit, an einem »Himmelfahrtskommando-Projekt«
mitzuarbeiten (wie oben definiert)?»
Für mich war es schlicht und einfach das Ego. Sie sagten
mir, sie wüssten genau, dass nur ich helfen könnte, das
Projekt davor zu bewahren, ein Himmelfahrtskommando zu
werden. Ich wurde zum »technischen Projektmanager«
gemacht, bekam Egovergrößerungen durch Befugnisse auf
disziplinarischer Ebene erteilt, dann mit dem Rest der
Mannschaft zum Trocknen aufgehängt. Links, rechts, links,
rechts, platsch! (Das wirklich Peinliche ist, dass ich
zulasse, dass dieselben Leute das ein Jahr später wieder
mit mir machen. Sobald ich merkte, dass ich in den
Schritt eines Himmelfahrtskommandos verfiel, lief ich wie
verrückt zur Tür. Ich, und ungefähr 60% der übrigen
Mannschaft. Es ist jetzt vier Jahre her, seit ich zum
ersten Mal eingefangen wurde. Kein solches System hat
jemals das Licht der Welt erblickt, und wird es auch
nicht ...)
2. «Wenn einer deiner Kollegen im Begriff ist, einen Job mit
einem Himmelfahrtskommando anzunehmen, was ist die »eine
Sache«, die du ihm/ihr raten würdest? »
Um jene verrückten Engländer in »Monty Python und der Heilige
Gral« zu zitieren: Ich würde »Hau ab!!!« sagen. Es klingt
etwas ausgeflippt, aber ist es nicht wirklich. Die
häufigsten Schäden eines Himmelfahrtskommandos sind
psychologischer Natur. Geringeres Selbstwertgefühl,
Depression, Ängstlichkeit und Launenhaftigkeit sind alles
Effekte, die ich (manchmal aus eigener Erfahrung aus
solchen Projekten) bezeugen kann. Ich habe mindestens
einen Ehezusammenbruch erlebt, weil der Partner, der in
ein Himmelfahrtskommando eingebunden war, zuließ, dass
das Projekt sie so vereinnahmte, dass sie zu einer völlig

anderen Person wurde. Nach dieser Person hatte ihr
Ehemann (und wir anderen auch) kein Verlangen mehr. Ich
kenne eine Frau, deren dreijähriges »Himmelfahrtskommando-
Projekt« damit endete, das es gekillt wurde. Sie sagte,
das sei die einzige Erfahrung in ihrem Leben, die dem
Kummer einer Fehlgeburt nach sechs Monaten Schwangerschaft
nahe kam. Das ist ein Trauma! Wenn Sie aussteigen
können, tun Sie's!
3. «Umgekehrt: Was ist die eine Sache, von der du deinem
Kollegen unter allen Umständen abraten würdest, wenn er
sich auf ein solches Projekt einlässt?»
»Wenn du sie nicht schlagen kannst, ist dies der eine
Fall, in dem du dich nicht verbünden solltest. Lass dich
nicht zu emotional am Ergebnis dieses Projektes fest
machen. Denke bei Himmelfahrtskommandos über irgendetwas
außerhalb dieses Projektes nach, um zu überleben.
Versuche, arbeiten zu gehen, baue das Stück Mauer dieses
Tages und geh' wieder nach Hause. Wenn du Anregung und
persönliche Belohnung möchtest, lies ein Buch, gehe in
einen Club, melde dich freiwillig bei einem örtlichen
Pferdestall oder kauf dir einen Brennofen und drehe ein
paar Tontöpfe. Tue irgendetwas, um deinen Geist so weit
wie möglich von der Arbeit zu lösen. In dem Moment, in
dem du vom Projekt zu sehr ergriffen wirst, kommen die
Typen mit den Gewehren und gewinnen, und du, das
bescheidene Schaf, hast verloren.
- Paul

14. Von: Al Christians, 74031, 316, 72410, 477
An: Ed Yourdon, 71250,2322
Betrifft: Eds neues Buchprojekt,
Nachr. #158029, Antwort auf 158015
Datum: Dienst., 4. Juni, 1996, 12:04:05 PM
Ed,
Klingt, als würdest du diesen Sommer mächtig Spaß kriegen.
»1. Warum würde sich irgendjemand, der bei klarem Verstand
ist, an einem Himmelfahrtskommando beteiligen? Wo du die
»City Slickers« erwähnst. Dieser Film, der
bedauerlicherweise sexuelle Stereotypen verwendet, könnte
mich veranlassen zu antworten »Testosteron«. Das heißt so

viel wie: »weil es halt da ist«. Es gibt eine Menge Jobs, die die »Warum«-Frage provozieren. U-Bahn-Abbau, Rodeo reiten, Brände bekämpfen, Kampfjet fliegen, U-Boot fahren, Fenster putzen an sehr hohen Gebäuden. All diese Jobs haben schwerwiegende Nachteile weit über die von Software-Projekten hinaus,und doch haben diejenigen, die diese Jobs ausüben, gemeinsam, dass sie mit einem gewissen Selbstverständnis ihren Beruf ausüben.

Aber wenn du wirklich glaubst, ein paar Gründe zu benötigen, hier sind welche:

a. Viele glauben, dass wir im letzten Projekt so viel Erfahrung gesammelt haben, dass es eine Schande wäre, kein Projekt zu finden, in dem wir sie anwenden könnten.

b. Wir wissen, dass einige unserer Kollegen leiden werden, und es macht uns nichts aus, unseren Teil dazu beizutragen, ihnen zu helfen.

c. Es ist wie ein Lotterielos: Wider alle Wahrscheinlichkeit können wir uns vorstellen, wie hoch die Belohnung für den Erfolg sein könnte.

d. Der hohe Dringlichkeitsgrad, der während dieser schwierigen Projekte auftritt, verleiht denjenigen, die in der Lage sind, die Krise zu meistern, neue Macht. Und wir mögen Macht.

> 2. Wenn einer deiner Kollegen im Begriff ist, die Aufgabe zu übernehmen, ein Himmelfahrtskommando zu managen, was ist der eine Rat, den du ihm geben würdest?

Denke daran, was die Leute, die dich gern haben und lieben, dies aus Gründen tun, die nichts mit dem Projekt zu tun haben.

> 3. Umgekehrt: Was ist die eine Sache, die du deinem Kollegen raten würdest, unter keinen Umständen zu tun, wenn er sich auf ein solches Projekt einlässt?

»Da dies der Weg ist, den du eine ganze Weile beschreiten wirst, und dies noch eine ganze Weile so bleibt, arbeite nicht in einem Tempo, das deine Gesundheit nicht für ebenso lange Zeit gewährleistet.«

- Al

15. Von: David Maxwell, 100342, 3620
An: Ed Yourdon, 71250,2322

Betrifft: Eds neues Buchprojekt,
Msg #158991, Antwort auf 158015
Datum: Montag, 17.Juni, 1996, 4:53:16 AM
Ed,
Wie ich bei einer anderen Gelegenheit schon sagte, sind
Projekte wie eine Hochzeit. Wir neigen dazu, naiv und
voller Hoffnung anzufangen. Langsam dämmert uns die
Realität, und wir müssen unsere Erwartungen innerhalb der
Beziehung neu überdenken. Es gibt viele Gründe abseits
der Logik, die Leute dazu bringen, sich in eine Ehe zu
begeben. Das ist das Gleiche wie mit den Projekten. Unter
der Voraussetzung überwiegend jugendlicher Arbeitskraft
kommen Himmelfahrtskommandos immer wieder vor und bilden
eine Art Trainingsfläche für Manager wie für Entwickler.
Wie ich aus persönlicher Erfahrung weiß, wiederhole ich
einen Fehler viele Male, bevor der Groschen fällt.
Nietzsche, der deutsche Philosoph des 19. Jahrhunderts,
sagte: »Die Gesellschaft wird durch die Mittelmäßigkeit
beherrscht.« Was er vermutlich damit sagen wollte, ist,
dass die konservative, allgemeine Strömung dazu tendiert,
Verhalten und Ereignisse zu steuern. Diese zentrale
Strömung ist darauf fixiert, sich vor Extremen zu
schützen, und ignoriert alles, was ihre Position bedrohen
könnte. Wonach wir in der IT wirklich suchen, ist eine
radikale Reformierung der Art und Weise, wie Projekte
gemanagt werden. Mit einer offenen vertikalen und
horizontalen Kommunikation und sogar einer gewissen
Offenheit gegenüber radikalen Methoden. Das ist durchaus
bedrohlich für den zentralen Kern der typischen Prozesse,
Rollen und der Gruppenkultur. Ein Unternehmen mit einer
Kultur des Existentialismus hat eine größere Chance,
regelmäßig gute Projekte zu generieren. Aber diese
Unternehmen sind eine Seltenheit.
Eine meiner alten Freundinnen, die eine führende Position
in einer größeren Business-Schule einnimmt, sucht
regelmäßig Rat bei mir, wenn es darum geht, die Flut von
internen politischen Prozessen und Methoden zu
überwinden, die ihre praktische Arbeit behindern.
Sicherlich ein typischer Fall dafür, das nicht zu
praktizieren, was man predigt. Außerdem zollen in der

ganzen Welt die Abteilungen der Computerwissenschaft den
Leuten wenig Aufmerksamkeit, und Managementaufgaben, wie
die der Professorentätigkeit, sind im Allgemeinen
außerhalb der technologischen, praktischen Arbeitspraxis.
So ist es vielleicht unvermeidlich, dass mit einer
ungeeigneten Ausbildung und diesem kulturellen
Hintergrund Himmelfahrtskommandos weiterhin die Norm
bleiben. Aber, um es von einer anderen Seite zu
betrachten: Diese Himmelfahrtskommandos sind der wichtige
Stoff, aus dem weltweit die Erfolgsstorys gemacht werden,
die die ganze Show kurzweilig machen.
- David

16. Dieses Szenario ist in Nordamerika viel verbreiteter als in Westeuropa oder im pazifischen Raum, wie ich das bei meinem Besuch beobachten konnte. Während Unternehmen rund um die Welt
sich mit Reengineering-Projekten beschäftigt haben, sind außerhalb
Amerikas weniger häufig jene radikalen Reengineering-Projekte zu
beobachten, bei der viele Mitarbeiter freigesetzt werden. Aus denselben Gründen – kulturelle Traditionen, Sozialpolitik, gesetzliche
Regelungen – gibt es in diesen Ländern weniger Himmelfahrtskommandos. Die Arbeiter und Angestellten, besonders in Westeuropa,
werden eher vor übertriebenen Überstunden geschützt und weigern
sich hartnäckig, ihr Krankfeiern, ihre Urlaubstage, Ferien, persönliche Auszeiten und andere Formen der Abwesenheit aufzugeben. Ob
das so gut oder schlecht ist, geht über den Rahmen dieses Buchs
hinaus.

17. E-Mail von Erik Petersen, 20. Juni 2003

18. Von: Rick Zahniser (SL), 70313,1325
An: Ed Yourdon, 71250,2322
Betrifft: Eds neues Buchprojekt,
Nachr. #158437, Antwort auf 158015
Datum: Freitag, 7. Juni, 1996, 10:57:25 PM
Ed,
»warum machen die das??«
Ich denke, weil sie glauben, dass sie besser sind als
andere, die das schon mal versucht haben. Manchmal sind
sie es wirklich! (Das beseitigt das Himmelfahrtskommando

nicht. Tatsächlich wird es wahrscheinlich sogar verlängert.) Ich habe dir früher schon gesagt, ich glaube, dass jeder einmal an einem solchen Projekt teilnehmen sollte. Allerdings gibt es noch einige andere Dinge, die du mindestens einmal tun solltest:
+ eine Nacht im Gefängnis verbringen
+ so betrunken zu seinen,dass du eine Kloschüssel umarmen musst
+ einen Jungen erziehen
+ ein Mädchen erziehen
+ ein eigenes Geschäft gründen
+ Klettere auf den Fujiyama (die Japaner haben einen Spruch: »Derjenige, der versäumt, den Fuji zu besteigen, ist ein Narr. Derjenige, der den Fuji zweimal besteigt, ist ein noch größerer Depp.«)
Das ist zu tun:
Schnapp dir einen guten Manager, der das Zeug hat, die richtigen Dinge zu tun.
Das musst du nicht unbedingt tun:
Bring dich um, wenn das Projekt schief geht.
-E. P.

19. Science-Fiction-Fans werden die Ähnlichkeit zwischen Zahnisers Ratschlag und dem wunderbaren Aphorismus von Robert Heinlein in *Time Enough for Love: the Lives of Lazarus Long* (Ace Books, Neuauflage 1994) bemerken. »Der Mensch sollte in der Lage sein, Windeln zu wechseln, eine Invasion zu planen, ein Schwein zu schlachten, ein Schiff zu steuern, ein Bauwerk zu entwerfen, ein Lied zu komponieren, Knochen zu schienen, das Sterben zu erleichtern, Aufträge anzunehmen und zu erteilen, zu kooperieren, alleine zu handeln, Gleichungen zu lösen, ein neues Problem zu analysieren, ein Feld zu düngen, einen Computer zu programmieren, schmackhaft zu kochen, wirksam zu kämpfen und heldenhaft zu sterben. Spezialisierung ist etwas für Insekten.«

Kapitel 2

Politik

Man verschreibt sich nie einer Sache, an der man nicht die geringsten Zweifel hat. Kein Mensch verkündet fanatisch, dass morgen die Sonne aufgeht. Man weiß, dass sie morgen aufgehen wird. Wenn Menschen sich mit Haut und Haaren politischen oder religiösen Überzeugungen oder irgendwelchen anderen Dogmen oder Zielen verschreiben, so stets deshalb, weil diese Dogmen oder Ziele zweifelhaft sind.

Robert Pirsig, *Zen und die Kunst sein Motorrad zu warten*

»Politik ist schwieriger als Physik«

Albert Einstein

Politik ist in jedem Software-Entwicklungsprojekt ein Faktor, ganz egal, wie sehr wir auch versuchen, das zu verhindern. Die herausragende Eigenschaft eines Himmelfahrtskommandos ist gewöhnlich, dass die Politik so intensiv wird, dass sie die Anstrengungen für die Sacharbeit gänzlich überlagern kann. Während der Prozess, der mit der Politik verknüpft ist, nämlich der politische Prozess des Verhandelns, in einem späteren Kapitel diskutiert wird, ist es folglich doch wichtig, die Existenz der Politik zur Kenntnis zu nehmen und in diesem Kapitel einige allgemeine Ratschläge zu geben.

Viele Software-Entwickler werden sagen, sie würden es vorziehen, aus dem ganzen grässlichen Mist herausgehalten zu werden. Das ist verständlich. Viele von uns, die wir vom Software-Bereich angezogen werden, sind albern und politisch naiv. Nicht nur, dass wir politische Spielchen widerlich finden. Wir finden auch, dass es uns nicht gut tun würde, wenn wir das politische Spiel mitmachten. Das ist in Ordnung, solange es jemanden gibt (üblicherweise der Projektleiter), der das Politische in die Hand nimmt. Wenn aber jemand an einem Himmelfahrtskommando unter der Annahme teilnimmt, »dass das Projekt so wichtig ist, dass sie uns allein lassen und uns aus den gewöhnlichen, blöden politischen Verhandlungen heraushalten«, dann hat das Projekt weit weniger Chancen, erfolgreich zu werden.

Ich werde vier Aspekte der Politik in diesem Kapitel vorstellen:

1. das Identifizieren der politischen Rollen im Projekt
2. die grundlegende Struktur des Projekts bestimmen
3. die Identifizierung der Bindungsgrade der Projektteilnehmer
4. die Analyse der Schlüsselfaktoren, die zu politischen Spannungen führen

2.1 Das Identifizieren der »Politiker«

Der Schlüssel, an den wir uns hier erinnern sollten, ist, dass unsere Chancen auf Erfolg in einem Himmelfahrtskommando nahezu null sind, wenn wir nicht wissen, wer die »Schlüsselrolle« spielt. Einige sind störender als andere, wieder andere unterstützen uns freundschaftlich. Einige sind offene Gegner des Projekts, andere warten nur auf eine Chance, dem Projektleiter gegen die Schienbeine zu treten. Das wird leicht übersehen, während man von einer Managementkrise in die nächste und von einem technischen Problem in das andere stolpert, aber es ist enorm wichtig.

Ich glaube, es ist ein Muss für jeden, der an dem Projekt teilnimmt, zu wissen, wer diese »Key Player« sind, auch, wenn es die Aufgabe des Projektleiters ist, tagtäglich mit dem externen Partner zusammenzuarbeiten. Bei seltenen Gelegenheiten bewirkt ein so genanntes »Stinktier-Projekt«, dass die Projektmitglieder während ihrer Arbeit vom Rest des zwischenmenschlichen Geschehens isoliert werden.

Aber das ist ungewöhnlich. Tatsächlich ist in der heutigen Welt nicht einmal ein »Stinktier-Projekt« komplett isoliert. Heutzutage sind wir schließlich mit der ganzen Welt mittels E-Mail und Internet verbunden.[1] In einer normalen Arbeitsumgebung ist jeder darauf angewiesen, mit anderen technischen Kollegen, genau so wie mit vorgesetzten Managern, innerhalb und außerhalb des Projekts zu interagieren. Dazu kommen noch die Personen aus der Benutzergemeinde, die im Verlauf des Projektes hinzugezogen werden. Es ist unvermeidlich, sie auf dem Flur, in der Cafeteria oder im Ruheraum zu treffen.

Wenn also ein Projektmitglied einen harmlosen Telefonanruf oder eine E-Mail empfängt oder auf dem Flur eine beiläufig gestellte Frage eines mittleren Managers hört, »na, wie geht es dem Projekt?«, ist es doch für das Teammitglied wichtig zu wissen, ob diese Botschaft von einem Freund oder einem Feind kommt.

Oder hat diese Frage vielleicht politische Untertöne? Welche Antwort Sie auch immer auf die oben gestellte Frage geben, wahrscheinlich wird sie in andere Bereiche des Unternehmens transportiert, verstärkt, verzerrt oder verheimlicht. Wie Dale Emery in einer E-Mail an mich bemerkte:[2]

Wenn, so habe ich generell beobachtet, in einem Kundenkreis klar ist, wessen Input relevant ist, dann kommen die Entwickler im Allgemeinen auch an diese Information heran. Vielleicht auf eine teurere, umständlichere Weise als ohne die ständigen Versuche der Manager, die Dinge von ihnen fernzuhalten. Ein anderes Mal treffen die Entwickler einfach Annahmen darüber, was die Kunden brauchen. Die typischen »Player« in einen Himmelfahrtskommando sind die folgenden:

- Eigentümer
- Kunde
- Teilhaber
- Außenstehende
- »Champion«

Im Folgenden werde ich alle diese Punkte durchgehen.

2.1.1 Der Eigentümer

Eigentümer ist gewöhnlich derjenige, der für ein System oder die Ergebnisse des Projektes zahlt, es akzeptiert oder gewisse Dinge autorisiert. Es ist im Verlauf des kompletten Himmelfahrtskommandos offensichtlich wichtig, diese Person zu identifizieren und alles Mögliche zu tun, sie bei Laune zu halten,.

Merkwürdig, wie viele Software-Projekte stattfinden, ohne dass irgendjemand die geringste Ahnung hat, wer der Eigentümer ist. Insbesondere in Unternehmen, in denen Projekte von übereifrigen IT-Profis hervorgebracht werden, die sich gegenseitig versichern: »Ich wette, die Marketingabteilung wird total begeistert sein, wenn sie sieht, welches System wir für sie bauen.«

Gut organisierte Unternehmen würden niemals solche Projekte starten, aber ein wesentlicher Punkt, den man hier beachten muss, ist, dass es viele Himmelfahrtskommandos gar nicht erst geben würde, wenn die Auftraggeber sie nicht mit einem klaren Startkommando ins Leben rufen würden.

Der Grund ist einfach: Solche Projekte beinhalten außerordentliche Aufwendungen und/oder Risiken und/oder zeitliche Restriktionen.

Es ist unwahrscheinlich, dass die EDV-Abteilungen solche Projekte in Eigeninitiative erfinden. Die normale Bürokratie eines Unternehmens würde den Start und die Begründung eines solchen Projektes verhindern, es sei denn, jemand mit einer entsprechenden Verantwortung gibt laut und vernehmlich die entsprechenden Instruktionen heraus.

Hieraus ergibt sich noch ein interessanter Punkt: Der Eigner eines Himmelfahrtskommandos ist oft ein Manager, der in der Hierarchie weit höher angesiedelt ist als der Leiter eines normalen Software-Projekts. Tatsächlich ergibt sich manchmal, dass dieser Manager der Präsident oder der CEO eines Unternehmens ist, da das Projekt möglicherweise das Überleben des Unternehmens betrifft. Wenn es auch nur der Vizepräsident ist, der entscheidende Punkt ist, dass der Eigner eines Himmelfahrtskommandos meistens mehr Macht besitzt. Er hat in der Regel auch mehr Bedeutung, wenn es darauf ankommt, Kostensteigerungen und Ausnahmen von bürokratischen Restriktionen durchzusetzen, was in normalen, gesunden Projekten selten der Fall ist.

Auf der anderen Seite heißt dies nicht, dass die politische Hierarchie verschwunden ist. Tatsächlich ist eines der Probleme bei Himmelfahrtskommandos, dass Manager wenig oder keinen direkten Kontakt mit dem Eigner haben. Die Freigabe des Projekts und die periodische Aufforderung zur Präsentation von Statusberichten können die Kommandoketten vom Eigner über das Mittelmanagement bis zum Projektmanager des Himmelfahrtskommandos verkürzen. Und alle diese Managementstufen zwischen dem wirklichen Eigner und dem Projektmanager können, um in der hier verwendeten Terminologie zu bleiben, entweder Kunde, Teilhaber, Unbeteiligter oder Champion sein – oder politische Feinde des Projekts.

Warum ist es so wichtig, sich diesen Zusammenhang klar zu machen? Der ursprüngliche Auftrag des Eigners eines Himmelfahrtskommandos kann relativ leicht verzerrt werden, bevor der Marschbefehl den eigentlichen Projektmanager erreicht. Meistens ist der Endtermin der nicht verhandelbare Aspekt eines Himmelfahrtskommandos. Das neue Super-System muss unbedingt und absolut bis zum 1. Januar beendet sein oder die Welt geht unter! In dem Augenblick, wenn der Auftrag die Kommandokette hinuntertransportiert wird, wird die Unternehmensbürokratie ihre eigene Liste zusätzlicher Beschränkungen hinzufügen. Das Projekt muss zum Beispiel in einer Kombination von ADA und RPG programmiert werden. Das Team muss Georg, Harry und Melvin beinhalten, da sie so inkompetent sind, dass sie in kein anderes Projekt hineinpassen. Es muss die im Unternehmen neu eingeführte (aber noch nie vorher benutzte) objektorientierte Software-Entwicklung verwenden. Es muss wöchentliche Besucher des Methodenmanagements dulden. Die Mitglieder des Projekts müssen die 17-seitige Checkliste XJ13 in dreifacher Ausfertigung am Ende jeden Arbeitstages ausfüllen. Und, und, und ... die Liste geht noch weiter.

In Situationen wie dieser können persönliche Meetings mit dem Projekteigner manchmal die Aufhebung dieser idiotischen Einschränkungen ergeben. Einfach durch Erlass – bis auf eine: den Endtermin. Hat der Projektleiter eine schriftliche Bestätigung, die ihn von den anderen lächerlichen Regeln befreit (was der Grund dafür sein könnte, dass kein anderes Projekt pünktlich beendet werden konnte!), dann kann es sein, dass das Himmelfahrtskommando innerhalb der erforderlichen Zeitspanne beendet werden kann. Vielleicht kann der Eigner auch davon überzeugt werden, dass er noch etwas Geld für zusätzliche Ausrüstung, Werkzeuge oder sogar ein Budget für den wöchentlichen Pizzaverbrauch des Projektteams freigibt. Das ist in einem persönlichen Meeting möglich, auch wenn die Erbsenzähler und Pfennigfuchser anderswo im Unternehmen normalerweise ihr Bestes tun, um so etwas zu verhindern.

Offensichtlich sind nicht alle Eigner so kooperativ. Und nicht alle Projekteigner befinden sich an entsprechenden Positionen im Unternehmen. Aber eine Sache bleibt: Während es für alle Projekte wichtig ist, den Eigner zu identifizieren, ist es doppelt wichtig für Himmelfahrtskommandos. Nach meiner Erfahrung ist in der Mehrzahl der Fälle der Projekteigner eher Freund als Feind. Es liegt im Interesse des Eigners, das rote Band des Projekts zu durchschneiden und die bürokratischen Hindernisse aus dem Weg zu räumen.

Das ist fast immer ein Segen für jeden Projektmanager. Wie auch immer, halten wir fest, dass der Projekteigner nicht unbedingt derjenige ist, der das System wirklich benutzt, wenn es schließlich installiert ist. Er ist auch nicht der Einzige, der politischen Einfluss auf das Projekt hat. Die anderen »Player«, die im Folgenden beschrieben werden, müssen auch berücksichtigt werden.

2.1.2 Die Kunden

Der Kunde ist die Person, oder, in vielen Fällen, eine Gruppe von Personen, der oder die das System benutzen wird, wenn es durch das Projektteam abgeschlossen wird. In den Unternehmen in der ganzen Welt ist es üblich, diese Person (oder Gruppe) als »User« zu bezeichnen. Die Kunden können ihrerseits auch die Eigner von Himmelfahrtskommandos sein. Ein häufigeres Szenario ist allerdings, dass die Kunden praktische oder theoretische User sind, die mit den System interagieren und arbeiten, das vom Himmelfahrtskommando entwickelt wird.

Die Politik, die mit dem Projektkunden verknüpft ist, wird in den meisten Lehrbüchern über Projektmanagement behandelt. Ich habe nicht vor, auf dieses Thema im Detail auch hier einzugehen. Es soll hier genügen, zu erwähnen, dass Politik in Himmelfahrtskommandos in verstärkter Form auftritt. Wir wissen zum Beispiel, dass der Kunde gewöhnlich die Quelle detaillierter Anforderungen an das System ist, da der Eigner (und verschiedene andere hoch angesiedelte Manager) wenig oder gar keine Erfahrung mit dem wirklichen Betrieb der Business-Anwendung hat. Sie tendieren dazu, den Betrieb aus 10.000 Meter Höhe zu betrachten. Obwohl es notwendig ist, direkt mit dem Kunden beziehungsweise dem User zu kommunizieren, um die Anforderungen an das System zu ermitteln, wissen wir aus vielen Projekten, dass der Eigner (oder andere Manager) dem Projektteam sagen, man solle nicht mit den Usern sprechen, da diese »viel zu beschäftigt« sind. Oder sie sagen: »Ich kann euch alles über die Anforderungen an das System selber sagen.« Es gibt noch eine Vielzahl anderer Entschuldigungen. Schließlich wissen wir, dass Kunden ganz normale Projekte ultimativ sabotieren können, indem sie sich weigern, sie zu benutzen. Manche beschweren sich auch darüber, dass das System ihre Anforderungen nicht erfüllt. All das gilt natürlich genauso für Himmelfahrtskommandos, mit einem Zusatz: Es kann sein, dass der Kunde den außergewöhnlichen Grad an Politik, Hindernissen oder Druck, der mit dem Himmelfahrtskommando verknüpft ist, nicht wahrnehmen kann. Es kann zu einem totalen Desaster führen, wenn irgendjemand aus dem Projektteam zum Kunden marschiert und sagt: »Hallo, ich finde es nett von Ihnen, wenn Sie Ihre Arbeit einmal kurz unterbrechen und mir Ihre Anforderungen an das Projekt beschreiben könnten. Wenn nämlich unser Projekt zu spät dran ist, geht das ganze Unternehmen Pleite. Sie verlieren natürlich auch Ihren Job, wenn das Projekt erfolgreich ist. Der eigentliche Sinn unseres neuen Systems ist nämlich, massives Downsizing zu ermöglichen, das gerade Ihre Planungsabteilung betrifft.

Ein besonders wichtiges Beispiel für einen Kunden/User ist jemand, bin ich gerne »loser user« nenne. Es ist die Person, deren Interesse verletzt oder verringert würde, wenn das Projekt Erfolg hätte. Typische Beispiele eines negativen Einflusses wären der Verlust an Macht, Prestige, Einkommen, Bequemlichkeit usw. Einige typische Beispiele hierfür sind:

- Der Lieferant, dessen System durch das neue ersetzt würde.
- Die Endanwender, die ihren Arbeitsplatz verlieren, wenn das neue System in Betrieb genommen wird.
- Die Anwender, die mit dem bestehenden System vollkommen glücklich sind, und die annehmen, dass das neue System weniger Funktionen oder Bequemlichkeit bietet.
- Die Anwender, die sich über ihre eigene Kompetenz bezüglich des neuen Systems sorgen machen.
- Der Manager, dessen Budget sich verringern wird, damit die Entwicklung des neuen Systems bezahlt werden kann
- Der Manager, der glaubt, das Projekt sei zu anspruchsvoll, sodass es nur scheitern kann – und der alles tut damit seine Prognose eintrifft.

- Der Manager, dessen Einfluss, Prestige, Macht und »Territorium« sich verringern werden, wenn das neue Projekt erfolgreich ist.

Wie andere Rollen, die in diesem Kapitel diskutiert werden, kann der »loser user« sich während des Verlaufs eines Projektes durchaus ändern – zum Beispiel, wenn einige dieser User beginnen zu verstehen, worin die Nutzen des Projekts liegen, und nun damit beginnen, das Projekt zu unterstützen. Andere wiederum verstehen allmählich die Auswirkungen einer erfolgreichen Durchführung des Projektes im Bereich ihrer persönlichen Interessen und verlieren allmählich ihre Begeisterung, verringern ihre Unterstützung oder Kooperationsbereitschaft.

2.1.3 Teilhaber

Teilhaber sind so etwas wie »Miteigentümer« des Systems. Während sie vielleicht nicht die Autorität besitzen, ein Projekt zu initiieren oder dessen Ergebnisse zu akzeptieren oder das Budget zu bestätigen, haben sie aber sicher gesteigertes Interesse an dem, was am Ende dabei herauskommt. Tatsächlich teilen sie das Budget in vielen Fällen zusammen mit den Nutzen und Risiken, die mit dem Projekt verknüpft sind. Stellen Sie sie sich als Mitglieder des Vorstands vor, mit dem Eigner als Vorstandsvorsitzenden. Die Teilhaber haben vielleicht regulären Kontakt miteinander oder nicht, und sie mögen vielleicht auch keinen expliziten Kontakt mit dem Projektteam haben. Aber nichtsdestoweniger sind sie Teilhaber.

Folglich können das Projektteam und der Projektmanager die Teilhaber im Wesentlichen auf die gleiche Weise behandeln wie den Eigner. Die Teilhaber dürfen unter keinen Umständen vergessen oder ignoriert werden. Es ist schwer, sie zu übersehen, denn sie tendieren dazu, irgendwie ihren Einfluss geltend und ihre Stimmen hörbar zu machen. Sie sind auch in vielen Meetings und Präsentationen dabei, die das Himmelfahrtskommando betreffen. Andererseits neigt ein Teil der Projektmanager dazu, diese Personen, wenn irgend möglich, zu meiden. Sie sind im Glauben, der Projekteigner könne für die Gruppe sprechen. Verständlicherweise meint der Projektmanager, jeder Moment, der mit dem Teilhaber verbracht wird, würde besser mit der Arbeit am Projekt verbracht. So, wie die Teilhaber Entscheidungen beeinflussen können, in denen es darum geht, Himmelfahrtskommandos zu autorisierten, freizugeben und zu finanzieren, so können sie auch in die Entscheidung einbezogen werden, das Projekt zu stoppen. Wenn sie das Gefühl haben, ignoriert zu werden, sind sie umso mehr bereit, so etwas zu tun. Consultant Dave Kleist identifizierte kürzlich eine interessante Variante des Teilhabers:[3]

In einigen der Himmelfahrtskommandos, die zu meinem Erfahrungsschatz gehören, glaube ich eine Variante des Teilhabers festgestellt zu haben, deren Identifizierung sehr wichtig ist: der Verkäufer. Speziell dann, wenn seine Leute an dem Projekt mitarbeiten.

Wenn ein Verkäufer tatsächlich involviert ist, dann gibt es wieder mehrere verschiedene Kategorien von Teilhabern. Der Vertriebsrepräsentant des Verkäufers ist meistens noch mehr davon betroffen, wie man den Verkauf schließlich realisieren und den Auftrag hereinholen kann als der Verkäufer, der sich zunächst nur dafür interessiert, ob das Produkt wirklich funktioniert und erfolgreich ist. Wenn der Verkäufer Berater, Techniker oder andere Personen eingesetzt hat, die mit dem Projektteam zusammenarbeiten, dann wird sich allerdings eine etwas andere politische Agenda ergeben.

2.1.4 Beteiligte

Die Unterscheidung zwischen Teilhaber und Beteiligtem mag ein wenig akademisch erscheinen, aber sie ist sehr wichtig. Beteiligte sind jene, die in irgendeiner Weise eine »Beteiligung« am Ergebnis des Projekts haben, auch wenn sie keine explizite Beteiligung an der Entscheidungsfindung, der Leitung oder dem Fortschritt des Projekts haben. Kunden sind im oben diskutierten Sinn offensichtlich Beteiligte, genauso wie der Eigner oder andere Teilhaber.

Andere Beteiligte sind vielleicht Mitglieder der Managementhierarchie, die möglicherweise ihr altes Informationssystem aufgeben müssen, wenn das neue System pünktlich fertig wird. Oder sie sind vielleicht Mitglieder von politischen Vereinigungen, Lieferanten, Kunden oder Wettbewerber. Es könnten sogar andere Mitglieder der EDV-Abteilung sein. Denn wenn das Himmelfahrtskommando tatsächlich Erfolg haben sollte, könnte es einen Einfluss auf Methoden, Werkzeuge oder andere Aspekte haben, die damit zusammenhängen, wie Projekte standardmäßig in Zukunft zu realisieren sind. Paul Neuhardt zeigte eine andere übliche Variante des Beteiligten in einer unlängst an mich geschickten E-Mail:[4]

Du hast den »inneren Zirkel« ausgelassen. Das sind die Leute, die noch keine direkte Beteiligung besitzen, die aber Einfluss haben auf diejenigen, die eine solche Beteiligung haben. Sie haben zum Beispiel eine Meinung zu dem, was getan werden sollte oder was ein dringender Bedarf ist. Sie übertragen ihre Meinung auf andere. Auch bekannt als die »engsten Ratgeber« verbringen diese Leute oft viel Zeit damit, den Entscheidern heimlich etwas ins Ohr zu flüstern. Sie sind in der Lage, über Nacht aus einem Freund einen Feind zu machen, sogar ohne dass du etwas davon mitkriegst.

Erik Petersen identifizierte noch eine wichtige Gruppe von Mitspielern bzw. Beteiligten: diejenigen, die das neue System testen:

Diese Tests treffen das Team oft ziemlich hart, insbesondere dann, wenn der Projektmanager sie als eine Art Vorrat für entstehende Mehraufwand im Rahmen des Entwicklungsprojekts versteht. Ein potenzielles positives Projekt könnte zu einem Himmelfahrtskommando werden, wenn am Ende zu wenig Zeit für einen qualitativ guten Test verbleibt.[5]

Noch eine wichtige Gruppe von Beteiligten wurde durch einen Leser hervorgehoben:

Der Projektmanager eines Himmelfahrtskommandos tut gut daran, sich mit der Support-Abteilung gut zu stehen. Neue Mitarbeiter benötigen den Zugriff aufs Netzwerk, neue PCs müssen eingerichtet werden, Netzwerkprobleme müssen gelöst werden, der Zugriff auf einen Server, Speicherplatzzuweisungen und Passwörter müssen zugeordnet werden. Wenn ein Projektmanager es nicht schafft, dass diese Dinge unverzüglich zur Verfügung stehen, werden seine Mit-

arbeiter zeitweise Däumchen drehen und mit ihrer Arbeit nicht vorankommen. Die wichtigste Währung eines Projektmanagers eines Himmelfahrtskommandos bilden die Personenstunden. Lange Antwortzeiten der Supportabteilung können diese Währung vernichten.[6]

Das klingt jetzt, als seien Beteiligte »Feinde« des Himmelfahrtskommandos. Das möchte ich aber nicht unterstellen. Beteiligte sind manchmal auch Verbündete und wertvolle Stütze sein. Sie können ein gutes Wort einlegen bei denjenigen, die hinter dem Rücken des Projektteams das Projekt im stillen beobachten. Und sie können alle Arten von Unterstützung beitragen – direkt oder indirekt –, wenn sie das Gefühl haben, dass das Projekt sie nötig hat. Wenn man ein Himmelfahrtskommando als eine Art »unterlegen« betrachtet, das irgendwie in einen »David gegen Goliath«-Kampf verwickelt ist, dann können sogar jene Mitglieder des Unternehmens, die keine Aktien in diesem Projekt besitzen, in Erscheinung treten und Hilfe anbieten.

Auch wenn ich die Möglichkeit einer solchen Art von Unterstützung nicht vernachlässigen möchte, ist es in der Realität wahrscheinlicher, dass die Beteiligten Kritiker und Feinde des Projekts sein werden. Der Grund ist einfach: Ein Himmelfahrtskommando repräsentiert mehr als ein normales Projekt eine größere Veränderung des Status quo. Eines der grundlegenden Prinzipien der Politik ist es aber, dass Individuen und Unternehmenskulturen geradezu automatisch gegen eine Änderung des Status quo sind, sogar wenn sie intellektuell davon überzeugt sein können, dass ein solcher Wandel wichtig und notwendig ist. Während also das Projektteam offensichtlich diejenigen Beteiligten, die sich als Freunde des Projekts herausstellen, gerne willkommen heißt, sollte es auf der anderen Seite wachsam sein gegenüber der Möglichkeit, dass diese Beteiligten den Zeit- und Projektplan mit Hindernissen pflastern werden.

Es gibt noch einen Punkt, den man berücksichtigen sollte: Das Vorhandensein und die Identität der Beteiligten ist nicht immer offensichtlich, da sie nicht unbedingt Teil der Linienorganisation sind. Wenn zum Beispiel das zu entwickelnde System direkten Einfluss auf die Gewerkschaft oder die Sachbearbeiter in der Auftragsbearbeitung hat, dann ist es nicht schwer, sie als Beteiligte zu identifizieren. Stellen wir uns nun einen Projektmanager vor, der mit den Unternehmensstrukturen geradezu verkrustet ist, der mit dem stellvertretenden Geschäftsführer der Informationssysteme Golf spielt. Wenn dieser Projektmanager vor sich hinmurmelt: »Wenn dieses Himmelfahrtskommando Erfolg hat, müssen wir alle SmallTalk lernen und ich bin nach wie vor überzeugt, SmallTalk ist ein kommunistischer Sabotageakt«, dann haben wir einen stillen Beteiligten, der einen subtilen, aber wichtigen Einfluss auf das Projekt haben könnte.[7]

2.1.5 Champions

So, wie es potenzielle Feinde des Himmelfahrtskommandos gibt, gibt es auch Freunde, darunter Freunde, die so mächtig und hilfreich sind, dass man sie als Champions bezeichnen könnte. Das Beste in der Welt ist ein Champion, der gleichzeitig der Inhaber oder Eigner des Projekts ist. Champions können auch aus den Reihen der Kunden, der Teilhaber und der Beteiligten kommen. Nun, Champions finden sich auch oft außerhalb der Menge der politischen Mitspieler des Projekts. Ein Champion könnte zum Beispiel für einen jungen Projektmanager, den er als seinen Zögling betrachtet, Stimmung machen. Der Champion könnte aber auch von dem gesamten Erfolg des Projekts betroffen sein, weil dieser die Reputation und die Glaubwürdigkeit der IT-Abteilung oder des ganzen Unternehmens betrifft. Meistens ist der Champion fasziniert vom Zauber der Technologie, mit der der Leiter des Himmelfahrtskommandos glaubt, Wunder vollbringen zu können. Ob es nun Java, die objektorientierte Technologie oder ein neues Werkzeug zur Client/Server-Entwicklung ist, der Champion hat vielleicht vor kurzem Vorführungen davon gesehen, und nun ist er vielleicht derjenige, der vorgeschlagen hat, dass der Projektmanager des Himmelfahrtskommandos hiervon Gebrauch macht.

Jedes Projekt kann einen Champion gebrauchen, aber Himmelfahrtskommandos benötigen ihn wirklich. Der Grund hierfür ergibt sich aus der Diskussion oben: Projekte dieser Art haben bereits eine Menge Kritiker und Feinde, zusätzlich zu jenen, die jede Entscheidung des Projektmanagers nachkarten werden. Es wird zahlreiche Gelegenheiten geben, bei denen sich irgendwer im Management-Meeting darüber beschweren wird, »dass diese Techno-Freaks in diesem Titanic-Projekt sieben Kopien der VisualBasic-Lizenz bestellt haben, ohne die Bestell-Vorschriften zu beachten. Nicht nur, dass der Projektmanager letzten Freitag 32,98 Dollar für Hamburger und Pommes für das Projektteam ausgegeben hat. Wir konnten die Pommes sogar bis in mein Büro riechen![8] Wir können ihnen eine solche offenkundige Missachtung der Unternehmensrichtlinien nicht durchgehen lassen!« Der Champion kann diesen ganzen Nonsens beenden, indem er sagt: »Vertrauen Sie mir. Die Jungs mögen ein bisschen verfressen sein, aber sie werden ihren Job erledigen. Lasst sie einfach in Ruhe!«

Das funktioniert natürlich nur, wenn der Champion große Anerkennung in den politischen Kreisen des Unternehmens genießt. Ist dies nicht der Fall, ist er nicht der Champion für alle. Meistens bedeutet dies jedoch, dass der Champion ein langjähriger Mitarbeiter des Unternehmens ist, der als erfahrener und weiser als die heißblütigen jungen Projektmanager und die Freiwilligen des Himmelfahrtskommandos gilt, die das Stehvermögen haben, über mehrere Monate 18-Stunden-Tage zu ertragen.

Nicht zuletzt ist ein Projektchampion wichtiger als die neueste Entwicklungsmethode oder Programmiersprache. Ein Himmelfahrtskommando ohne einen Champion, der die Missachtung bürokratischer Richtlinien durch das Team verteidigt und die Entscheidung des Teams unterstützt, riskante Technologien einzusetzen, ist eine einsame, schreckliche Erfahrung. Ich kann das nicht empfehlen. Wenn Ihr Champion auch der Projekteigner ist und wenn man sich über andere Teilhaber keine Sorgen zu machen braucht und wenn ihr Eigner/Champion überzeugend und engagiert genug ist, sich mit den Beteiligten zu befassen, dann haben Sie die Luxussituation, alle diese politischen Dinge ignorieren zu können. Unglücklicherweise trifft das für die meisten Himmelfahrtskommandos nicht zu. Während es gewöhnlich der Projektmanager ist, der den Hauptteil der Last auf sich lädt, sich mit dieser Situation auseinander zu setzen, sollte jeder andere aus dem Team zumindest ein bisschen den Auftritt der politischen Charaktere beobachten.

2.2 Wie man die grundlegende Natur des Projekts bestimmt

Im vorigen Kapitel habe ich einige verschiedene Charakteristiken von Himmelfahrtskommandos beschrieben.

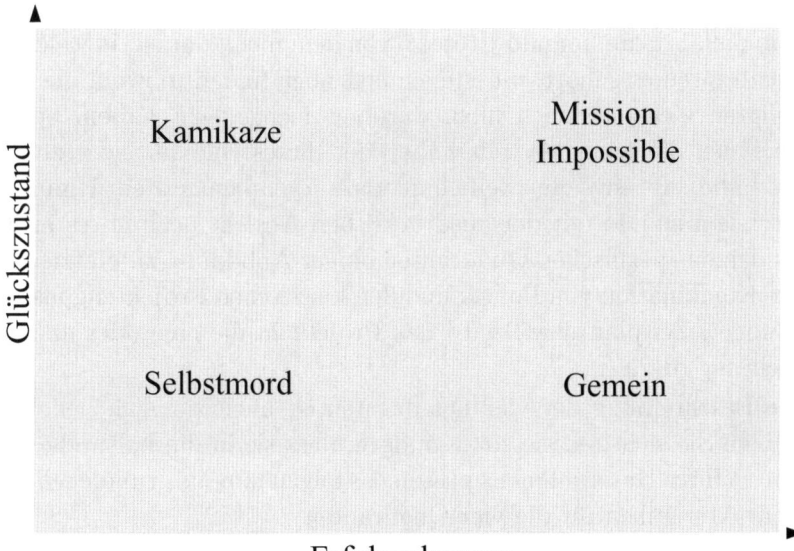

Abbildung 2.1: *Erfolgschancen*

Sie können groß oder klein sein, sie können mit einer homogenen oder mit einer in sich inkompatiblen, heterogenen Kundschaft verknüpft sein. Und sie können von verschiedenen Kombinationen von Zeitplan-, Budget- und Ressourcen-Hindernissen betroffen sein. Es gibt aber noch eine andere Möglichkeit, diese Projekte zu charakterisieren. Diese hat wahrscheinlich einen bedeutenden politischen

95

Einfluss auf alle, die von dem Projekt betroffen sind. Wie in Abbildung 2.1 illustriert, gibt es zwei Schlüsselfaktoren, die in einer zweidimensionalen Matrix abgebildet werden können. Die horizontale Achse repräsentiert die Chancen, dass das Projekt erfolgreich sein könnte. Die vertikale Achse zeigt die Befriedigung oder das Glücksempfinden der Projektmitglieder während des Projekts. Eine Möglichkeit, festzustellen, wo sich die Mitglieder selbst auf der vertikalen Achse einordnen, ist zu fragen: »Wenn dieses Projekt vorbei ist, würdest du es in Betracht ziehen, noch ein solches Projekt zu übernehmen?« Oder einfacher: »Leidest du gerade?«

Es gibt keine spezielle Skala in dieser Darstellung. Die Grenzen zwischen den vier Quadranten sind ziemlich beliebig. Trotzdem, ein Himmelfahrtskommando-Projekt, von dem nicht klar ist, in welchen Quadranten es gehört, müsste ich erst noch finden (obwohl die Beteiligten vielleicht noch nicht darüber nachgedacht haben, bevor ich ihnen die Frage gestellt habe oder dieses Bild für sie gezeichnet habe). Es ist sehr zweifelhaft, dass irgendjemand ein Himmelfahrtskommando mit der ausdrücklichen Absicht beginnt, es in irgendeinen spezifischen Quadranten obiger Abbildung zu platzieren. Die Kombination von Politik und den klassischen Projektengpässen (Budget, Zeitplan usw.) wird das Projekt in die eine oder andere Richtung drängen.

Die Beschreibung der vier Quadranten ist auch ziemlich beliebig. Fühlen Sie sich frei, sie so zu ändern, dass sie in die kulturelle Eigenart Ihres Unternehmens passen. Es folgen nun die grundlegenden Charakteristiken für die vier Quadranten:

- *Mission-Impossible-Projekte*: Diese Art von Projekt wird in einer früheren Fernsehserie und einem jüngeren Film mit Tom Cruise glorifiziert. Die Voraussetzungen sprechen klar gegen einen Erfolg des Projekts. Alle möglichen Arten von Schurken und Verrätern betreiben das Scheitern des Teams. Der Projektmanager ist jedoch ein gut aussehender Hollywood-Held, die technischen Projektmitglieder sind durch Genies besetzt und das Team hat Gott auf seiner Seite. Die Teammitglieder sind gegenseitig bedingungslos loyal (ungeachtet des kleinen Zwists im Tom-Cruise-Film). Es ist auch klar, dass jede einzelne Person mit der Herausforderung und dem Kick wächst, »auf des Messers Schneide« zu leben. Während es in der alten Fernsehserie selten gezeigt wird, neigen die Mission-Impossible-Teams in der realen Welt dazu, von dem Ruhm, der Ehre und dem Reichtum zu träumen, der eintritt, wenn sie Erfolg haben sollten. Ihre Mission muss einfach erfolgreich sein. Sie sind davon überzeugt, dass eine Kombination aus harter Arbeit und technischer Virtuosität das möglich machen wird.

- *Gemeine Projekte*: Das sind solche Projekte, deren Mitglieder die Opferlämmer sind, die von einem kaltblütigen Projektmanager dafür geschlachtet werden, das Projekt erfolgreich zu beenden. Projekte dieser Art haben gewöhnlich die »Marines«-Mentalität, die in Kapitel 1 vorgestellt wurde. Der Projektmanager wird zum Beispiel dauernd sein Team mit Äußerungen traktieren wie »echte Programmierer brauchen keinen Schlaf!«. Das schließt selbstverständlich ein, dass »echte« Programmierer selbstredend auch nicht nach Hause gehen, um etwa ihre Familien zu besuchen. Sie müssen natürlich weder ihre alten Eltern im Krankenhaus besuchen noch irgendetwas anderes tun, was sie für einen Augenblick von den Erfordernissen des Projekts lösen könnte. In Projekten wie diesen ist es nicht so unüblich, dass ein oder zwei Projektmitglieder vor Erschöpfung zusammenbrechen, Magengeschwüre oder Nervenzusammenbrüche bekommen. So manche Scheidung wird durch solche Projekte verursacht. Wenn so etwas dann geschieht, erklärt der Projektmanager den anderen Teammitgliedern, das unglückliche Opfer sei ein Schwächling, das sein Schicksal verdient habe. Die Schlüsselcharakteristika eines gemeinen Projekts sind: (a) der Projektmanager ist dazu entschlossen, erfolgreich zu sein, (b) der Projektmanager ist dazu entschlossen, zu überleben und folglich von dem Erfolg des Projekts zu profitieren, und (c) der Projektmanager nimmt hin (und erwartet das tatsächlich sogar), dass die Gesundheit und das Glück der Teammitgliedern für den Erfolg geopfert werden.

- *Selbstmordprojekte*: In diesen Projekten ist jeder verdammt und unglücklich. Die Mitglieder und der Projektmanager nehmen nur deshalb an diesem Projekt teil, weil die Alternative bedeuten würde, gefeuert zu werden. Sie wissen schon von Anfang an, dass sie keine Chance haben, erfolgreich zu sein. Sie können es sich nicht leisten, zu kündigen, sie haben keinen Projektchampion, sie haben schlicht und ergreifend nur Luschen in der Hand ...

- *Kamikazeprojekte*: Auch diese Projekte sind zum Scheitern verurteilt. Jeder im Projekt ist jedoch damit einverstanden, heldenhaft zu scheitern, und man ist stolz, mit diesem Projekt verbunden zu sein. Die Techniker des Projektteams leiten ihr Glück manchmal nur davon ab, mit fortgeschrittener Technologie, wie sie noch nie zuvor angewendet wurde, zu arbeiten. Sie müssen auch annehmen, dass sie mit dieser Technologie nach dem Zusammenbruch des Projekts nie mehr etwas zu tun haben werden. Der Projektmanager hofft, dass das Projekt eine lehrreiche Lektion für zukünftige Projektmanager wird. Manchmal sind Kamikazeprojekte mit untergehenden Unternehmen verknüpft, deren ruhmreiche Vergangenheit eine Art grimmig entschlossene Loyalität bei einem Teil der Teammitglieder erzeugt hat. Diese empfinden es als Ehre und Privileg, sich in dem zum Untergang verurteilten Projekt opfern zu dürfen, dessen Scheitern das letzte Hurra des Unternehmens sein würde. Natürlich gibt es eine kleine Chance, dass das Projekt doch erfolgreich sein könnte. Das Unternehmen könnte schließlich sogar überleben. Selbst, wenn sich die Projektteam-Mitglieder in dem Bemühen, ein solches Wunder zu vollbringen, endgültig zerstören, werden sie sich dabei auch noch wohl fühlen.

Aus dem oben Beschriebenen lässt sich unschwer entnehmen, dass ich *Mission-Impossible-Projekte* bevorzuge. Ich bewundere Kamikazeprojekte. Ich sympathisiere mit denjenigen, die sich in Selbstmordprojekten geopfert haben. Aber ich verabscheue die *gemeinen Projekte*. Das ist jedoch mein Wertesystem, das nicht unbedingt mit Ihrem identisch sein muss. Wichtiger ist noch, dass es nicht mit dem Wertesystem Ihres Projektmanagers übereinstimmen muss. Wenn Sie selbst der Projektmanager sind, finden Sie vielleicht, dass Ihr Wertesystem sich von dem Ihres Teams unterscheidet. Aus offensichtlichen Gründen wäre es eine gute Sache, jeden im Team im selben Quadranten zu haben. Es wird schwer fallen, ein *Mission-Impossible-Projekt* zum Erfolg zu führen, wenn ein oder zwei Schlüsselmitglieder denken, sie seien in einer Selbstmord-Mission.

Erinnern Sie sich bitte auch daran, dass öffentliche Versicherungen von den verschiedenen Teilhabern, Beteiligten und Managern, die das Himmelfahrtskommando umgeben, die reale Situation nur mehr oder weniger ehrlich wiedergeben. Man würde ja gerne hoffen, dass ein Projekteigner keine Selbstmordmission eines Himmelfahrtskommandos erzeugt. Aber in großen Unternehmen haben schon merkwürdigere Dinge stattgefunden. Das könnte zum Beispiel Teil einer größeren politischen Schlacht sein, an der der Projektinhaber beteiligt ist. Sehr oft hat das Topmanagement einen breiteren Überblick über die Informationen, der ein realistischeres Bild der Projektchancen verschafft. Ihr stellvertretender Geschäftsführer könnte zum Beispiel wissen, dass eine Unternehmensakquisition etwa eine Woche vor dem Ende des Projekts an die Öffentlichkeit gelangen wird. Ihr Projekt wird zu diesem Zeitpunkt gestoppt werden, egal, wie gut oder schlecht das gerade läuft. So ist das Leben!

Die größte Gefahr ist es jedoch, in ein gemeines Projekt involviert zu werden, bei dem sich der Projektmanager weigert, zuzugeben, dass er vorhat, die Mitglieder zu opfern, wann auch immer dies zweckmäßig erscheint. Glücklicherweise ist es gewöhnlich leicht, diese Situation zu erkennen, auch wenn der Manager sich weigert, es einzugestehen. Das Macho-Gehabe und die Verunglimpfung schwächerer Teammitglieder, die mit der Leistung so genannter »echter« Programmierer nicht mithalten können, sind klare Kennzeichen für die Attitüde des Managers. Es ist klar: Wenn Sie die

Marines-Mentalität haben und sowohl die physischen, emotionalen, politischen und psychologischen Anforderungen erfüllen wollen und können, ist das für Sie nicht relevant. Manager vom gemeinen Typ kommen oft von außen in das Unternehmen, entweder zu Beginn des Projekts oder nachdem der erste Projektmanager gekündigt hat oder gefeuert wurde. Der neue Manager hat oft keine persönliche Geschichte oder irgendeine Beziehung zu irgendjemandem im Unternehmen, und er hat folglich keinerlei Hemmungen, die Teammitglieder härter und länger arbeiten zu lassen. Ich habe tatsächlich verschiedene Situationen erlebt, in denen der Projektmanager ein »bestellter Killer« war.

Er hatte keine andere Aufgabe, als von Unternehmen zu Unternehmen zu wandern und solche Projekte zu übernehmen. Gewöhnlich liefert ein solcher Manager tatsächlich erfolgreiche Projektergebnisse. Das ist es gerade, warum er den entsprechenden Ruf hat, der es ihm erlaubt, solch hohe Rechnungen auszustellen. Aber die Projektmitglieder sind so verärgert und erschöpft, dass sie am Ende des Projekts kündigen, wenn sie es nicht schon vorher getan haben. Der Projektmanager hat sich so viel Feinde gemacht, dass er keine Wahl hat, ebenfalls seine Koffer zu packen und zum nächsten Himmelfahrtskommando zu wandern. Das ist eine ideale Rolle für Clint Eastwood. Sie sollten sehr aufmerksam auf solche Situationen achten, in denen jemand dieser Art in die Stadt reitet, um ein Himmelfahrtskommando, für das Sie gerade unterschrieben haben, zu übernehmen.[9]

Der beste Zeitpunkt, sich mit diesen Dingen zu befassen, ist der Anfang des Projekts. Als Teil des Auswahlprozesses von Teammitgliedern sollte der Projektmanager ein Assessment durchführen, um herauszubekommen, welche Art von Projekt das potenzielle Mitglied erwartet. Anschließend sollte der Projektmanager die zukünftigen Teammitglieder fragen, (a) wie sie das Projekt einschätzen, (b) in welchen Quadranten sie das Projekt einordnen würden. Wie ich in Kapitel 4 erklären werde, bin ich davon überzeugt, dass der Manager eines Himmelfahrtskommandos die Möglichkeit haben muss, die Mitglieder seines Teams auszuwählen. Zusätzlich zur Auswahl der geeigneten technischen Fähigkeiten ist es ebenso entscheidend, Individuen auszusuchen, die eine kompatible Einschätzung von der »Art« des Projekts haben. Die Situation ist natürlich etwas anders, wenn Sie selbst ein zukünftiges Mitglied des Himmelfahrtskommandos sind und Sie selbst derjenige sind, der durch den Projektmanager interviewt wird. Wie in Kapitel 1 erläutert, haben Sie manchmal nicht die Wahl, ob Sie an einem Projekt teilnehmen oder nicht. Und im Gegensatz zu dem Rat, den ich Ihnen im vorigen Absatz gegeben habe, hat manchmal auch der Projektmanager nicht den Freiheitsgrad, zu entscheiden, ob er Sie als Mitglied im Projekt übernehmen will oder nicht. In diesem Falle ist es zumindest hilfreich zu wissen, wie der Manager das Projekt einschätzt.

Wenn Sie die Option haben, »Nein, danke!« zu sagen, dann ist es umso wichtiger, sicherzustellen, dass Ihre Einschätzung des Projekts mit der des Managers kompatibel ist. Wie oben erwähnt wurde, ist das doppelt wichtig, wenn Ihr Manager beabsichtigt, ein Himmelfahrtskommando vom »gemeinen« Typ aus der Taufe zu heben. Sie müssen sich fragen, ob es wahrscheinlich ist, dass Sie vielleicht im Verlauf des Projekts zu einem der Opfer werden. Denken Sie auch daran, dass sich die Situation im Verlauf des Projekts dynamisch ändern kann: durch den Fortschritt (oder dessen Ausbleiben), der durch das Team gemacht wird, durch die politische Situation außerhalb des Teams oder durch physische oder emotionale Erschöpfung bei einem Teil der Teammitgliedern usw.

2.3 Identifizierung des Engagements der Projektteilnehmer

Einen letzten Punkt muss ich noch erwähnen: den Grad des Engagements, das die verschiedenen Projektteammitglieder mit dem Projekt eingehen wollen oder können. Um die Bezeichnung »Engagement« zu verstehen, erinnern Sie sich bitte an das alte Märchen über die Diskussion eines Huhns und eines Schweins über die Wichtigkeit ihrer Beiträge zu einem »Eier mit Speck«-Frühstück.

»Ich arbeite unglaublich hart, um diese Eier jeden Morgen zu legen«, sagte das Huhn. »Und sie sind zentraler Bestandteil des Frühstücks.«

»Nun, es ist keine Frage, dass du irgendwie daran beteiligt bist«, bestätigte das Schwein. »Aber ich bringe mich persönlich voll ein.«

Paul Maskens antwortete hierauf mit der folgenden Beobachtung:[10]

Ich glaube nicht, dass du irgendwelche alten Schweine in der Entwicklung finden wirst, ich denke, du findest mehr Hühner. Diese Art von Verbindung mit einem Projekt hält so lange, bis du (unvermeidlich?) in einem Himmelfahrtskommando gelandet bist. Dann gibt es das jähe Erwachen. Entweder das Schwein kriegt mit, was passiert, nämlich das Schlachthaus! Nichts wie weg!!! Oder das Schwein wird zu Wurst ...

Der Grad des Engagements der Teammitglieder ist gewöhnlich sehr stark durch den Stil des Projekts beeinflusst, wie oben schon erklärt. Wenn zum Beispiel jeder merkt, dass er ein Selbstmordprojekt unterschrieben hat, dann wird er nicht mehr Anstrengungen und Emotion investieren als unbedingt nötig. Sogar wenn das Management darauf besteht, dass viele unfreiwillige Überstunden für das Projekt zu leisten sind, werden sie sehen, dass die Teammitglieder die Abendstunden und Wochenenden (Zeiten, in denen die Top-Manager, die die Überstunden aufgebürdet haben, sicher nicht anwesend sind) damit verbringen, private Telefonate zu führen, Briefe an ihre Familien zu schreiben oder diskutierend um die Kaffeemaschine herumzusitzen.

Ganz ähnlich hat ein Projekt vom Typ »gemein« einen Grad von Engagement, der vom Projektmanager diktiert oder zumindest stark beeinflusst ist. Meine Erfahrung ist, dass der Manager eines Projekts dieses Typs bereit und auch in der Lage ist, im selben Grad physisches und emotionales Engagement für das Projekt einzugehen, wie er es von jedem anderen fordert. Wenn also das Projektteam am Samstag und Sonntag im Büro ist, wird dieser Typ von Projektmanager die Peitsche über dem Team schwingen.

Aber was ist nun mit den Kamikaze- und Mission-Impossible-Projekten? Und was ist mit den Himmelfahrtskommando-Projekten, die niemand in einen der vier Quadranten, wie in Abbildung 2.1 vorgeschlagen, einordnen möchte? Für den Projektmanager ist es in diesen Situationen wichtig, die Grenzen des Engagements der einzelnen Teammitglieder für das Projekt realistisch einzuschätzen. Nicht weniger wichtig ist es für die Teammitglieder, die bereit sind, enorme Opfer im Rahmen ihres persönlichen Lebens für die nächsten Monate zu bringen, zu wissen, ob sie einen ähnlichen Grad an Engagement für das Projekt auch von ihren Kollegen erwarten können. Im besten Fall liefert jeder eine jährliche Einschätzung seines Engagements und seiner Hindernisse. »Ich engagiere mich 100 Prozent für dieses Projekt«, mag jemand sagen, »aber meine Schwester heiratet gerade kurz vor dem Endtermin im Juni, und ich werde für drei Wochen weg sein, egal wie. Es tut mir Leid, dass der Zeitplan so aufgestellt wurde, aber ihre Hochzeit ist das Wichtigste in meinem Leben.« Da das übrige Projektteam diese Schwester nicht einmal kennt, mag dies vielleicht als eine etwas frivole Entschuldigung dafür klingen, gerade während der letzten schweren Wochen des Projekts zu verschwinden. Aber zumindest dieses Teammitglied ist wirklich ehrlich in Bezug auf seinen Grad an Engagement für das Projekt.[11]

Unglücklicherweise ist nicht jeder in der Lage, einen Zeitplan seiner persönlichen Verpflichtungen herauszugeben. Ein typisches Teammitglied mag eine 100-Prozent-Engagement für das Projekt zwar versprechen, aber wenn sie oder er ein Kind hat, das ins Krankenhaus gebracht werden muss, ist aller Einsatz dahin. Natürlich besteht auch immer die Chance, dass ein Teammitglied den ersten Preis in einer Lotterie gewinnt und einmal im Leben mit der gesamten Familie nach Tahiti reisen kann ... und wer weiß, was sonst noch für unvorhersehbare Ereignisse das an sich ernst gemeinte Versprechen, sich zu 100 Prozent dem Himmelfahrtskommando zu widmen, beeinflussen kann?[12]

Es ist unrealistisch, jeden zu bitten, alle möglichen Situationen, die entstehen könnten, vorherzusehen. Aber es ist realistisch für den Projektmanager, sich ein ausdrückliches und realistisches Bild des Grades an Engagement zu verschaffen, den er von seinen Teammitgliedern erwarten kann. Wenn eine zweiwöchige Abwesenheit, um an der Hochzeit der Schwester teilzunehmen, vielleicht auch als Akt des Verrats betrachtet wird, so ist es trotzdem gut, dies rechtzeitig zu wissen.

Brian Piorek erinnerte mich in seiner jüngsten E-Mail daran, dass es für die Teammitgliedern auch sehr wichtig ist, den Grad des verbindlichen Engagements der anderen wahrnehmen zu können. Der Projektmanager kann dies durch geeignete Kommunikation erreichen:[13]

Ich denke, man muss ihre verbindlichen Zusagen durch den Einsatz eines Projektsplans offen legen. Auf diese Weise sieht jeder, in welcher Weise alle anderen in das Projekt involviert sind und was dies für das Projekt bedeutet. Es ist Sache des Projektmanagers, das zu kommunizieren und dafür zu sorgen, dass Zusagen und Bemühungen übereinstimmen.

2.4 Analyse der Schlüsselfaktoren politischer Spannungen im Projekt

Politik spielt in jedem IT-Projekt unvermeidlich eine Rolle und anscheinend auch in jeder Wechselwirkung zwischen zwei oder mehr Individuen. Im besten Fall ist die Politik nur ein Nebenfaktor. Entweder, weil die verschiedenen Individuen und Gruppen eine Möglichkeit gefunden haben, miteinander zu verhandeln und Kompromisse zu erzielen, oder weil ein einzelnes Individuum (oder eine verschworene Gemeinschaft verschiedener Individuen) die anderen überlagert und seine Entscheidungen den anderen aufzwingt.

Im Zusammenhang mit einem Himmelfahrtskommando sind die offensichtlichsten Quellen politischer Diskussionen, Debatten und Grabenkämpfe der Zeitplan, das Budget und die Beschränkungen der Ressourcen, wie sie in Kapitel 1 diskutiert wurden. Wenn dem Projektteam ein entspannter Zeitplan, ein großzügiges Budget und so viele Mitarbeiter wie erwünscht zur Verfügung gestellt würden, dann wären die meisten Gründe (aber nicht alle) für Beschwerden aus der Welt geschafft.

Abseits der Konflikte im Bereich des Zeitbedarfs, des Geldes und der Ressourcen gibt es gewöhnlich noch weitere Quellen politischen Streites. Einige hiervon sind ziemlich offensichtlich und fallen gewissermaßen in den Rahmen normaler Systementwicklungserfahrung – zum Beispiel die Debatte darüber, ob die Spezifikation wirklich die Wünsche des Endanwenders beschreibt oder ob sich darin eine wirre, unpassende und inakzeptable Version des Kundenwunsches wiederfindet. Dies ist insbesondere relevant in Himmelfahrtskommandos, in deren Rahmen kaum Zeit für Interviews mit Anwendern zur Verfügung steht. Erst recht nicht dazu, die Spezifikation formal präzise zu dokumentieren, um diese schließlich in einem aufwändigen Prozess der Prüfung und Freigabe anzuwenden.[14] Die meisten IT-Profis haben erkannt, dass dies auch in normalen Projekten ein ernsthaftes Problem darstellen kann. Daraus ergibt sich das wachsende Interesse an Protyping, iterativem Entwickeln oder anderen Entwicklungswerkzeugen, die wir in Kapitel 5 diskutieren werden.

Ein damit verbundenes, oft jedoch schwerwiegenderes Problem ist die Bestimmung derjenigen Teilmenge des Anforderungskatalogs des Anwenders, welche wirklich innerhalb der vorausberechneten Zeitplanung und im Rahmen des Budgets implementiert werden kann. Wie wir in späteren Kapiteln dieses Buches diskutieren werden, macht eine realistische, durchdachte Planung dem Projektmanager oft unmissverständlich klar, dass, selbst wenn die Mitarbeiter des Teams 24 Stunden am Tag arbeiten, und das sieben Tage in der Woche, auf keinen Fall die vollständige Funktionalität, die vom Anwender gefordert wird, innerhalb des Zeit- und Budgetplans realisiert werden kann. Die Offenlegung dieser Realität ist jedoch selbst wiederum ein großes Politikum. Das Verhandeln eines akzeptablen Kompromisses – d.h. ein Verringern der Funktionalität, eine Dehnung des Zeitplans, eine Vergrößerung des Budgets oder eine neue Vereinbarung hinsichtlich der Qualitätsansprüche – mutet manchmal an wie der Verhandlungsmarathon im Nahen Osten.

Ein grundlegender politischer Disput – einer, der den Projektmanager vollkommen überraschen dürfte – dreht sich darum, ob das neue

System eigentlich überhaupt erwünscht ist. In einigen Fällen sind externe Kräfte (zum Beispiel staatliche Regelungen) der Anlass für den Start eines Projektes. Die Beteiligten mögen zwar verstehen, dass das so ist, sind aber vielleicht immer noch etwas verärgert und ablehnend.

In anderen Fällen ist das neue System vielleicht durch den Vorstandsvorsitzenden beauftragt worden, obwohl andere Mitglieder des Vorstands damit nicht einverstanden waren – das Ganze vielleicht auch noch trotz der Beschwerden der Untergebenen. Manchmal war der Projektmanager aktiv an den politischen Schlachten im Vorfeld der Freigabe des genannten Projektes beteiligt.

In diesem Fall sollte der Projektmanager damit rechnen, dass er sich während des gesamten Entwicklungs- und Installationsprozesses mit den politischen Konsequenzen hieraus befassen muss. In anderen Fällen ist der Projektmanager vielleicht ein unbeabsichtigtes Bauernopfer (er oder sie ist vielleicht erst nach der verhängnisvollen Entscheidung engagiert worden) und versteht überhaupt nicht, warum ringsherum so viele Feinde existieren. Es gibt natürlich keine einfache Lösung für dieses Problem. Es ist aber zumindest nützlich, das Problem so früh wie möglich wahrzunehmen.

Abseits dieser Themen gibt es noch andere Quellen politischer Diskussionen und Spannungen. Unterschiedliche Auffassungen über den Stand des Projektes, über die Wahrscheinlichkeit seines erfolgreichen Abschlusses und die geeigneten Aktionen für den Fall, dass das Projekt offensichtlich hinter dem Zeitplan hinterherhinkt.

Wir werden verschiedene dieser Gegenstände in den folgenden Kapiteln des Buchs diskutieren. Fürs Erste sollten Sie diese Fragen aus einer politischen Perspektive heraus betrachten – nicht nur, um die Antworten, nach denen man Sie fragen wird, vorwegzunehmen bzw. vorzubereiten, sondern auch, um herauszubekommen, ob die verschiedenen Beteiligten sie unterstützen oder angreifen werden.

Welches sind die realistischen Chancen für den Erfolg des Projektes in den verschiedenen Stufen?

- Ganz am Anfang des Projektes.
- Gegen Ende verschiedener Zyklen: Analyse, Entwurf, Kodie-

rung, Modultest usw.

- Bei der Hälfte des ursprünglich aufgestellten Projektplans
- Ein Monat (eine Woche, einen Tag) vor dem Endtermin

Wann sollte es für einen einigermaßen vernünftigen, intelligenten Beobachter/Mitarbeiter offensichtlich sein, dass das Projekt in Schwierigkeiten steckt?

Wer ist derjenige, der wissen sollte, ob das Projekt eine realistische Aussicht auf Erfolg hat oder ob es ernstere Probleme gibt?

- Der Projektmanager
- Der Anwender bzw. der Kunde
- Die Geschäftsleitung
- Sonstige

Was sollte der Projektmanager tun, wenn es offensichtlich wird, dass das Projekt in Schwierigkeiten steckt?

- 24 Stunden am Tag arbeiten, um das Projekt zu retten
- Das Problem in höhere Hierarchieebenen kommunizieren
- Die Beteiligten zusammenrufen, um im Konsens eine Lösung zu finden

Das Hauptproblem dieser politischen Spannungen besteht darin, dass diese alle zu signifikanten Projektverzögerungen führen können. Damit würde das noch verschlimmert, was sowieso schon das Wesen des Himmelfahrtskommandos ist. Eine mögliche Lösung, speziell, was die Auffassungsunterschiede im Bereich der Funktionalität und anderer mit den Anforderungen an das System zusammenhängender Themen angeht, sind sogenannte »Joint Application development«-Besprechungen (JAD), in denen alle Beteiligten zusammen mit Hilfe eines Moderators versuchen, einen Konsens im Rahmen mehrerer intensiver, kooperativer Meetings zu erzielen.[15]

Wenn das nicht möglich ist, sollte der Projektmanager versuchen, den Beteiligten das Versprechen abzunehmen, dass alle Gegenstände, die einer Freigabe, einer Zustimmung oder eines »Reviews« bedürfen, innerhalb von 24 Stunden erledigt werden.

Als ein gutes Beispiel hierfür betrachten Sie bitte das sogenannte »Extreme Software Engineering« im Zusammenhang mit den »100 Tage Projekten« der Firma Shoulders Corp., im Web unter www.shoulderscorp.com/ zu finden.

2.5 Zusammenfassung

Die Diskussion in diesem Kapitel liefert keine umsetzbaren Handlungsanweisungen für Management, Planung oder Durchführung eines Himmelfahrtskommandos. Stil und Substanz sind jedoch mit vielen Aspekten des Lebens unauflöslich verbunden. Selbst wenn ein Himmelfahrtskommando all die Regeln über Design, Kodierung und Software-Test befolgt, können Stilfaktoren das ganze Projekt zum Scheitern bringen.

Haben wir erst einmal die »Key Player« eines Projekts identifiziert, den »Stil« eines Projekts bestimmt und den Grad des Engagements kommuniziert, den der Manager erwartet und den die Teammitglieder realistischerweise versprechen können, dann wird es endlich Zeit, die echte Arbeit am Projekt aufzunehmen. Das beginnt mit einer noch größeren politischen Aufgabe: der Verhandlung. Das ist Gegenstand von Kapitel 3.

2.6 Anmerkungen

1. Es gibt ein paar sehr seltene Ausnahmen zu dieser Situation, insbesondere bei den sogenannten »Reinraum«- Projektumgebungen, wobei das Projektteam absichtlich vom Internet getrennt ist, um die Chancen einer Beeinflussung der Mitglieder durch dort vorhandenes Material eines Wettbewerbers zu verringern. In selben Zusammenhang sollten wir uns daran erinnern, dass, wenn es aus irgendeinem Grund doch zu einer Klage käme, sich die Anwälte auf beiden Seiten auf die komplette E-Mail-Korrespondenz stürzen werden, wobei natürlich jedes E-Mail ihre eigene Argumentation zu Gunsten ihrer Klienten bestätigt.

2. Von: Dale Emery, 72704, 1550
An: Ed Yourdon, 71250,2322 Forum: CASE - DCI
Datum: Sont., 14. Juli, 1996, 1:31:14 PM
Ed,
»Gibt es noch andere signifikante Bereiche, die ich
weggelassen habe?« Oh ja! Die Entwickler, das heißt die
Leute, auf deren Tod du dich in deinem Buchtitel
beziehst. »Wie wichtig, denkst du, ist es für alle
Teammitglieder, diese Bereiche wahrzunehmen, um zu sehen,
ob sie als Freund oder Feind des Himmelfahrts- kommandos
angesehen werden können? Ich glaube persönlich, dass
jeder im Team diese Information besitzen sollte, aber ich
habe unter den Managern Freunde, die glauben, dass dies
zu beunruhigend ist und dass die Entwickler ihre ganze
Energie auf die eigentliche Projektarbeit konzentrieren
sollten. Der Projektmanager hingegen, von dem ich
annehme, dass er in politischen Dingen geschickter ist,
verbringt seine Zeit damit, sich mit Außenstehenden zu
befassen. Was ist denn deine Meinung hierzu?« Ich stimme
deinen Managerfreunden zu, dass die Entwickler jedes
Quantum an Energie in das Projekt stecken sollten. Aber
ich glaube auch, dass Informationen über jeden
Bestandteil eines Projekts wichtig sind. So ist es für
jeden besser (die Beteiligten, die Manager, die
Entwickler), wenn die Entwickler diese Information
besitzen. Jede relevante Information zum Projekt, die vor
den Entwicklern verborgen wird, bringt das Projekt einen
Schritt näher an den Abgrund des Scheiterns.
Wenn der Projektmanager extrem begabt wäre und wüsste,
welche Information relevant ist, machte das schon einen
gewaltigen Unterschied. Bis jetzt aber habe ich noch
keine Manager gesehen, die darin sehr gut sind. Im
Allgemeinen, so habe ich beobachtet, kommen die
Entwickler schon irgendwie an die Information, die sie
über die äußeren Bereiche brauchen. Vielleicht auf einer
teurere, verzerrte Weise, als wenn die Manager ständig
versuchen würden, diese Information von ihnen fernzuhalten. Ein anderes Mal treffen die Entwickler einfach
Annahmen darüber, was jeder Beteiligte braucht. »Mission
Impossible, Kamikaze, gemein, Selbstmord« Ich liebe diese

Ausdrücke. Ich bin nicht sicher, in welcher Art von
Projekt ich involviert bin, bis zu dem Zeitpunkt, an dem
ich weiß, ob das Projekt erfolgreich ist oder abstürzt.
Ich denke, Entwickler, die in ein Himmelfahrtskommando
involviert sind, glauben immer (oder versuchen
verzweifelt, an diesem Glauben festzuhalten), dass sie an
einem »Mission-Impossible-Projekt« teilnehmen.
»Wie wichtig, glaubst du, ist es für den Projektmanager,
von jedem Teammitglied eine wirklich gute Einschätzung
über den Grad des Engagements für das Projekt zu erhalten?«
»Grad des Engagements« ist für mich etwas zu vage, um nützlich zu
sein. Wenn ich wissen möchte, welche Art von »Engagement«
ich von jemandem erwarten kann, möchte ich von ihm
wissen, welche Dinge im Speziellen für ihn wichtiger sind
als dieses Projekt und welche Dinge weniger wichtig sind.
Ich mochte immer die Gedanken von Watt Humphrey über
»Disziplin des Engagements«. Er beschreibt sie in § 5.1 von »Das
Management des Software-Prozesses«.
»Nimmt der Projektmanager sich nur selbst auf den Arm,
wenn er glaubt, dass das Teammitglied eine verlässliche,
ernste Aussage zu seines Engagements abgibt, obwohl er weiß,
dass sich die Dinge während des Projekts drastisch ändern
können?«
Jede Aussage zum Engagement an das Projekt kann nur
beschreiben, was das Teammitglied gerade im Augenblick
fühlt, auf der Basis dessen, was es im Augenblick gerade
weiß. Wenn ein Manager, der gerade dabei ist, Fragen nach
des Engagements zu stellen, wirklich wissen will, »Wie
gebunden wirst du sein, ungeachtet dessen, was mit dem
Projekt passiert, ungeachtet dessen, was in deinem
sonstigen Leben noch passiert, ungeachtet der
Forderungen, die ich an dich stelle?«, dann ist jede
Antwort, die das Teammitglied gibt, wahrscheinlich
nutzlos. Ich bin oft darum gebeten worden, mich auf das
Erreichen bestimmter Ergebnisse festzulegen, die nicht
vollständig in meiner Hand liegen. Ich kann dir sagen,
auf welche Aktivitäten ich mich festlegen kann, aber mich
auf ein Ergebnis festzulegen, obwohl es Faktoren gibt,
die außerhalb meiner Kontrolle sind, was würde dir eine
solche Festlegung nützen?

3. Von: Dave Kleist, 70730, 1613
An: Ed Yourdon, 71250,2322
Betrifft: Himmelfahrtskommando Kap2 Fragen
Datum: Mitt., 10. Juli, 1996, 11:05:25 PM
Ed,
»1. Gibt es irgendwelche anderen signifikanten Bereiche,
die ich weggelassen habe?«
Meine Erfahrung aus verschiedenen Himmelfahrtskommandos
ist die, dass ich glaube, dass es eine bestimmte Variante
von Teilhabern gibt, deren Identifizierung sehr wichtig
ist: der Verkäufer, speziell dann, wenn dessen Leute in
das Projekt involviert sind. Abhängig davon, wer das
Projekt oder die Software vom Verkäufer gekauft hat,
müssten wir einige Schwierigkeiten bekommen. Ein
Golfspiel-Handel für ein Paket (mein Geschäftsführer
spielt Golf mit deinem) ist ein großer Auslöser eines
Himmelfahrtskommandos, da der Spezifikationsprozess
üblicherweise zu sehr verkürzt wurde. Sei nicht die erste
Firma, die etwas kauft. Wenn das Personal des Verkäufers
und des Kunden die Köpfe zusammensteckt, werden die Dinge
selten besser. Es macht den Fortschritt so viel
langsamer, da die Positionierung (der Personen) und das
Drehen an der Nachrichtenspirale den wirklichen
Projektstatus überlagert. Es ist viel schwieriger, das
Projekt zu managen, wenn du nicht weißt, wer dir die
Wahrheit sagt oder wann er dies tut.
-Dave

4. Von: Paul Newhardt, 71673, 454
An: Ed Yourdon, 71250,2322
Nachr. #160615, Antwort auf 160484
Abschnitt: The Cutter Edge [14]
Datum: Freitag, 12.Juli, 1996, 12:10:13 AM
Ed,
»Über das Identifizieren der politischen >Key Player< in
einem Projekt: Gibt es irgendwelche anderen signifikanten
Bereiche, die ich weggelassen habe?« Leider ja! Du hast
den »inneren Zirkel« weggelassen. Das sind diejenigen
Leute, die noch keinen direkten Einfluss auf irgendetwas

im Zusammenhang mit dem Projekt haben, aber Einfluss auf diejenigen Leute haben, die ihrerseits das Projekt beeinflussen können. Dies sind zum Beispiel Leute, die eine Meinung darüber haben, was getan werden sollte, und dabei den Drang entwickeln, andere mit dieser Meinung zu beeinflussen. Diese sind auch bekannt als die »engsten Ratgeber«. Diese Leute verbringen oft ihre Zeit damit, Entscheidungsträgern etwas ins Ohr zu flüstern, unterschwellig und leise. Diese Leute sind in der Lage, über Nacht einen Freund in einen Feind zu verwandeln, ohne dass du etwas davon weißt. So etwas geschieht in jeder politischen Organisation, vom Weißen Haus über den Kongress bis zu jeder Firma mit mehr als drei Mitarbeitern. Selbst wenn sie keinen Anteil an diesem Projekt haben, hättest du besser diesen inneren Zirkel auf deiner Seite, wenn du Erfolg haben willst. Diese Leute können alte Kollegen sein, der stellvertretende Vertriebsleiter, der zu allem eine Meinung hat und die Dreistigkeit, zu glauben, er wisse alles besser. Und es gibt noch die verdiente Sekretärin, die in den letzten zwanzig Jahren »alles gesehen hat und weiß, was für uns gut ist«. Um es anders auszudrücken, wenn du mit Mr. Clinton irgendwohin willst, ist es besser, Mrs. Clinton nicht zum Feind zu haben.

»Wie wichtig, glaubst du, ist es für alle Projektteammitglieder, die Existenz dieser Bereiche wahrzunehmen, um zu wissen, wer als Feind und als Freund anzusehen ist?« Lebenswichtig! Nun, viele Leute hassen es, in die Politik hineingezogen zu werden. Sie möchten lieber mit ihren Jobs allein gelassen werden. Meine Antwort hierauf ist: »Es ist dein Job, die Software zu schreiben. Aber diese Leute können dich genauso davon abhalten wie jeder Compilerfehler oder Hardware-Crash. Wenn du sie nicht glücklich machst, kannst du deinen Job vergessen.« »Ich habe deine grundsätzlichen Typen von Himmelfahrtskommandos in diesem Kapitel verstanden. Ich verstehe sie als politisches Klima, das während des Ablaufs des Projekts vorherrschend ist.« Ich kenne aber noch einen Typ von Himmelfahrtskommando. Das erweitert dein Quadrantenkonzept etwas. Ich würde diesen Typ als »ver-

lorene Kompanie« bezeichnen. Wir machen uns irgendwohin
auf den Weg, stellen aber unterwegs fest, dass die
Zielsetzung geändert wurde. Man ändert die Richtung
wieder und wieder, bis man schließlich im Kreis wandert,
ohne zu wissen, wo man ist und wie man wieder nach Hause
kommt. Wenn wir wirklich jemals fertig werden, dann nur,
weil wir per Zufall über das Ziel stolpern. Zur Frage
»Wie wichtig, denkst du, ist es für den Projekt- manager,
eine wirklich gute Einschätzung des Grads des Engagements
jedes Teammitglieds zu erhalten?«: Lebenswichtig! Engagement
bestimmt beides, Effizienz und Qualität. Wenn du keine
vernünftige Vereinbarung über das Engagement für das Projekt
erhältst, sind Bewertung und Qualitätskontrolle viel
schwieriger.
»Macht der Projektmanager sich etwas vor, indem er
glaubt, die Aussage des Teammitglieds bezüglich seines
Engagements an das Projekt sei verbindlich, obwohl sich die
Dinge während des Projekts dramatisch ändern können?«
Wahrscheinlich. Am Anfang sagt jeder, dass er sich an das
Projekt gebunden fühlt. Wahrscheinlich glauben sie's auch
alle.
Der Trick hierbei ist, die Engagement jedes Mitglieds
kontinuierlich neu einzuschätzen, da sich dieses Engagement
fast sicher im Lauf der Zeit ändert und als Folge davon
die Effizienz und die Qualität der Arbeit im Projekt sich
ebenfalls ändern wird (fast sicher zum Schlechten hin).
Es wäre hilfreich, Gedanken lesen zu können.
-Paul

5. Erik Petersen E-Mail, 23. Juni, 2003.

6. OughtSix E-Mail, 16. Juni, 2003.

7. Eine andere Sicht hierauf siehe »Project clarity through stakeholder Analysis« von Larry Smith, *Crosstalk: the Journal of Defense
Software Engineering*, Dez. 2000.

8. Aus irgendwelchen Gründen hassen es Politiker (außer Bill Clinton), Pommes zu essen. Sie scheinen den Geruch als eine direkte
Herausforderung ihrer Autorität aufzufassen. Ich habe das zum ersten Mal bei Beratungsaufträgen Mitte der 70er Jahre bemerkt, als
mir Mitglieder des Projektsteams, mit dem ich zusammenarbeite-

te, im Flüsterton erzählten, dass sie die Tür des Konferenzraums geschlossen halten müssten, damit der gefürchtete stellvertretende Geschäftsführer den Geruch nicht mitbekommt. Ich war erleichtert, als ich bemerkte, dass Scott Adams dieses Problem bereits in seinem »Dilbert-Prinzip« bemerkt hatte. Könnte es sein, dass an den Universitäten gelehrt wird, dass Pommes ein kommunistischer Sabotageakt sind? Oder könnte es sein, das die Manager, die am meisten beleidigt sind, Mitte der fünfziger Jahre aufwuchsen, bevor McDonald's gegründet wurde? Sind Sie vielleicht immer noch sauer darüber, dass sie eine der wichtigsten amerikanischen Kindheitserfahrungen verpasst haben?

9. Ein solcher Manager, den ich in der Wall Street bei der Arbeit beobachten konnte, hatte wirklich eine interessante Strategie, die physische Ausdauer und die emotionale Stärke seines Teams einzustellen: Er erzeugt eine »Scheinkrise« zu Anfang des Projekts und zwingt das gesamte Team unmittelbar an die Grenze seiner Schaffenskraft. Dann stellt er sich hin und schaut, was geschieht. Ein oder zwei Teammitglieder kündigen vielleicht, zwei andere bekommen vielleicht einen Zusammenbruch und ein oder zwei »stille Helden« geben sich Mühe, diese künstliche Krise durch harte Arbeit oder intelligente technische Strategien zu lösen. Hat dieser kaltblütige Manager dann sein Team so eingestellt, verringert er den Druck und setzt das Projekt ganz normal fort, im Vertrauen darauf, dass er bei einer Krise (was im Himmelfahrtskommando unvermeidlich ist), schon genau weiß, wie sich das Team verhalten wird.

10. Von: Paul Maskens (UK), 104074,3277, 72410, 477
An: Ed Yourdon, 71250,2322
Betrifft: Himmelfahrtskommando Kap2 Fragen
Datum: Mon., 15. Juli, 1996, 6:12:03 PM
Ed,
»Wie wichtig, denkst du, ist es für den Projektmanager, eine wirklich gute Einschätzung jedes Mitglieds über sein Engagement für das Projekt zu bekommen?« Man wird in der Software-Entwicklung nur wenige alte »Schweine« vorfinden, vielleicht eher Hühner. Ich denke, diese Art des Engagements setzt sich so lange fort, bis man

(unvermeidlich?) in ein Himmelfahrtskommando hineingerät,
wo es dann das bittere Erwachen gibt. Entweder das
Schwein bemerkt, was los ist, weil es sich nämlich schon
im Schlachthaus befindet. Nichts wie weg hier! Oder das
Schwein wird zu Speck ... Nach meinem Geschmack passt das
ganz gut zum Thema.

11. Der Manager eines Projekts der »gemeinen Art« würde in
dieser Situation wahrscheinlich losschlagen und laut erklären, dass
Ganze sei inakzeptabel. Das ist auch okay, wenn es am Anfang des
Projekts geschieht. Das Mitglied eines Projektsteams wird dann
erkennen können, dass es nur die Wahl zwischen zwei Möglichkeiten hat. Wenn die Hochzeit der Schwester eine höhere Priorität
hat, ist es für das Teammitglied besser, zu Projektbeginn mit Dank
zurückzutreten als später in eine hässliche Personalkrise verwickelt
zu werden.

12. Das ist ein guter Grund dafür, kleine Projektteams und kurze
Projektpläne zu haben. Ein Projektteam aus fünf Personen, das in
einem sechsmonatigen Himmelfahrtskommando arbeitet, ist wahrscheinlich weniger gefährdet, durch unvorhersehbare Dinge abgelenkt zu werden, als ein 30-köpfiges Team, das drei Jahre lang für ein
Projekt schuften soll. Die Leute heiraten nun einmal, sie bekommen
Kinder und sie haben sich ganz einfach auch um die Erfordernisse
ihres persönlichen Lebens zu kümmern. Manchmal können solche
Ereignisse für ein paar Wochen oder Monate aufgeschoben werden,
aber es ist fast unmöglich, alle Dinge des Lebens drei Jahre lang zu
blockieren.

13. Von: Brian Pioreck, 74224,611
An: Ed Yourdon, 71250,2322
Betrifft: Himmelfahrtskommando Kap2 Fragen
Abschnitt: The Cutter Edge [14], Forum: CASE - DCI
Nachr. #158362, Antwort auf 158015
Datum: Mon., 15. Juli, 1996, 6:39:30 AM
Ed,
»1. ... Gibt es noch andere wichtige Bereiche, die
ich weggelassen habe?«
Ich schließe auch jeden ein, der durch die
Implementierung des Projekts irgendwie betroffen oder

darin verwickelt sein könnte. Leiter, die also nicht
unbedingt beteiligt sind, aber deren Kooperation für den
Erfolg erforderlich ist.
»2. Wie wichtig, denkst du, ist es für alle Mitglieder
des Projekts, die Existenz dieser Kundenkreise wahrnehmen
zu können und ob sie als Freund oder Feind des
Himmelfahrtskommandos angesehen werden können?« Für die
Entwicklung einer Art von Gruppenbewusstsein unter den
Teammitgliedern, das hilfreich wäre für die Verkürzung
von Zeitabläufen während des Projekts, ist das kritisch.
Dieses Gruppenbewusstsein trägt dazu bei, den
Spezifikationsprozess
präziser zu gestalten, die Zahl der erforderlichen
Meetings zu reduzieren und bessere Informationen aus den
Meetings, die schließlich stattfinden, zu liefern.
»... Ich habe Managerfreunde, die glauben, das sei eine
zu große Ablenkung und dass die Entwickler jedes Quantum
ihrer Energie auf das Projekt konzentrieren sollten,
während der Projektmanager (vorausgesetzt, er ist
politisch geschickt) seine Zeit damit verbringt, sich um
die äußeren Angelegenheiten zu kümmern.« Dass ganze
Konzept der »Außenstehenden« muss abgeschafft werden. Es
nährt den Mythos, Entwickler seien so eine Art andere
Familie der menschlichen Spezies. Gerade durch die
Einbeziehung anderer Teammitglieder könnten die Entwickler ihre ganze Kraft einem Projekt widmen, das aus
der Spur geraten ist.

3. Ich habe vier grundlegende Typen von Himmelfahrtskommando-Projekten identifiziert ... Ich setze voraus,
dass keiner dieser Projekttypen ein lohnenswertes
Ergebnis wäre. Ich denke, es wäre interessant, diese
Typen ohne den Zusammenhang mit einem Himmelfahrtskommando zu präsentieren und die Leute einfach aussuchen
zu lassen, in welcher Art von Projekt sie arbeiten
wollten. Der Punkt ist, dass so viele Projekte von dieser
Art sind und die Leute so daran gewöhnt sind, dass sie
nicht einmal nach diesen verschiedenen Kategorien fragen.
»4. ... Wie wichtig, denkst du, ist es für den
Projektmanager, eine realistische, gute Einschätzung

jedes Teammitglieds bezüglich seines Engagements zu
erhalten?«
Das ist problematisch. Ohne verbindliche Zusagen hat man
nicht wirklich ein Projekt. Warum ist eine Person involviert? Was hoffen sie, aus dem Projekt mitnehmen zu
können? Ich denke, man muss auch ihre verbindlichen
Zusagen in einem Projektplan offen legen. Auf diese Weise
sieht jeder, in welcher Weise alle anderen in das Projekt
involviert sind und was dies für das Projekt bedeutet. Es
ist Sache des Projektmanagers, dies zu kommunizieren und
dafür zu sorgen, dass Zusagen und Bemühungen
übereinstimmen.
-Brian

14. Eine besonders unerfreuliche Form dieses Problems tritt dann
auf, wenn das Entwicklungsteam nicht ausreichend Zeit oder Ressourcen hat, den Anforderungskatalog im Detail zu analysieren, und
wenn das Projektteam das Wasserfallmodell anwendet, das die politischen Spannungen quasi auf das Ende des Entwicklungsprozesses
vertagt – auf einen Zeitpunkt also, wenn das Projekt bereits sein
Budget überschritten hat und der Endtermin bereits in der Vergangenheit liegt. Wie Tom deMarco in *Der Termin* (Hanser Verlag, 1998) richtig beobachtete, ist eine unvollständige,unklare Spezifikation oft ein Zeichen unvereinbarer Meinungsverschiedenheiten
zwischen den Beteiligten. Diese Differenzen treten schon sehr früh
im Projekt auf. Im Gegensatz dazu hat die Inkompetenz in der
Phase der Systemanalyse die Eigenschaft, erst sehr spät im Projekt
offensichtlich zu werden, oftmals erst beim Abnahmetest.

15. Es gibt einige ausgezeichnete Bücher über JAD-Methoden, zum
Beispiel *Joint Application Developement* von Jane Wood und De-
nise Silver, 2. Auflage, John Wiley & Sons, 1995

Kapitel 3

Verhandlungen

Nur freie Menschen können verhandeln. Gefangene machen keine Verträge.

Nelson Mandela, Mitteilung aus dem Gefängnis, 10. Februar 1985, in der er die Bedingungen für seine Freilassung, angeboten durch den südafrikanischen Präsidenten P. W. Botha, ablehnt. Erwähnt in *Higher than Hope*, Teil 4, Kapitel 30, Fatima Meer, 1988

Wenn Sie Manager eines Himmelfahrtskommandos sind, ist es sehr leicht, das Ergebnis von Verhandlungen über Budget, Fahrplan und Hilfsmitteln vorauszusagen: Sie haben verloren. Dies ist fast unvermeidlich, weil solche Verhandlungen am Anfang des Projektes stattfinden (oder sogar, bevor das Projekt formell initiiert wurde), wenn nämlich der Projekteigner weder die geistigen Möglichkeiten noch das emotionale Durchhaltevermögen besitzt noch den politischen Bedarf, unerfreuliche Argumente, die vom Projektmanager ins Feld geführt werden, akzeptieren zu müssen. Rationalere Verhandlungen finden manchmal ein oder zwei Monate, bevor der erste Projektmanager kündigt oder entlassen wird, statt oder wenn ein neuer Projektmanager (als eine Bedingung für seine Unterschrift) fordert, jeder müsse die Realität akzeptieren, dass der ursprüngliche Termin, das Budget und die geforderte Funktionalität niemals erreicht werden können.

Niemand scheint bereit zu sein, diese traurige Sachlage zu akzeptieren. Auch wenn sich dieses Kapitel wahrscheinlich auf rationale Verhandlungsstrategien für den Ersatzprojektmanager konzentrieren könnte, werde ich trotzdem die Frage aufwerfen, mit der sich die meisten von uns abmühen: Wie können wir über erträgliche Bedingungen am Anfang eines Himmelfahrtskommandos verhandeln? Andererseits, es gibt keine magischen in diesem Kapitel zu enthüllenden Geheimnisse; die traurige Realität ist, dass Sie am Ende des Prozesses verlieren. Nun, es ist nützlich, sich der verschlungenen politischen Spiele bewusst zu sein, von denen Sie wahrscheinlich durch geschicktes Manövrieren überlistet werden, und auch die Möglichkeiten zu kennen, die erforscht werden können, wenn Ihnen ein vollkommen unrealistischer Zeit-, Kosten- und Stellenbesetzungsplan vorgestellt wird.

In diesem Kapitel nehme ich an, dass Sie der in den Verhandlungen über Himmelfahrtskommandos, Zeitpläne etc. Kompetente sind. Wenn Sie technischer Sachbearbeiter sind, können Sie indirekt beteiligt sein, zum Beispiel, indem Sie Entscheidungen vorbereiten und indem Sie Daten für den Projektmanager schätzen, so dass er oder sie damit in die Verhandlungen mit dem höheren Management gehen kann. Aber kürzlich, in einer E-Mail von Doug Scott[1], wurde ich daran erinnert, dass sogar der Projektmanager in einigen Projekten eine indirekte Rolle spielt, weil alle Verhandlungen in seiner Verantwortung im Namen des nächsthöheren Vorgesetzten gemacht werden:

... mein größtes Hindernis in Himmelfahrtskommandos war mein eigenes Management. Ich kam zum UK 1972, und fast unmittelbar anschließend in neue, große Projekte. Ich glaube nicht, dass ich damals etwas über den Ablauf von Projekten gelernt habe. (Ich hörte zwar viel über Politik, aber das ist etwas anderes.) Sie müssen die Verhandlungsposition Ihres eigenen Managements verstehen, und, wenn Sie Spaß daran haben, »Bäumchen wechsel dich« zu spielen, müssen Sie die Politik unbedingt vom Projekt fernhalten.

3.1 Rationale Verhandlungen

Der Gedanke, dass wir wirklich wissen, wie wir den Zeitplan, das Budget, Ressourcen und Hilfsmittel für ein komplexes Projekt genau schätzen sollten, wird eine emotionale Debatte in der Gruppe von Software-Experten und Managern auslösen. Unsere Erfahrung über die Jahre hinweg war sicherlich nicht unbedingt eine sehr gute. Andererseits werden viele behaupten, dass die früheren Probleme das Ergebnis politischer Spielchen waren, die mit allen Himmelfahrtskommandos verknüpft sind. Wir diskutieren diese Dinge gerade in diesem Buch.

Aber, die meisten großen Unternehmen können auf Dutzende von Projekten verweisen, in denen das Software-Team seinen eigenen Zeitplan machte, sein eigenes Budget vorschlug und dabei sicher war, ein vollständig funktionierendes System gemäß den gestellten Anforderungen liefern zu können. Die Mannschaft begann dann mit den Arbeiten am Projekt und versäumte es, irgendetwas rechtzeitig zu liefern.

So ist es kein Wunder, dass die Benutzergemeinde und das obere Management in vielen dieser Unternehmen das Verhandeln aufgegeben haben, und stattdessen Termine und Budgets der Art »so oder gar nicht« bestimmen. Das ist die Geburtsstunde vieler Himmelfahrtskommandos.

Das bedeutet noch nicht, dass wir alle Anstrengungen aufgeben sollten, eine »rationale« Schätzung, die wir in den Vorverhandlungen für ein Projekt benutzen könnten, durchzuführen. Tatsächlich ist es nämlich entscheidend, dass der Projektmanager der Versuchung widersteht, aufzugeben und einfach die Startbedingungen von Himmelfahrtskommandos als eine Art Evangelium zu akzeptieren.

Eins der üblichen Signale, dass ein Projektteam ein »Selbstmordverhalten« angenommen hat, wie ich es in Kapitel 2 nannte, ist die Einstellung des Projektmanagers, wie sie auch von den Projektmitgliedern geteilt wird: »Wir haben keine Ahnung, wie lange dieses Projekt wirklich dauern wird, und es ist eigentlich auch unwichtig, da sie uns ja schon den Termin gesagt haben. So werden wir eben sieben Tage in der Woche, 24 Stunden am Tag, arbeiten, bis wir vor Erschöpfung umfallen. Sie können uns auspeitschen und schlagen, aber wir können nicht mehr tun als das ...«

Ich werde in diesem Buch die umständlichen Verfahren der Aufwandschätzung nicht erläutern. Wenn der Projektmanager keine Kompetenz oder Erfahrung hierin hat, ist ein Himmelfahrtskommando keine gute Gelegenheit, dies zu lernen. Aber lassen Sie mich trotzdem auf einige der bekannten Hilfsmittel verweisen, die wir in diesem Zusammenhang nutzen können:

- *Kommerzielle Schätzwerkzeuge*: Erzeugnisse wie SLIM, ESTIMACS und CHECKPOINT. Die Lieferanten sind »Quantitative Systems-Management«, »Computer Associates« und »Software-Produktivity-Research (SPR)«. Der SPR-Vorsitzende, Metrikguru Capers Jones, schätzt, dass es zirka 50 kommerzielle Tools für die Projektkalkulation gibt. Keines davon ist perfekt, und alle erfordern noch die Intelligenz des Benutzers (Müll rein/Müll raus gilt in diesem Feld übrigens auch!). Im besten Fall kann man damit Schätzungen erreichen, die eine Genauigkeit von +/-10 Prozent besitzen. Selbst wenn diese Tools nur eine Genauigkeit von +/-50 % liefern, ist das immer noch besser als die politisch bedingten Forderungen, mit denen der Projektmanager fertig werden soll. Diese sind oft zu 1.000 % jenseits der Möglichkeiten des Projektteams.

- *Systemdynamikmodelle*: Zahlreiche Simulationsmodelle wurden entwickelt, um die nichtlinearen Wechselwirkungen zwischen verschiedenen Faktoren, die das Verhalten eines Projektes beeinflussen, zu erforschen.

  Wenn es zum Beispiel Teil der Strategie eines Himmelfahrtskommandos ist, viele Überstunden durch den Projektleiter zu fordern, was sind dann die Auswirkungen nach Wochen oder Monaten? Die natürliche Annahme ist, dass mehr »Output« erzeugt werden wird als an einem normalen Acht-Stunden-Werktag. Die meisten erfahrenen Projektmanager werden aber darauf hinweisen, dass die Produktivität (in Functionpoints pro Tag oder »lines of code« pro Stunde gemessen etc.) in dem Maß nachlässt, wie die Erschöpfung zunimmt. Die Fehlerhäufigkeit wird größer, was offensichtliche Auswirkungen auf die Test- und Debugging-Qualität hat. Und, wenn man die über Stunden und Tage lange genug fortsetzt, bricht das Projektteam schließlich vor Erschöpfung zusammen. Von den Simulationsmodellen, die ich auf diesem Gebiet kennen gelernt habe, ist das Beste von Tarek Abdel-Hamid [1], das in Sprachen wie DYNAMO und *iThink* realisiert worden ist.

- Dutzende von Artikeln und Büchern wurden über das Thema von Projektschätzung publiziert. Barry Boehm *Software-Engineering-Economics* [2] ist gut für den Einstieg. Es ist wichtig zu bemerken, dass Boehms-COCOMO-Modell aus den frühen 1980ern zu COCOMO-2 aktualisiert wurde [3]. Ein anderer Klassiker ist Fred Brooks *Vom Mythos des Mannmonats* [4]. Auch dieses Buch wurde kürzlich aktualisiert, um modernere Technologie und aktuelle Software-Praxis widerzuspiegeln. Das bisher jüngste Buch zur Schätzung von Software ist von Jim McCarthy *Dynamik von Systementwicklung*.

- Der Prozess des Schätzens wurde ausgiebig analysiert und dokumentiert. Unternehmen wie Software-Engineering-Institute haben nützliche Richtlinien und Checklisten für die Verbesserung von Schätzverfahren veröffentlicht [7, 8]. Auch wenn wir noch nicht sehr gut darin sind, wissen wir, wie wir besser werden können.

- Bekannte Verfahren wie das Prototyping und Time-Boxing kann man dazu benutzen, ein genaueres Bild darüber zu erhalten, wie es um die Machbarkeit der Projektanforderungen bestellt ist. Dies ist keineswegs ein narrensicherer Ansatz, aber es ist eine Möglichkeit, dem Projektteam, den verschiedenen Management-Schichten und den Kunden den Boden der Tatsachen zumindest zu zeigen. Wenn das Management ein System fordert, bei dem eine dreiköpfige Mannschaft benötigt wird, um eine Million Code-Zeilen in zwölf Monaten zu schreiben, dann sollte es möglich sein, eine erste Grobversion des Systems zu definieren, die innerhalb des ersten Monates realisiert werden kann. Dies verschafft mindestens eine grobe Kalibrierung der Produktivität des Teams, und auch eine grobe Vorstellung davon, bis zu welchem Grad das Projekt durchführbar ist.

3.2   Akzeptable Kompromisse identifizieren

Angenommen, das Projektteam hat eine »rationale« Schätzung des Zeitplans erstellt, die Kosten veranschlagt und auf das für das Projekt benötigte Personal übertragen. Und angenommen, das Management sei auf einiges »Geben und Nehmen« in der Verhandlung vorbereitet, bevor die letzten Entscheidungen getroffen werden. Die allgemein übliche Situation ist dann, dass das Management die anfänglichen Schätzungen für »inakzeptabel« erklärt und harte Gegenvorschläge macht, die viel weiter gehen. Was sollte der Projektmanager nun tun?

Wie mir der Autor und Berater John Boddie[2] [9] in einer kürzlichen E-Mail mitteilte, ist von entscheidender Bedeutung, sicherzustellen, dass jeder damit übereinstimmt, dass es mehr als ein mögliches »Szenario« für das Projekt gibt.

Hierzu einige hilfreiche Fragen während der Verhandlungen:

»Wenn das System eher am 5. September fertig ist als am 1., werden wir am 2. September schon den Bankrott erklären müssen?«

»Gibt es eine 80/20-Regel? Wenn wir die wichtigsten 20 Prozent liefern, die achtzig Prozent des Wertes ergeben, brauchen wir diese zwanzig Prozent denn schon in der Startphase?«

»Jeder will die Dinge gut, schnell und billig. Jeder weiß, dass man eigentlich nur zwei der drei Dinge erreichen kann. Welche zwei wollen Sie?«

Das Prinzip bei dieser Methode ist, jene als unvernünftig erscheinen zu lassen, die die Aussicht auf ein Himmelfahrtskommando fördern, weil sie dagegen sind, mehr als ein mögliches Projektergebnis zu berücksichtigen. Nur wenn es eine gewisse Akzeptanz gibt, dass es mehr als eine Möglichkeit gibt, sich dem Problem zu nähern, sind Verhandlungen sinnvoll. Alles, was der Projektmanager sagen kann, ist: »Wir werden unser Bestes geben, aber es gibt keine Garantien.«

Wenn der Gegenvorschlag des oberen Managements oder des Kunden nur eine Variante zulässt, kann der Projektmanager die Auswirkungen auf die anderen Varianten schätzen. Wenn z.B. die erste Schätzung des Managers die ist, dass das Projekt zwölf Monate mit drei Leuten und einem Budget von 200.000,-$ benötigen wird, ist es möglich, dass die erste Antwort des oberen Managements lautet: »Quatsch! Wir müssen das System in sechs Monaten am Laufen haben!« Die offensichtliche Lösung, so etwas umzusetzen, ist, mehr Leute einzustellen und/oder mehr Geld auszugeben (z.B. höhere Gehälter, um produktivere Programmierer einzustellen).

Aber, Fred Brooks sagte uns schon vor mehr als 20 Jahren, dass die Beziehung zwischen Zeit und Mitarbeitern bei einem Software-Projekt nicht linear ist. Der Begriff *Mannmonat* (heute eher der *Personenmonat* in politisch korrekten Unternehmen) wurde damit als Mythos entlarvt. Tatsächlich ist die Beziehung zwischen allen Schlüsselfaktoren in einem Projekt wahrscheinlich nicht linear und wahrscheinlich auch noch zeitabhängig. Und sie ist wahrscheinlich auch noch hoch empfindlich. Wegen des »Feed-back Effects« vieler Managemententscheidungen wird die Änderung eines einzigen

Faktors (wie zum Beispiel mehr Mitarbeiter hinzuzufügen) nicht nur Auswirkungen auf andere Variablen (wie die Produktivität) im Laufe der Zeit haben, sondern wird schließlich auch einen Effekt rückwirkend auf den ursprünglichen Faktor haben. Das Einbinden zusätzlicher Mitarbeiter könnte zum Beispiel die Moral senken, was umgekehrt die Fluktuation innerhalb des Projektes erhöhen könnte, und damit würde sich letztlich die Größe des Mitarbeiterstabes verringern.

Die nichtlineare, zeitabhängige Natur dieser Wechselwirkungen ist der Kern der oben erwähnten Systemdynamikmodelle; aber es ist auch der Grund für die Anwendung der verschiedenen Tools, von denen weiter oben die Rede war. Hier gibt es nun ein Kernproblem: Die Mathematik hinter den Systemdynamikmodellen basiert typischerweise auf nichtlinearen Differenzialgleichungen, und die meisten von uns sind nicht besonders gut in diesem Kapitel der Mathematik. Analog hierzu führen die kommerziellen Schätzwerkzeuge komplizierte Berechnungen mit Dutzenden von Parametern durch. Versuche, ein solches Problem instinktiv zu lösen, gewissermaßen aus dem Bauch heraus, sind wahrscheinlich zum Scheitern verurteilt.

Leider ist das genau die Situation, die viele Manager von Himmelfahrtskommandos vorfinden. Manchmal ist dies so wegen der grundsätzlichen Natur des Verhandelns (zum Beispiel beim Spiel »Spanische Inquisition«, das ich unten vorstellen werde). Eine andere Ursache ist aber auch ein grundsätzlicher Mangel an Sachkenntnis und die fehlenden Schätzwerkzeuge in vielen Unternehmen. Wieder ist dies kein Problem, das Sie in einem Himmelfahrtskommando werden lösen können, wenn es nicht schon vorher geklärt ist.

Wenn das Unternehmen daran gewöhnt ist, seine Projektschätzungen durch das Hinkritzeln von Zahlen auf dem Rücken eines Umschlages abzuleiten, wird der Manager eines Himmelfahrtskommandos wahrscheinlich nicht umhinkommen, erst einmal 10.000 Dollar für ein hoch entwickeltes Schätzungswerkzeug auszugeben. Was sollte der Manager in einer Situation wie dieser tun? Im Extremfall sollte er die Zwecklosigkeit der Situation erkennen und entsprechend antworten. Ich werde das in Abschnitt 3.5 ausführlich behandeln. Für weniger extreme Situationen finden Sie hier zwei Leitlinien:

- Wenn die Forderung von Benutzern oder dem oberen Management eine Änderung von weniger als 10% einer Projektvariablen zur Folge hat, können Sie durch Vergrößern einer anderen Variablen direkt ausgleichen. Wenn das Management den Zeitplan damit um 10% reduzieren möchte, fügen Sie eben der Größe des Projektteams 10% hinzu. Dies ist nicht ganz genau, aber es ist eine gute erste Näherung. Und es ist aus Ihrer Verhandlungsperspektive heraus oft alles, was Sie tun können.

- Wenn die Änderung mehr als 10% eines Projektfaktors bedeutet, sollten Sie annehmen, dass es ein »inverses Quadratgesetz« bezogen auf andere Faktoren gibt. Nun, wie im Szenario oben, möchte das Management den Zeitplan des Projekts halbieren, von zwölf Monate auf sechs. Das Projektmanagement sollte nun als Antwort hierauf die Größe des Projekts nicht nur verdoppeln, sondern vervierfachen, oder sollte das Budget vervierfachen, um Superprogrammierer einzustellen, die mit beiden Händen gleichzeitig kodieren können. Ohne ein formales Schätzungsmodell gibt es aber keinen Weg, herauszubekommen, ob diese Maßnahmen für eine bestimmte konkrete Situation passend sind. Ein solches Vorgehen ist aber zumindest besser, als in die Falle zu tappen, beim Verhandeln Mitarbeiter linear gegen Zeit einzutauschen. Leider ist das inverse Quadratgesetz (natürlich) schwierig zu verhandeln, und es ist eher wahrscheinlich, dass die »unverschämten« Forderungen des Projektmanagers abgeschmettert werden. Mit etwas Glück jedoch wird der Projektmanager am Ende besser dastehen und in einer besseren Position sein, als wenn er einen linearen Ressourcenausgleich vorgenommen hätte.

3.3 Verhandlungsspiele

Verhandeln ist ein Spiel und es findet bei allen Software-Projekten statt. Was bei Verhandlungen zu Himmelfahrtskommandos anders ist, ist, dass die Hindernisse viel höher sind, die Emotionen viel stärker belastet werden und die Forderungen der anderen Seite (in Bezug auf Zeitplan, Budget etc.) üblicherweise so extrem sind, dass sie jeden »Sicherheitsfaktor« übersteigen, den wir in der Vergangenheit gewöhnlich genutzt hätten. Der offensichtlichste Sicherheitsfaktor in einem traditionellen Projekt, zum Beispiel, ist die Überstunde. Auch wenn der Projektmanager an einen straffen Zeitplan gefesselt und das Budget eingeschränkt waren, kann der Erfolg noch erreicht werden, indem man das Projektteam darum bittet, während der Schlussphase des Projekts zehn bis 20 Überstunden pro Woche zu leisten. Die zusätzlichen Aufwendungen kommen in den Aufzeichnungen nicht vor, weil die Programmierer nicht für Überstunden entschädigt werden. Somit steht der Manager am Ende wie ein Held da.

In einem Himmelfahrtskommando sind solch bescheidene Mengen von Überstunden üblicherweise unzureichend, um die dramatischen Ergebnisse, die gefordert sind, zu erzielen. Außerdem sind die Benutzer und das obere Management nicht naiv. Sie wissen natürlich schon von dieser Stundenreserve und haben diese in ihre persönliche Planung längst eingebaut. Damit haben sie natürlich vermieden, dass der Manager diese freien Ressourcen noch irgendwo verstecken kann. Projektmanager aber, die in solchen Verhandlungen erfahren sind, sollten ein paar Tricks auf Lager haben, die sie aus dem Ärmel ziehen können, wenn die Verhandlungen beginnen. Der Projektmanagementneuling hat einen schrecklichen Nachteil. Im Extremfall ist dem Anfänger nicht einmal bewusst, dass seine ehemaligen Erfolge nur möglich wurden, weil das Projektteam freiwillig genügend Überstunden leistete, um einen lächerlichen Projektzeitplan auszugleichen. Darüber hinaus ist es möglich, dass der lächerliche Zeitplan diesem Team nur deshalb auferlegt wurde, weil der Manager auf dem Gebiet der Schätzungsverhandlung noch naiv ist.

Unternehmensberater Rob Thomsett hat die üblichsten Verhandlungsspiele in einem wunderbaren Artikel beschrieben [8]. Ich habe die vertrautesten Spiele unten zusammengefasst:

- *Verdopplung und Hinzufügung*: Dies ist ein Trick, der schon bei Projekten beim Bau der Pyramiden angewendet wurde, wenn nicht noch früher. Gleich welche Schätzungsverfahren Sie benutzen, verdoppeln Sie die »rationale« Schätzung und addieren Sie weitere drei Monate (oder drei Wochen oder drei Jahre, je nach Umfang oder Größe des Projektes), um die Sicherheit noch weiter zu erhöhen. Das größte Problem bei dieser Strategie ist, dass es frontal auf das dringlichste Problem trifft, das mit Himmelfahrtskommandos verknüpft ist: die Verdichtung des Zeitplans.

- *Umgekehrte Verdoppelung*: Wie früher schon erwähnt, ist das Management natürlich nicht blind, wenn Software-Projektmanager versucht haben, sich mit ihren Schätzungen gemäß der oben vorgestellten Verdoppelungsstrategie gut zu polstern. Ein spezieller Grund für diese politische Wachsamkeit ist, dass die oberen Manager in vielen Unternehmen frühere IS/IT-Projektmanager sind, weshalb sie natürlich mit diesem komplizierten Spielchen vertraut sind. Deshalb nehmen sie die von den Projektmanagern anfänglich vorgegebenen Schätzungen und halbieren sie einfach. Bedauern Sie den armen Projektmanagementneuling, dem nicht klar ist, dass man ihm unterstellt, dass er seine Schätzung von Anfang an verdoppelt!

- *»Raten Sie die Zahl, an die ich denke«*: Dies ist ein Spiel, das ich in einem meiner ersten Projekte als junger Programmierer lernte. Der Benutzer oder Seniormanager hat eine »akzeptable« Vorstellung von Zeitplan, Budget und/oder anderer Aspekte der Verhandlung, aber er weigert sich, sie zu artikulieren. Wenn der Projektmanager seine Schätzung von Zeitplan und Budget anbietet, schüttelt der Benutzer oder der Seniormanager einfach seinen Kopf und sagt: »Nein!« Was er mit dieser Botschaft andeuten möchte, ist: »Das ist zu viel, raten Sie noch mal.« Der glücklose Projektmanager schließ-

129

lich kommt (manchmal nach einem halben Dutzend Versuchen!) irgendwie heraus mit einer für den Manager akzeptablen Schätzung, aber weil es offiziell seine oder ihre Schätzung ist, ist der Benutzer/Seniormanager fest entschlossen, den Projektmanager an diese Zusage zu binden.

- *Doppelter Dummy-Spucker*: (Dummy« ist in australischer Umgangssprache der Begriff für den Schnuller eines Babys, und »Spuck den Dummy« ist eine australische Phrase, die ein Baby beschreibt, das so frustriert und zornig wird, dass es seinen Schnuller ausspuckt. Thomsett benutzt dies als eine Metapher, um eine Verhandlungssitzung zu beschreiben, in der ein Seniormanager einen Wutanfall bekommt, wenn der Projektmanager zum ersten Mal seinen Vorschlag für den Zeitplan eines Himmelfahrtskommandos vorstellt, um die Kosten zu veranschlagen. Der gerügte Projektmanager trippelt eilig fort und kommt mit einer überprüften Schätzung zum Seniormanager zurück, der erneut explodiert. Daher die Phrase »Doppelter Dummy-Spucker«. Die Idee ist, den Projektmanager so zu erschrecken, dass er mit irgendeinem unvernünftigen Vorschlag zurückkommen wird, um einen weiteren Anfall zu vermeiden.

- *Spanische Inquisition*: Diese entsteht, wenn der Projektmanager in eine Versammlung von höheren Managern kommt, vollkommen unvorbereitet darauf, dass er darum gebeten wird, eine »sofortige Schätzung« für das Himmelfahrtskommando zu liefern. Stellen Sie sich einen Saal voll von kritischen Vorstandsmitgliedern vor, die Sie anstarren, während der CEO Sie drängelnd fragt: »Nun, Frau Schmitz, wann, glauben Sie, sind Sie mit dem neuen System fertig? Ich habe dem ganzen Management erzählt, dass wir es im März online stellen werden. Sie lassen mich doch jetzt nicht hängen, oder?« Wenn Sie den Mut haben, zu sagen, dass Mitte November ein realistischerer Termin wäre, dann haben Sie ein Dutzend Inquisitoren vor sich, die Ihren Intellekt, Ihre Referenzen, Ihre Loyalität und sogar Ihre religiöse Glaubensfestigkeit in Frage stellen.

- *Niedriges Gebot*: Mit »Outsourcing« als Möglichkeit in vielen heutigen Unternehmen wird dieses Spiel immer üblicher. Es ist auch schon üblich in Situationen, in denen ein Software-Unternehmen gegen andere Konkurrenten sich um die Ehre bewirbt, ein System für ein Kundenunternehmen zu entwickeln. Das Spiel ist offensichtlich: Der Kunde (oder manchmal auch der Vertriebsvertreter des Entwicklungsunternehmens) erzählt dem Projektmanager, dass einer der anderen Bewerber einen schnelleren Entwicklungszeitplan und/oder ein niedrigeres Budget vorgeschlagen hat. Das erzeugt Druck auf den Projektmanager, nicht nur mit dem Konkurrenzangebot gleichzuziehen (was vielleicht ein »echtes« Gebot ist oder auch nicht), sondern es zu verbessern, um die Chancen zu erhöhen, den Auftrag zu bekommen. Eine Variante dieses Spiels liegt vor, wenn der Kunde zum Ausdruck bringt, dass er die Möglichkeit ins Auge fasst, das Projekt überhaupt nicht durchzuführen. Ein Software-Haus, das verzweifelt bemüht ist, den Zuschlag für das Projekt zu erhalten (vielleicht weil es die Karriere des IS/IT-Vorstandes fördern würde), wird sicherstellen, dass das Projektangebot so attraktiv ist, dass es angenommen werden muss. Natürlich bedeutet das, dass in vielen Fällen einem oder mehreren Mitgliedern der IS/IT-Hierarchie bewusst ist, dass das Projektangebot unrealistisch optimistisch ist oder vielleicht sogar eine offensichtliche Lüge. Dies führt uns, wie jetzt beschrieben wird, direkt zu »Gotcha« und der »Chinesischen Wasser-Folter«.

- *Gotcha*: das »Gotcha«-Spiel wird manchmal vom Projektmanager als ein Weg zur Rache gespielt: Obwohl er von Anfang an weiß, dass das Projektangebot unrealistisch ist, akzeptiert er es mit dem Hintergedanken, dass mit der Zeit sowieso jeder gezwungen ist, die Realität zur Kenntnis zu nehmen (zum Beispiel eine Woche vor dem Endtermin). Da wird es für den Kunden zu spät sein, noch irgendetwas zu retten. Aber, es ist ein gefährliches Spiel, weil der Kunde sich dann fragen muss, ob er gutes Geld schlechtem hinterherwerfen will. Wenn das

Unternehmen Aufzeichnungen bisheriger Projekte hat, die auf diese Weise gescheitert sind, kann der Kunde beschließen, das Projekt zu stornieren und die Kosten als eine schlechte Investition abzuschreiben. Es gibt jedoch die Möglichkeit, dass das Himmelfahrtskommando nicht sofort gestoppt wird, weil es üblicherweise mit Geschäftszielen, gesetzlichen Anforderungen oder politischen Auseinandersetzungen verbunden ist, denen man schlecht ausweichen kann. Allerdings hält das den Kunden nicht davon ab, Rache dafür zu suchen, dass man ihm so übel mitgespielt hat. Die offensichtlichste Form der Rache ist, den Projektmanager zu entlassen.

Dies ist auch ein üblicher politischer Trick verschiedener oberer Manager und Vertriebsvertreter (der vielleicht als Erster die Verantwortung für die Verpflichtungen im Rahmen des Himmelfahrtskommandos trägt), ihrem Problem durch Schuldzuweisung zu entgehen. Jeder kann sich ja ausrechnen, dass der Grund für das entstandene Problem natürlich die Inkompetenz des Projektmanagers ist. Ein neuer Projektmanager muss her, realistischere Projektzeitpläne und Budgets dürfen nicht verhandelt werden, und das Projekt geht weiter. Unterdessen denkt natürlich niemand daran, den Überstunden-Druck von den Projektmitarbeitern zu nehmen.

- *Chinesische Wasser-Folter*: Bevor man sich dem hohen Risiko eines Showdowns gegen Ende des Projekts einfach entgegenstellt, spielt man ein anderes verbreitetes Spiel und überbringt die Hiobsbotschaft dem Kunden und/oder dem höherem Management in kleinen Stückchen. Stellen Sie sich zum Beispiel vor, die rationale Schätzung des Projektmanagers für das Projekt beträgt zwölf Monate. Mit erzwungenen Überstunden und mit Hilfe einiger größerer und kleinerer Wunder glaubt er, es könnte möglich sein, in sechs Monaten fertig zu werden. Das Management aber hat einen Vier-Monats-Termin für das Projekt festgelegt. Schweren Herzens sagt der Manager zu und kündigt eine Serie von Teillieferungen für das Projekt an. Zum Beispiel wird ein neuer Prototyp des Systems für die Kundenbesprechung jede Woche geliefert. Die ersten Lieferungen sind immer einen Tag zu spät. Der Manager jedoch kommt zu dem Schluss, dass diese Verzögerung eine Terminverschiebung von ca. 14 bis 20% des Endtermins bedeutet (je nachdem, ob die Mannschaft eine Fünf-Tage-Woche oder eine Sieben-Tage-Woche hat); folglich behauptet er, dass der Termin für die letzte Version des Systems um 14 bis 20% verschoben werden sollte. Das Management weigert sich, eine Terminverschiebung zu diesem frühen Zeitpunkt zu gewähren. Wenn aber die zweite Teillieferung auch einen Tag zu spät ist (was eine kumulative Verzögerung von zwei Tagen über einem Zeitraum von zwei Wochen bedeutet), wiederholt der Manager sein Argument. Tropf, tropf, tropf! Das ist die chinesische Wasserfolter. Eine einzelne Hiobsbotschaft ist nicht so schlimm, aber die kumulative Wirkung kann tödlich sein.

- *Rauch und Spiegel*: Haben Sie Mitleid mit dem armen Projektmanager, dessen vorgesetzter IS/IT-Leiter einen Berater mit einem Schätzungsmodell eingestellt hat, das niemand versteht. Software-Metrik ist letztlich eine Form von Statistik, und Schätzungsmodelle basieren auf komplexer Mathematik. In den Händen von Unschuldigen, Naiven und/oder politisch Motivierten können diese Werkzeuge dazu benutzt werden, um die Gültigkeit von nahezu jeder beliebigen Schätzung »zu beweisen«. Das ist doppelt gefährlich, wenn ein Verkäufer mit dieser Metrik zu beweisen versucht, dass das Himmelfahrtskommando wegen der phantastischen Produktivität der CASE-Tools des Verkäufers, der visuellen Programmierumgebung oder der völlig neuen Software-Engineeringmethode erfolgreich sein wird.

- *Verheimlichte Variable von Wartbarkeit/Qualität*: Dies ist eins der hinterhältigeren Spiele, und es kann in einer konstruktiven oder destruktiven Art und Weise von kenntnisreichen Projektmanagern, von höheren IS/IT-Managern und/oder Kunden gespielt werden. Es ist sehr einfach: Als Projektmanager kann ich eine unendliche Menge von Software dem Kunden in null

133

Zeit liefern, solange sie nicht arbeiten muss und sie nicht gewartet werden muss. Offensichtlich ist es töricht, ein solch extremes Szenario vorzuschlagen, aber der Punkt ist, jene Qualität (gemessen in Bugs, Portierbarkeit, Wartbarkeit etc.) ist eine Projektdimension, die berücksichtigt werden muss, wenn Stellen besetzt, Kompromisse zwischen Zeit und Geld eingegangen und andere Ressourcen des Projekts definiert werden.

Einige Kunden sind wirklich zu naiv, um dies zu sehen, und einige von ihnen haben eine sehr kaltblütige, kurzfristige Perspektive: »Mir ist egal, ob das System zwei Jahre arbeitet, weil ich glaube, dass dann das Geschäft sowieso vorbei sein wird und ich nicht mehr da bin. Alles, um was ich mich kümmere, ist, dass das System in drei Monaten von jetzt an existieren muss und dass es von da an zwölf Monate funktionieren muss.« Wenn der politische Druck stark genug ist, mögen Sie IS/IT-Manager und Projektmanager finden, die diese Attitüde besitzen. Es ist viel weniger üblich, technische Sachbearbeiter und Entwickler zu finden, die in dieser Auffassung ein vernünftiges Geschäftsgebaren sehen. Im besten Fall stellt dieses »Spiel« die Strategie der »gerade gute genug«-Software dar, die ich in meinem Buch *Rise and Resurrection of the American Programmer*[3] beschrieben habe. Im Grenzfall ist so etwas genauso unehrlich und unseriös wie einige der anderen oben beschriebenen politischen Spielchen.

3.4 Verhandlungsstrategien

Was sollten Sie tun, wenn Sie feststellen, dass Sie sich in einem der oben beschriebenen politischen Spiele befinden? Oder auch, was sollten Sie tun, wenn Sie zum Beispiel nur ein unschuldiger Zuschauer sind, ein technischer Sachbearbeiter des Projektteams und Sie bemerken, dass alles um Sie herum, der Projekttermin, die Funktionalität und das Budget über solche Spiele verhandelt wird? Thomsett macht hier die interessante Bemerkung, dass wir alle von unseren Ratgebern, unseren Managern und den »Vordenkern« der politischen Kultur in unseren Unternehmen lernen. Auch, wenn wir uns diesen Spielen nicht entziehen können, können wir uns damit vielleicht weigern, sie an unsere Untergebenen weiterzugeben, in der Hoffnung, dass der ganze Prozess von politischen Spielchen nach zwei Generationen aussterben wird.

Das ist zwar ein edler Gedanke, aber ich bin diesbezüglich nicht so optimistisch. Ich denke manchmal, dass politisches Verhalten genetisch fest vorprogrammiert ist. Aber auch, wenn die Lage nicht ganz so schlecht wäre, ist es einfach Realität, dass es politische Spiele der in diesem Kapitel beschriebenen Art überall um uns herum gibt. Keines davon ist nur für Software-Projekte typisch, und jeder von uns ist in seinem Leben irgendwelchen Varianten dieser Spiele ausgesetzt gewesen. Selbst wenn diese Spiele einzigartig für Software-Projekte wären, gibt es genug Fluktuationen innerhalb der Software-Branche, so dass ein Unternehmen fast sicher sein kann, von sehr politischen Managern, Verkäufern und Vertriebsvertretern ziemlich bald »infiziert« zu werden. Politische Spiele sind etwas, was wir als ein unvermeidliches Phänomen akzeptieren müssen, und wir müssen mit ihnen so gut fertig werden, wie wir können.

Etwas, das wir tun können, und das auch in diesem ausgezeichneten Thomsetts-Artikel erwähnt wird, ist, zu vermeiden, in die Falle der »sofortigen Schätzung« eines Projekts zu tappen. Das Spanische-Inquisition-Spiel ist die schlimmste Form davon, aber es gibt viele schwächere Formen, die während Planungs- und Verhandlungsphasen von Himmelfahrtskommandos erscheinen. Unschuldig oder böswillig, der Projektmanager wird häufig nach einer sofortigen »groben Schätzung« für die Zeit oder für einige Aspekte der durch das Projekt benötigten Stellenbesetzung gefragt werden. Sobald dies geschehen ist, wird die Information in die Öffentlichkeit hinausposaunt. Damit wird diese Aussage oft eine harte, unbewegliche Forderung an das Projekt. Nun, in einer Situation dieser Art sollte der Manager Aussagen treffen wie: »Ich werde einen Tag brauchen (oder eine Woche oder ein Monat oder sogar eine Stunde!), um einige Kalkulationen durchzuführen, bevor ich Ihnen eine Schätzung geben kann. Ich werde Sie in einer E-Mail informieren.« Es liegen offensichtliche politische Vorteile darin, vorbereitet zu sein und die notwendigen Kalkulationen durchzuführen, bevor Sie mit den Fragen bombardiert werden. Aber das ist leider nicht immer möglich.

Es ist auch nicht immer möglich, dem Verlangen nach einer sofortigen Schätzung auszuweichen. Nehmen Sie an, Sie sitzen in einer Marketingpräsentation, der Kunde dreht sich zu Ihnen um und sagt: »In Ordnung, Harriet, nehmen Sie an, wir beseitigen den interaktiven Webbrowser-Teil des Systems, und erklären uns bereit, das ganze System auf unser lokales Unternehmensnetz zu stellen sowie zehn unserer Leute hinzuzufügen. Wie lange brauchen Sie dann für den ganzen Job?« Alle Augen richten sich auf Sie, und Sie können sehen, wie der Marketingmanager erschrickt. Sie wissen wahrscheinlich aus allen Ausführungen, die zu dieser Frage geführt haben, dass die einzig politisch annehmbare Antwort lautet, »Drei Monate, kein Problem!« Welche Chancen hätten Sie, sagen zu können: »Nun, ich weiß es wirklich nicht. Wir müssen in unser Büro zurück und die ganze Angelegenheit durch unser Schätzungssystem jagen. Und ich müsste auch Ihre zehn Leute interviewen, um zu sehen, was sie können ...«

In einer Situation wie dieser – es gibt natürlich auch viele Situationen, in denen Sie etwas Zeit haben, eine formale Schätzung zusammenzustellen – ist es entscheidend, Ihre Schätzungen in »Vertrauensstufen« oder mit einem Plus-Minus-Bereich anzugeben. Wenn Sie überhaupt keine Daten für eine detaillierte Schätzung besitzen und wenn das Himmelfahrtskommando vollkommen neue Technologien und unbekannte Mitarbeiter betrifft, kann es umsichtiger sein, zu sagen: »Das Projekt benötigt wahrscheinlich zwischen drei und sechs Monate« oder »Ich glaube, dass wir in sechs Monaten fertig sein können, plus/minus 50%.«

Natürlich kennen die meisten Projektmanager dieses Verfahren, können oder dürfen es aber nicht benutzen. Zu entscheiden, wie groß oder klein der Plus-Minus-Bereich sein sollte, ist Teil der Wissenschaft der Aufwandschätzung, und ich überlasse dies den am Ende dieses Kapitels aufgelisteten Lehrbüchern. Für Himmelfahrtskommandos ist es wichtig, sich die politische Methode der Vertrauensstufen im Zusammenhang mit dem Verhandlungsprozess zu merken. Die fundamentalste politische Realität ist zum Beispiel, dass jeder Plus-Minus-Bereich von jedem ignoriert werden wird, mit dem Sie verhandeln. Wenn Sie also in einem Meeting sitzen und den Kunden und einigen aus dem oberen Management sagen: »Wir sollten in der Lage sein, das Projekt in sechs Monaten, +/-25%, durchzuführen.« Was, glauben Sie, wird jeder notieren? Genau! »Sechs Monate«.[4] Egal, wie oft Sie es sagen, es wird ignoriert. Und wenn Ihr Chef Ihnen gegenüber Ihre Aussage wiederholt, werden Sie feststellen, dass Ihr Termin bei sechs Monaten liegt. Das Einzige, das Sie tun können, ist, niemals den Plus- oder Minus-Kennzeichner in mündlichen oder schriftlichen Aussagen, bei irgendeinem Versprechen, verbindlichen Zusagen oder Schätzungen wegzulassen. Das wird das Problem nicht beseitigen können, aber es verschafft Ihnen eine Entschuldigung, wenn das Projekt am oberen Ende Ihrer Schätzung landen sollte.

Einer der Leser meines Vorabmanuskripts dieser Auflage des *Himmelfahrtskommandos* fügte hier einen interessanten Kommentar hinzu:

Ich habe mit dem Wort »schätzen« ein Problem: Ich verstehe darunter »die bestmögliche Einschätzung dessen, was hier und heute bekannt ist und was für die Zukunft wirklich auf vernünftiger Grundlage verhergesagt werden kann.« Was nun nach meiner Erfahrung passiert ist, dass die ganze anfängliche Schätzung zu einer felsenfesten Verpflichtung wird, mit einem Maximum an Ressourcen für diese Projektphase oder gar das ganze Projekt.

Analytiker, Programmierer und andere Techniker verstehen schon, das eine Schätzung eben nur eine Schätzung ist. Mag sein, dass der Projektmanager das auch so versteht. Wie auch immer, irgendwo in den oberen Etagen des Managements wird dieses Verständnis in das Wort Verpflichtung verwandelt. Manchmal, in der Regel kurz vor dem Kick-Off, versteht das Management auch noch das Wort »Schätzung«. Wenn das erste Geld einmal ausgegeben ist, verwandelt sich die Schätzung in »Sie verlieren Ihren Job, wenn Sie Ihre Verpflichtung nicht einhalten«.[5]

Leider gibt es einen etwas hässlichen Aspekt im Rahmen einer politischen Verhandlung, wenn Sie ein Plus- oder Minus-Vorzeichen in Ihre Schätzung einführen: Sie werden der Unsicherheit, Unschärfe, Schwäche oder sogar der Inkompetenz bezichtigt! Dies ist besonders typisch in dem früher vorgestellten Typ eines Himmelfahrtskommandos, dem Marines-Stil-Projekt. Was das obere Management wirklich will, ist eine feste Verpflichtung, ein Versprechen, dass das Projekt zu einem gewissen Termin mit einem Budget und einer Personaldecke mit fest definiertem Umfang beendet werden wird. Dies verschafft den Managern den enormen Luxus, sich (a) nicht mehr um das Problem bis zum Ende des Projektes kümmern zu müssen und (b) einen billigen Sündenbock zu haben, der zu tadeln ist, wenn das Versprechen gebrochen wird. Eine Schätzung der Form »X Monate +/-50%, für $500.000 +/-100%, und mit 10 Mitarbeitern +/-25%« beseitigt diesen bequemen Luxus.

Jim McCarthy schlägt in seinem ausgezeichneten Buch *Dynamik der Software-Entwicklung* [5] vor, dass der Projektmanager Kunden und Manager mit der Wahrheit frontal konfrontieren sollte. Der Projektmanager muss den Kunden davon überzeugen, die Unsicherheit, mit der das ganze Projektteam Tag für Tag leben muss, zu teilen. Das heißt, der Projektmanager sagt den Kunden und den Seniormanagern definitiv: »Schauen Sie, ich weiß nicht genau, wann dieses Projekt fertig sein wird, aber da ich der Projektmanager bin, bin ich wahrscheinlich eher als irgendjemand anders im Unternehmen derjenige, der das herauskriegt. Und zwar, sobald es wirklich herausgefunden werden kann. Ich verspreche Ihnen, dass ich Sie, sobald ich es weiß, informieren werde.«

Nur ein Manager mit viel Selbstbewusstsein und der Möglichkeit, das Projekt fallen zu lassen, kann die Nerven haben, so etwas in der politisch brisanten Atmosphäre eines Himmelfahrtskommandos zu sagen. Aber, der richtige Zeitpunkt, so etwas zu sagen, ist der Projektanfang. Wenn der Kunde und das obere Management Ihre Fähigkeit als Projektmanager nicht respektieren und Sie eine bessere Chance als irgendjemand sonst haben, zu wissen, wann das Projekt fertig sein könnte, warum sollten Sie dann überhaupt für dieses

Projekt verantwortlich werden? Werden Sie etwa als ein Sünden-bock etabliert? Werden Sie ein »Marionetten-Manager«, für den alle Entscheidungen von anderen politischen Manipulierern im Un-ternehmen getroffen werden? Wenn das so ist, ist es höchste Zeit, auszusteigen.

Wenn Sie ein einfacher Programmierer des Projektteams sind, und Sie sehen, dass dies die politischen Randbedingungen sind, kann das auch ein starkes Indiz dafür sein, dass Ihr Projektmanager (a) sich nicht traut, an irgendeine Schätzung zu glauben, oder (b) nicht das Rückgrat hat, sich für sich selbst oder das Projektteam einzusetzen, und/oder (c) sich in einer politischen Situation wiederfindet, in der alle Schlüsselentscheidungen von Leuten getroffen werden, die nicht direkt in das Projekt involviert sind. Wieder ist dies ein starkes Signal dafür, dass das Projekt verdammt ist; und, bevor Sie zu tief hineingeraten, wäre es eine bessere Idee, das Weite zu suchen.

Nichtsdestoweniger bin ich mir dessen bewusst, dass es eine be-sonders schwierige Aufgabe ist, die verschiedenen »Mitspieler« da-von zu überzeugen, die Unsicherheit bezüglich des Projektzeitplans, des Budgets und der Personalentscheidungen zu teilen. Ein seriöser Kunde würde das tatsächlich tun. Ein komplexes IT-Unternehmen nimmt all dieses als Risikomanagement wahr, das in einer saube-ren politischen Umgebung stattfinden muss. Die Menschen, die sich umeinander kümmern und sich respektieren, sind sicher auch der Meinung, es wäre unfair, wenn nur ein Mitglied der Gruppe den gesundheitsschädlichen Druck einer Hochrisikosituation aushalten muss.

3.5 Was kann man tun, wenn die Verhandlungen scheitern

Oben deutete ich an, dass, falls der Projektmanager den Kunden oder das obere Management nicht davon überzeugen konnte, die Unsicherheiten bezüglich des Zeitplans oder des Budgets, die mit dem Projekt verknüpft sind, mitzutragen, er ernsthaft überlegen sollte, aus dem Projekt auszusteigen. Das Gleiche gilt für die technischen Mitarbeiter des Teams. Aber das ist nur ein Aspekt eines gescheiterten Verhandlungsprozesses. Was sollte der Manager zum Beispiel tun, wenn er hundertprozentig sicher ist, dass der politisch motivierte Endtermin von sechs Monaten nicht realisiert werden kann und wird? Was sollte er tun, wenn er hundertprozentig sicher ist, dass das Projekt mit mindestens drei Leuten ausgestattet sein muss, aber das Management nur zwei bewilligt.

Ich habe die Möglichkeit zu kündigen in diesem Buch schon früher ein paar Mal erwähnt. Ich weiß natürlich auch, dass das in der Praxis für einige Software-Profis keine wirkliche Option ist. Tatsächlich ist es für den Projektmanager eher ein Problem als für die Techniker. Das hat den einfachen Grund, dass Projektmanager in der Regel fünf bis zehn Jahre älter sind und für die Abtragung von Hypotheken, für Familienmitglieder, Rentenversicherungen usw. verantwortlich sind. Sie unterliegen auch einer gewissen Unsicherheit bezüglich ihrer Chancen auf dem Arbeitsmarkt, während die jüngeren, unverheirateten Projektmitglieder zuversichtlich sind, innerhalb von 24 Stunden einen neuen Job zu bekommen .

Es ist wichtig, sicher darüber im Klaren zu sein, dass ich Resignation nicht als eine Form von Strafe oder Rache empfehle. Es ist schlichtweg eine rationale Überlegung, die man anstellen könnte, wenn man mit einer unmöglichen Situation und unerbittlichen Verhandlungsgegnern konfrontiert ist. Das Leben wird weitergehen. Es gibt andere Projekte. Und es gibt andere Jobs! Wie Sue Peterson mir in einer früheren E-Mail schrieb:[6]

Ich habe von meinen Kindern etwas gelernt, und ich denke, es passt zur Arbeit genauso gut wie zum häuslichen Leben ... Ich habe mich selbst zu schützen, meine Energie, meine emotionale und physische Gesundheit, meine Ruhe und meine Arbeitszeit. Wenn ich mich selbst nicht schütze, bleibt für die Kinder auch nichts übrig.

Es gibt aber einen anderen Aspekt, der mit Kündigung verbunden ist und der hier behandelt werden muss: Loyalität und der so genannte »soziale Vertrag« zwischen Kollegen. Bis in die achtziger Jahre arbeiteten viele Software-Profis in großen Unternehmen, in denen es Teil der Firmenkultur war, die Anstellung als einen »Job fürs Leben« zu betrachten. Das war zwar niemals so strikt und explizit wie etwa in japanischen Unternehmen, die meisten Programmierer und Software-Ingenieure in großen Banken, Versicherungen, Behörden und Computerkonzernen (wie IBM und DEC) nahmen aber an, sie werden ihre Karriere innerhalb des Unternehmens bis zum Rentenalter, also bis zur goldenen Uhr mit 65 Jahren, fortsetzen, wenn es keinen Krieg, keine Hungersnot, keine Epidemien gäbe. Kleinere Unternehmen haben diese Kultur eigentlich nie besessen. Viele Software-Profis haben aber genau für diese kleinen Firmen gearbeitet, insbesondere, als die Computertechnologie billig genug wurde, dass selbst der Tante-Emma-Laden sich einen PC oder einen Webserver leisten konnte. Und diejenigen von uns, die für Beratungsgesellschaften oder Dienstleistungsunternehmen und in den verschiedenen Formen neu gegründeter Unternehmen gearbeitet haben, haben gewusst, dass es so etwas wie einen lebenslangen Sozialvertrag gar nicht gibt.

Die Software-Profis in großen Unternehmen haben das auch inzwischen begriffen, da die Ära des Downsizing, Outsourcing und Reengineering größere Einbrüche und Arbeitslosigkeit in unserer Branche verursacht hat. Dies wurde noch verschlimmert von Fusionen und Akquisitionen in der Computerbranche ebenso wie in Industriebereichen mit hohem Wettbewerbsdruck, in denen Informationsverarbeitung ein wesentlicher Produktionsanteil ist. Als die Chemical Bank und die Chase Manhattan Bank vor ein paar Jahren fusionierten, hatte sich das Topmanagement mit dem Problem zu befassen, zwei gänzlich verschiedene Hardware-Umgebungen, Systemumgebungen und IT-Managementstrukturen miteinander zu vereinen. Wie ich in Kapitel 1 schon erwähnte, ist das genau die Situation, die zu vielen Himmelfahrtskommandos geführt hat, die in den Neunzigern vorgekomen sind,.

Das Problem in vielen dieser großen Unternehmen ist, dass die Mitarbeiter nicht entsprechend reagiert haben, während der Arbeitgeber den sozialen Vertrag definitiv verändert hat. Viele Software-Ingenieure, die zehn oder 20 Jahre treue Dienste geleistet haben, nehmen immer noch an, (a) die Firma wird schon für sie sorgen und (b) sie sollten zu ihrem Unternehmen stehen, egal, wie schwierig es werden könnte. »Schwierig« ist der richtige Ausdruck für die meisten Himmelfahrtskommandos. Es ist nicht lustig, auf die Freizeit zu verzichten, bis zur Erschöpfung zu arbeiten und mit politischem Druck fertig zu werden. Warum tun wir es dann? Weil wir einen Vertrag fürs Leben geschlossen haben und das Gefühl haben, dass anständige Leute zu ihren Verpflichtungen stehen sollten. Nun, wenn der Arbeitgeber den Vertrag für ungültig erklärt hat, ist das Spiel aus. Es ist sehr wichtig, die Beziehungen (zum Unternehmen) neu zu überdenken und zu prüfen, ob es das wert ist, weiterzumachen. Ich empfehle sicherlich kein politisches, unsittliches oder gar unmoralisches Verhalten. Aber ich sehe nichts Falsches darin, meine Verbindlichkeit gegenüber einem Arbeitgeber auf einen Zeitraum von ein oder zwei Jahren oder gegebenenfalls auf die Dauer eines Projektes zu beschränken. Einem Arbeitgeber, der sagt »mach das System bis zum 31. Dezember fertig oder du bist gefeuert!«, definiert damit doch die gleiche Art von Kurzzeitvertrag.

Die Bedrohung durch Kündigung, die in Verhandlungen zu Himmelfahrtskommandos sicher präsent ist, ist nur eine Form der »knallharten« Verhandlung. Das Risiko, bei der nächsten Beförderung übergangen zu werden, ist ebenso üblich. Wenn der soziale Vertrag einmal aufgegeben wurde und Sie sich gerade mit einem solchen »Killerverhandler« im Zusammenhang mit einem Himmelfahrtskommando befassen müssen, dann haben Sie das verdammte Recht, ebenso hart zu verhandeln. Eines Ihrer schwersten Geschütze in der Verhandlungen ist es, Ihren Widersacher[7] spüren zu lassen, dass Sie unter Umständen gewillt sind, die Firma zu verlassen, wenn das Verhandlungsergebnis nicht beiderseitig akzeptabel ist.

Wenn das Management damit droht, Ihnen zu kündigen, falls das Himmelfahrtskommando scheitert oder Sie den unrealistischen Endtermin nicht akzeptieren, den man Ihnen aufdrücken möchte (was zwei verschiedene Ausdrucksweisen für dieselbe Sache sind), dann sollten Sie in Ihren Forderungen ebenso kaltblütig sein. Es mag sein, dass Sie sie nicht dazu bekommen, den Endtermin zu verschieben.

Aber Sie können wahrscheinlich dann, wenn es um die Personalausstattung Ihres Projektes geht, härtere Forderungen stellen (ich werde das detaillierter im nächsten Kapitel beschreiben). Sie können außerdem definitiv kaltblütiger sein, wenn es dazu kommt, verwalterische oder bürokratische Richtlinien, die andernfalls eine Garantie für das Scheitern des Himmelfahrtskommandos wären, zu ignorieren oder zu brechen. Eine Variante hiervon ist das alte Sprichwort »handle zuerst, entschuldige dich später«. Es mag eine Zeitverschwendung sein, darüber zu »verhandeln«, von den verschiedenen bürokratischen Hemmnissen befreit zu werden, die Sie als Gründe für Projekthindernisse identifiziert haben. Es ist es aber sicherlich einen Versuch wert, da eine Weisung durch einen Top-Manager Ihnen gewöhnlich genügend Autorität verleihen wird, die Tretminen von Verwaltern, Kommissionen und Normenprüfern, die das Projekt umgeben werden, zu umgehen. Wenn Sie aber eine unklare Antwort bekommen (zum Beispiel: »Nun, wir sind nicht sicher, ob es eine so gute Idee ist, den Programmierern in Ihrem Büro zwei PCs zur Verfügung zu stellen, aber wir werden das mit der Gebäudeverwaltung zusammen prüfen und mal sehen, was die darüber denken.«), dann beenden Sie die Zeitverschwendung. Handeln Sie!

Wenn Sie geschickt genug sind, finden Sie wahrscheinlich einen Weg, viele der bürokratischen Hemmnisse so zu umgehen, dass es sechs Monate dauert, ehe die Bürokratie dies bemerkt und Gegenmaßnahmen treffen kann. Bis dahin kann Ihr Projekt schon irgendwie beendet (oder gescheitert) sein. Wenn dann die Mühlen der Bürokratie anfangen zu arbeiten, dann seien Sie darauf vorbereitet, knallhart zu sein. Immerhin ist Ihr Projekt jetzt schon gut unterwegs und das Management kann es sich nicht leisten, dass Sie oder das ganze Projektteam weggehen, was dazu führen könnte, dass das Projekt neu gestartet werden muss. Es gibt zwei Dinge, die Sie bei dieser Vorgehensweise beachten müssen:

- Sie müssen darauf vorbereitet sein, dass Ihr Bluff auffliegt. Wenn die Methodenpolizei erscheint und Theater macht, weil Sie nicht die offiziellen Methoden des Unternehmens anwenden, dann kann es sein, dass Sie einen wütenden Anruf der

Chefin des Chefs Ihrer Chefin bekommen. Seien Sie bereit, zu sagen »Frau Wichtig, wir haben beschlossen, die Methode nicht zu benutzen, weil es das Scheitern des Projekts bedeutet hätte. Wenn Sie das richtig finden, sind mein Team und ich bereit, heute noch zu kündigen. Andernfalls würde ich es zu schätzen wissen, wenn Sie uns in Ruhe lassen und der Methodenpolizei ebenso klar machen könnten, dass sie sich zurückhalten soll. Wir haben zu arbeiten.« Das funktioniert natürlich nicht, wenn die Direktorin nicht wirklich glaubt, dass Sie und Ihr Team auf der Stelle kündigen, wenn Sie dazu gezwungen werden.

- Sie müssen auch darauf vorbereitet sein, auf wütende Feinde zu treffen, selbst dann, wenn das Projekt erfolgreich ist. In obigen Szenario haben Sie gerade die Autorität der obersten Chefin herausgefordert, was diese natürlich nicht vergessen wird. Sie haben die Methodenpolizei in Verlegenheit gebracht und es ihr erschwert, die Methoden künftigen Opfern aufzuzwingen. Auch sie werden Ihnen nicht verzeihen. Sie werden vielleicht am Ende des Projekts so viel Erde verbrannt haben, dass Sie (und vielleicht der Rest der Mannschaft auch) so unbeliebt sein werden, dass Sie aufhören müssen.

Was kann man tun, wenn Kündigung und harte Verhandlung bei Ihrem Himmelfahrtskommando keine Option sind und wenn der Verhandlungsprozess unbefriedigende Ergebnisse bringt? Sehr einfach: Redefinieren Sie die Natur des Projekts, so, wie ich es in Abbildungen 2.1 (Kapitel 2) vorgestellt habe. In einer frühen Phase der Verhandlungen haben Sie vielleicht gedacht, Sie fangen ein Mission-Impossible-Projekt an. Sie mögen vielleicht damit gerechnet haben, geeignete Ressourcen und begabte Mitarbeiter vorausgesetzt, Wunder vollbringen zu können. Wenn Sie aber keine geeigneten Ressourcen, dafür aber hirntote Programmierer bekommen, werden sich keine Wunder einstellen.

Tatsächlich ist es wahrscheinlicher, dass Sie in ein Kamikaze- oder Selbstmordprojekt geschubst werden. Als eine Variante der »knallharten« Verhandlungen, wie sie oben beschrieben wurden, könnten wir uns vorstellen, dass das Ergebnis eher ein Projekt von der »gemeinen Art« sein wird, wie es in Kapitel 2 beschrieben wurde. Jedenfalls ist der Schlüssel hier, dass der Projektmanager an die Möglichkeit glauben muss, die Projektziele zu erreichen (zum Beispiel Endtermin, geforderte Funktionalität usw.). Der Manager muss in der Lage sein, die Teammitglieder davon zu überzeugen, dass die Ziele des Projekts erreichbar sind – ohne Mogelei. Wie John Boddie [9] in seinem herrlichen Buch über das Management von Software-Crash-Projekten herausarbeitete:

Der Projektleiter, der sich wirklich um seine Leute kümmert, wird nicht versuchen, ihnen nur die Schokoladenseite des Projektes zu verkaufen. Er wird den Grad der erforderlichen Anstrengung ehrlich nennen, ebenso wie die Chancen auf den Erfolg. Programmierer sind nicht dumm! Die Erfahrenen unter ihnen haben einen scharf entwickelten Sinn für leere Worte. Die meisten von ihnen wollen nicht Teil eines Projektspielchens sein, da sie wissen, dass sie es sind, die die Last auf sich nehmen müssen, wenn die Krise kommt.

Wenn der Projektmanager festgestellt hat, dass die Ziele des Projekts nicht realistisch sind, aber das Projekt in jedem Fall fortgesetzt werden muss, dann ist es entscheidend, den Sachbearbeitern klar zu sagen, dass sie sich an einem Selbstmord- oder Kamikazeprojekt beteiligen. Einige werden jedenfalls den Auftrag trotzdem akzeptieren, wobei es für den Projektmanager wichtig ist, die Gründe zu kennen.[8] Wieder andere werden kündigen.

Es gibt hier einen durchaus interessanten ethischen Aspekt. Wie früher erwähnt, empfehle ich unethisches und unsittliches Verhalten nicht. Aber ich glaube auch, dass die Verhandlungen, die bei Himmelfahrtskommandos fast immer vorkommen, den Projektmanager ebenso häufig dazu zwingen, sich mit dem Inhaber/Kunden und/oder dem oberen Management anzulegen.

Auf der anderen Seite sind die Mitglieder des Projekts wie seine Familie. Mehr noch, als die Projektmitglieder ethisch und professionell zu behandeln, sollte der Manager ein Gefühl für die Verantwortung bekommen bzw. haben, sich um das Team kümmern zu müssen. Schon allein, um dafür zu sorgen, dass sie keine unschuldigen Opfer

145

in den politischen Gefechten werden.Ich bin John Boddie [9] sehr dankbar dafür, dass er mich auf die Maxime Napoleons hingewiesen hat, der das mit besseren Worten ausdrückt, als ich es könnte:

... Folglich ist jeder Kommandeur im Unrecht, der einen Plan umsetzen will, den er selbst als fehlerhaft betrachtet. Er muss vielmehr seine Gründe offen legen, darauf bestehen, dass der Plan geändert wird, und schließlich seinen Rücktritt anbieten. Sonst ist er ein Instrument des Niedergangs seiner Armee.

Napoleon, Militärische Maximen und Gedanken

3.6 Anmerkungen

1. Von: Doug Scott, 100072, 1276
An: Ed Yourdon, 71250,2322
Betrifft: Himmelfahrtskommando Kap2 Fragen
Abschnitt: The Cutter Edge [14], Forum: CASE - DCI
Datum: Donnerstag, 11. Juli, 1996, 4:46:20
Ed,
> ich werde im nächsten Kapitel vorschlagen, dass der Projektmanager sicher sein soll, ...
> Gibt es andere bedeutende Bereiche, die ich weggelassen habe? ... Ich glaube, es ist schon ein guter Anfang, sie einfach zu identifizieren, und dann sollte man verstehen, warum sie wünschen, dass das Projekt erfolgreich würde. Vielen ist es egal und sie könnten einfach loslegen. Der Gegner wird dastehen wie ein verletzter Daumen. Mein größtes einzelnes Hindernis in einem Himmelfahrtskommando war mein eigenes Management. Ich kam zum UK 1972 und dann zu weiteren großen Projekten fast unmittelbar darauf. Ich denke nicht, dass ich bis zu diesem Zeitpunkt irgendetwas darüber gelernt hatte, wie man Projekte durchführt. (Ich habe zwar viel über Politik gelernt, aber das ist etwas anderes.) Sie müssen die Verhandlungsposition Ihres eigenen Managements verstehen, und, wenn sie Spielchen anfangen wollen, müssen Sie dafür sorgen, dass sie sich vom Projekt fernhalten.
Wie wichtig glauben Sie, ist es für alle die Mitglieder des Projekts, sich bei den politischen Mitspielern

bewusst zu sein, ob sie als "Freund" oder
"Feind" des Himmelfahrtskommandos anzusehen sind?
Das muss gemanagt werden. In jedem Projekt hilft es dem
Team, sich gegenüber irgendeinem äußeren Gegenstand zu
solidarisieren. Aber du darfst nicht zulassen, dass diese
Dinge sie daran hindern, dir zu helfen. Wenn nötig,
solltest du das auf einzelne Individuen beschränken.
Himmelfahrtskommandos werden gewöhnlich schon auf Grund
ihrer Größe und Bedeutung von feindseligen Leuten
umgeben. So ist es natürlich nicht schwierig, einen Feind
zu schaffen. Der Trick wird sein, sicherzustellen, dass
die potenziellen Helfer nicht genauso alle Feinde sind.
>-Mission Impossible: Wenn wir erfolgreich sind, leben wir
damit gern ewig. Ich glaube nicht, dass ich so ein
Projekt jemals als ein Himmelfahrtskommando eingestuft
habe, zumindest nicht in der Weise, wie ich das
normalerweise tun würde. Aber ich entwickelte dabei ein
Magengeschwür, also denn ...
>* Kamikaze: Das Projekt kann erfolgreich sein, aber es wird
uns alle umbringen.
Der sichere Tod demotiviert. So bin ich nicht sicher, ob
die Leute weitermachen würden. Sie würden es
wahrscheinlich in eine andere Art von Projekt überführen.
>* Gemeines Projekt: Der Projektmanager wird eingesetzt, um
das gesamte Team und jedes einzelne Projektmitglied zu
opfern, damit er mit seinen Projekt Erfolg hat.
Nun, ich glaube, dass dies sehr viel mit der Entstehung
von Himmelfahrtskommandos zu tun hat ...
>* Selbstmord: Das Projekt hat keine Erfolgsaussicht, und
wir sind die Sündenböcke. Ja, dies scheint eine der
Ängste bei Himmelfahrtskommandos zu sein. Ich glaube
nicht, dass ich in diesem Fall mit deiner Matrix
übereinstimmen kann. Wahre Himmelfahrtskommandos haben
einige typische Merkmale: Es gibt eine (möglicherweise
entfernte) Chance auf Erfolg. Es ist zeitlich so
zusammengepresst, dass der Erfolg innerhalb der Zeitskala
schwierig erscheint. Einer der Zeitvertreibe ist,
angekündigte Termine, die sich verschieben, zu
beobachten, während man schon auf weitere Verschiebungen
gefasst sein muss. Die persönliche Erfüllung ist in einem

Himmelfahrtskommando nie besonders hoch. Die Erfolgs-
aussicht ist niedrig -- ich schätze, das ist es, was ein
Himmelfahrtskommando ausmacht. Die meisten
Himmelfahrtskommandos fallen in deine
Selbstmordkategorie, fürchte ich. Wenn du große
persönliche Zufriedenheit und hohe Erfolgserwartungen
erlebst (was sich nach meinem Dafürhalten ergänzt), ist
das kein Himmelfahrtskommando. Ich sage immer, der
wahre Unterscheidungsfaktor liegt im Zeitplan und nicht
so sehr in den persönlichen Gefühlen. Wenn der Zeitplan
unmöglich ist, dann weißt du, dass du in einem
Himmelfahrtskommando bist. Die einzige Frage ist dann, ob
du schnell oder langsam stirbst.
>Wie wichtig, glaubst du, ist es für den Projektmanager,
für jedes Mitglied eine wirklich gute Einschätzung seiner
Engagement zu erhalten? Wenn mir heute jemand diese
Frage stellt, weiß ich, dass ich wirklich schnell
weglaufen muss. Warum? Weil ich weiß, dass dieser
Projektleiter das Projekt zu einem Himmelfahrtskommando
machen wird. Ich habe niemals Schwierigkeiten damit
gehabt, Leute zu verpflichten, wenn ich einmal die
Umgebung geschaffen hatte, in der diese Verpflichtung
auch Ergebnisse bringen würde. Aber ich habe viele
Umgebungen gesehen, in denen die Dauer als wichtiger
betrachtet wurde als das, was dabei herauskommt. (Ein
Freund, der gerade zu Oracle gegangen ist, kann davon ein
Lied singen.) Von solchen Ergebnissen bin ich meist nicht
sehr beeindruckt.
> Verhandlungen. Ich werde mich damit in Kapitel 3
befassen. Lass mich wissen, wenn du hierzu ein paar
Geschichten brauchst. Viele sind so unglaublich, dass man
sich kaum traut, sie zu erzählen. (Beispiel: "Es ist
mir egal, wenn Sie Designänderungen verweigern, auch,
wenn dies ein Festpreis-Projekt ist. Ich brauche nur
Ihren Chef anzurufen, und der wird Ihnen dann sagen, was
zu tun ist."
-Doug

2. Von: John Boddie, 73757, 3311
An: Ed Yourdon, 71250,2322
Betrifft: DM Kapitel 2 fertig, Kapitel 3 Fragen
Abschnitt: The Cutter Edge [14], Forum: CASE - DCI
Datum: Freitag, 26. Juli, 1996, 8:39:15 PM
Ed,
re: wenn du etwas über gute Verhandlungsstrategien weißt
(andere als Erpressung und Folter, die ich in einem Buch
wie diesem nicht empfehlen kann), dann lass es mich
wissen. Der einzige Hebel, den der Manager besitzt, ist
der, das Misserfolgsrisiko offen anzusprechen und so
offen wie nur irgendwie möglich Rückfalllinien zu
fordern. Hier ein paar Fragen, die während Verhandlungen
nützlich sind:
"Wenn das System eher am 5. als am 1. September
fertig ist, werden wir dann am 2. September schon unseren
Bankrott erklären müssen?"
"Gibt es hier eine 80/20 Regel? Wenn wir die
kritischen 20 Prozent, die 80 Prozent des Ergebnisses
ausmachen, liefern, brauchen wir diese dann schon in der
Anfangsphase?"
"Jeder möchte natürlich, dass die Dinge gut werden,
schnell fertig sind und billig dazu. Jeder weiß, dass man
in Wirklichkeit zwei der drei Dinge erreichen kann.
Welche zwei wollen Sie?"
Das Arbeitsprinzip ist hier, diejenigen, die das
Himmelfahrtskommando fordern, unvernünftig erscheinen zu
lassen, wenn sie gewillt sind, mehr als ein mögliches
Ergebnis des Projekts zu akzeptieren. Wenn nicht mehr als
ein Weg zur Lösung des Problems akzeptiert werden kann,
gibt es auch keine Verhandlungsmöglichkeiten. Alles, was
der Projektmanager sagen kann, ist: "Wir werden unser
Bestes tun, aber es gibt keine Garantien."
-JB

3. *Rise and Resurrection of the American Programmer*, Edward
Yourdon, NJ: Prentice-Hall, 1996).

4. In Wirklichkeit werden politisch kluge Leute Ihre »worst case«-
Schätzung nehmen und noch einen »Sicherheitsfaktor« hinzufügen,

bevor sie sie an ihren nächsthöheren Vorgesetzten berichten. Ihre Schätzung von sechs Monaten, +/-25% wird damit zu neun Monaten oder einem Jahr. Leider wird der politisch Naive oder der politisch Ehrgeizige gerade das Gegenteil tun. Folglich wird damit vielleicht dem CEO tatsächlich mitgeteilt, dass Ihr Projekt in vier Monaten oder weniger fertig sein wird.

5. E-Mail von Bob Speth , 16. Juli 2003

6. Von: Sue Pettersen (WWL), 102354,1624
An: Ed Yourdon, 71250,2322
Betrifft: DM Kapitel 2 fertig, Kapitel 3 Fragen
Abschnitt: The Cutter Edge [14], Forum: CASE - DCI
Datum: Freitag, 26 Juli, 1996, 6:55:26
Ed,
»noch eine wichtige Frage, die ich in diesem Kapitel
aufwerfen will: Was sollte der Projektmanager tun, wenn
die Verhandlungen seiner Meinung nach gescheitert sind?
Wann sollte der Manager zurücktreten, ein Riesentheater
machen, mit Bomben drohen usw.? Und wenn er diese
kritische Stufe erreicht hat, welche Verantwortung hat er
gegenüber dem Projektteam, das vielleicht schon begonnen
hat, zu arbeiten?«
Ich habe von meinen Kindern etwas gelernt, und ich denke,
es passt zur Arbeit genauso gut wie zum häuslichen Leben
... Ich habe mich selbst zu schützen, meine Energie,
meine emotionale und physische Gesundheit, meine Ruhe und
meine Arbeitszeit. Wenn ich mich selbst nicht schütze,
bleibt für die Kinder auch nichts übrig.
Sue P

7. Einige Leser werden wahrscheinlich der Vorstellung vom Kunden oder dem Seniormanager, der als »Widersacher« bezeichnet wird, kritisch gegenüberstehen. Aber die ganze Natur eines Himmelfahrtskommandos ist ja, dass der Inhaber/Kunde sowie die verschiedenen Aktionäre und Mitspieler den Projektmanager bewusst und voller Absicht zu Entscheidungen zwingen, die er so nicht treffen würde. Und wenn Sie meinen, dass die Bezeichnung »Widersacher« keine geeignete Charakterisierung für jemanden ist, mit dem Sie eine warmherzige, freundliche und professionelle Beziehung über

Jahre hatten, gehen Sie an den Anfang des Kapitels und lesen Sie Lord Byrons Bemerkung noch einmal.

8. Es ist zum Beispiel möglich, dass ein frustrierter Sachbearbeiter das Himmelfahrtskommando Mittel zur Rache an der Firma betrachtet. Vielleicht schaut er nur herein, um sich davon zu überzeugen, dass das Projekt wirklich scheitert?

3.7 Literatur

1. Tarek Abdel-Hamid und Stuart Madnick, *Software-Project-Dynamics*, Englewood Cliffs, NJ: Prentice-Hall, 1993.

2. Barry Boehm, *Software-Engineering-Economics*, Englewood Cliffs, NJ: Prentice-Hall, 1981.

3. Barry Boehm, Bradford Clark, Ellis Horowitz, Chris Westland, Ray Madachy, und Richard Selby, *The COCOMO 2.0 Software Cost Estimation Model*, Amerikanischer Programmierer, Juli 1996.

4. Frederick Brooks, *Vom Mythos des Mannmonats*, Bonn vmi-Buch, 2003.

5. Jim McCarthy, *Dynamik der Software-Entwicklung*, Redmond, WA: Microsoft-Press, 1995.

6. Robert E. Park, Wolfhart B. Goethert und J. Todd Webb *Software Cost and Schedule Estimating: A Process Improvement Initiative,* Technischer Bericht CMU/SEI-94-SR-03, (Pittsburgh, PA: Software-Engineering-Institut, Mai 1994).

7. Robert E. Park, *Checklists and Criteria for Evaluating the Cost and Schedule Estimating Capabilities of Software Organizations.* Technischer Bericht CMU/SEI-95-SR-005, Pittsburgh, PA: Software-Engineering-Institut, Januar 1995.

8. Rob Thomsett, *Double Dummy Spit and Other Estimating Games*, American Progammer, Juni 1996.

9. John Boddie, *Crunch Mode*, Englewood Cliffs: Prentice Hall/ Yourdon Press, 1987).

Kapitel 4

Menschen in Himmelfahrtskommandos

Alles wirklich interessante, das sich in Softwareprojekten abspielt, hat letztlich mit Menschen zu tun.

James Bach

Ein General ist nur so gut oder schlecht wie die Truppen unter seinem Kommando.

Douglas MacArthur, Rede, 16. August, 1962

Gerald Weinberg, der Autor des ersten Buchs, das wirklich zugab, dass es sich bei Software-Entwicklern auch um Menschen handelt[1], zählte gerne drei Probleme auf, die es in praktisch jedem Projekt gibt: Menschen, Menschen und Menschen. Abgesehen davon, dass dies eine sehr kluge Beobachtung ist, hat es für Himmelfahrtskommandos ziemlich große Bedeutung: Wenn Sie das nötige Kleingeld besitzen, eine Sache wirklich besonders wichtig zu nehmen, um die Chancen für das Überleben eines Himmelfahrtskommandos zu erhöhen, dann sind es, darin stimmen die meisten Projektmanager überein, die beteiligten Leute. Das bedeutet nicht notwendigerweise, dass ein eng zusammenhaltendes Team aus lauter hochbegabten Leuten immer in der Lage wäre, eine Kombination aus mittelmäßigen Prozessen, überflüssigen Tools, inkooperativen Anwendern, feindlich gesinnten Entscheidungsträgern, unpassenden Budgets und einem empörend aggressiven Zeitplan zu bewältigen. In einer Welt mit begrenzter Auswahl an Möglichkeiten wäre es mir jedoch lieber, ein begabtes Team, das all den Hindernissen gewachsen ist, einsetzen zu können anstatt mich auf komplexe Programmiertools und mittelmäßige Entwickler verlassen zu müssen.

Wenn also die Mitarbeiter der erste und wichtigste Faktor sind, was kann man dann tun? Da ist nun keine Zauberei im Spiel. Das Prinzip muß einfach lauten: Bestehen Sie auf Ihrem Recht, Ihr eigenes Team auswählen zu können. Erwarten Sie, dass die Mannschaft Überstunden leistet, denken Sie aber daran, dass sie sich in einem Marathonlauf befindet und dass Sie Sprints nur auf den letzten 100 Metern erwarten sollten. Belohnen Sie sie gut, wenn das Projekt erfolgreich ist, aber lassen Sie übertriebene Belohnungen nicht während des ganzen Projektes vor ihnen herumbaumeln, das lenkt zu sehr ab. Konzentrieren Sie sich darauf, eine treue, zusammenhaltende, kooperative Mannschaft zu bilden. Es ist wichtig, die notwendigen Fertigkeiten in der Mannschaft zu haben, aber es ist noch wichtiger, dazu passende psychologische Randbedingungen zu erzeugen. Das genügt, erfolgreich Personalressourcen in einem Software-Projekt zu integrieren.

Leider gehört für viele Projektmanager in Himmelfahrtskommandos mehr dazu, denn sie arbeiten in Unternehmen mit einer miserablen Personalkultur auch im Rahmen völlig normaler Projekte. Obwohl es so scheint, dass ein Himmelfahrtskommando das sichere Scheitern des Projekts bedeutet, stellt sich manchmal das genaue Gegenteil heraus. Wie bereits in Kapitel 3 bemerkt, kann der Projektmanager gezwungen sein, einen unvernünftigen Zeitplan oder ein fehlerhaftes Budget zu akzeptieren. Aber manchmal kann er sich dadurch rächen, dass er sich in verschiedenen Personalangelegenheiten durchsetzt. So könnte der Projektmanager auf dem Recht bestehen, die richtigen Leute für das Team anzuheuern, sie gut zu bezahlen und sie mit passenden Arbeitsbedingungen auszustatten.

Das genau ist der Grund, dass das Himmelfahrtskommando von denjenigen, die den bürokratischen Status quo wahren wollen, als eine Bedrohung wahrgenommen wird. Der Projektmanager könnte in der Lage sein, die Personalrestriktionen mit Hilfe einer Anweisung des oberen Managements zu umgehen. Er oder sie muss sich dessen bewusst sein, dass er sich damit die dauernde Feindschaft der Büroleiter, der Personalabteilung und verschiedener anderer Verwaltungseinrichtungen einhandelt. Wie auch immer, wenn das Himmelfahrtskommando ein überragender Erfolg wird, kann es sich als Katalysator für die Veränderungen in der Personalpraxis im Rahmen darauf folgender »normaler« Projekte erweisen.

Jedenfalls ist mein Rat in diesem Kapitel, die Gesamtkultur des Personalwesens im Unternehmen nicht zu verändern. Vieles wurde hierüber schon geschrieben, insbesondere in solch hervorragenden Büchern wie *Wien wartet auf Dich* von Tom DeMarco und Tim Lister[1] (ich habe am Ende dieses Kapitels eine Liste der Standardreferenzen angehängt). Die grundlegende Frage, die in diesem Kapitel angesprochen wird, lautet: Wenn Sie schon vertraut sind mit den »Grundlagen« der Personalwirtschaft, wo liegen dann die Unterschiede zu einem Himmelfahrtskommando?

4.1 Einstellen und Personalisieren

Das Erste, worauf es in einem Himmelfahrtskommando ankommt, ist das besondere Gewicht auf der Bildung des Teams. Bei meiner Zusammenarbeit mit Software-Unternehmen rund um die ganze Welt habe ich vier verbreitete Strategien der Teambildung bei Himmelfahrtskommandos festgestellt:

- Stellen Sie Superstars ein und lehren Sie sie zu verlieren.
- Bestehen Sie auf einem bewährten Mission-Impossible-Team, das bereits miteinander gearbeitet hat.
- Nehmen Sie durchaus »Normalsterbliche«, aber stellen Sie sicher, dass sie wissen, worauf sie sich einlassen.
- Nehmen Sie, wer auch immer Ihnen gegeben wird, und machen Sie aus ihnen ein Mission-Impossible-Team.

Die erste Strategie ist natürlich verführerisch, wenn man annimmt, dass die Superstars enorm produktiv sind. Man erwartet auch, dass sie klug genug sind, neue Lösungen für die Anforderungen des Himmelfahrtskommandos zu erfinden.

Allerdings ist dies auch eine gewagte Strategie, da die Superstars üblicherweise übergroße Egos besitzen, so dass eine Zusammenarbeit zwischen ihnen schwierig werden könnte. Darüber hinaus ist es in vielen Unternehmen nicht praktizierbar, weil das Management nicht gewillt ist, die höheren Honorare zu bezahlen, die durch die Superstars gefordert werden. Selbst wenn Sie es sich leisten könnten, gibt es immer noch die Möglichkeit, dass diese Superstars nicht gewillt sind, im Himmelfahrtskommando mitzuarbeiten, denn sie arbeiten vielleicht bei Netscape oder Microsoft oder wo auch immer sie die interessanten Projekte vermuten.

Die zweite Strategie ist sicherlich für die meisten Unternehmen die ideale, weil sie keine Superstars erfordert. Es ist jene Art von Projekt, die durch die Fernsehserie »Mission Impossible« glorifiziert wurde. Wenn Ihr Unternehmen allerdings dabei ist, sein erstes Himmelfahrtskommando mit Personal auszustatten, dann gibt es ein solches Team noch nicht. Wenn es vorher schon Himmelfahrtskommandos gegeben hat, die sich zu Selbstmord-, Kamikaze-

oder gemeinen Projekten entwickelt haben, dann sind die Teams wahrscheinlich nicht mehr intakt. Die Strategie, ein erfolgreiches Himmelfahrtskommando-Team intakt zu halten, muss also im Voraus geplant werden. Das muss als eine Firmenstrategie installiert sein, und zwar unter der Annahme, dass Projekte vom Typ »Himmelfahrtskommando« in Zukunft wieder vorkommen werden.

Die dritte Strategie ist diejenige, die ich am häufigsten in den Unternehmen vorfand. Die Gründe sind offensichtlich. Die meisten Unternehmen haben nämlich gar keine Superstars. Überlebende aus anderen Himmelfahrtskommandos gibt es auch nicht. Also wird jedes Himmelfahrtskommando neu besetzt. Die Mitarbeiter sind kompetent und vielleicht besser als die durchschnittlichen Entwickler im Unternehmen, aber man kann nicht von ihnen erwarten, dass sie Wunder vollbringen. Lebenswichtig in diesem Szenario ist, dass die Teammitglieder verstehen, auf was sie sich einlassen. Auch wenn sie gewöhnliche »Sterbliche« sind: Man erwartet von ihnen außergewöhnliche Leistungen in der Software-Entwicklung.

Die letzte Strategie ist um jeden Preis zu vermeiden. Wenn das Projekt sich dahin entwickelt, ein Auffangbecken für Personal zu sein, das in keinem anderen Projekt erwünscht ist, können wir sicher sein, ein Selbstmord-Projekt vor uns zu haben. Auch dieses Thema wurde von Hollywood schon glorifiziert. Speziell in Filmen wie »Das dreckige Dutzend«. Thema des Films ist, dass eine Gruppe Ausgestoßener und Außenseiter von einem charismatischen Führer motiviert wird, Dinge zu vollbringen, die niemand für möglich hielt. Nun, vielleicht gibt es so etwas, aber Hollywood erzählt uns nichts über die schlecht ausgestatteten Projekte, die scheitern. Mir scheint, wenn sie den Vertrag, ein solches Projekt zu managen oder daran mitzuarbeiten, unterschreiben, dann haben sie ihr Selbstmordschicksal schon akzeptiert.

Das führt uns zu der zentralen Frage, wie man das Team eines Himmelfahrtskommandos aufbaut: Inwieweit soll der Projektmanager darauf bestehen, die Personalentscheidungen selber zu treffen? Wie schon oben erwähnt, werden die meisten Projektmanager vor die vollendete Tatsache gestellt, keine Superstars aus der ganzen Welt hinzuziehen zu können. Politische Umstände innerhalb der Firma machen es dem Projektmanager unmöglich, die besten Leute innerhalb des Unternehmens herzunehmen, da diese schon in anderen kritischen Projekten tätig sind. Sie werden mit Händen und Füßen von anderen Projektmanagern festgehalten. Allerdings, es gibt eine Sache, auf der der Projektmanager bestehen sollte: das absolute Vetorecht, jeglichen Versuch anderer Manager, ihm einen inakzeptablen Mitarbeiter ins Team zu drücken, zu unterbinden. Dies wäre andernfalls eine völlig inakzeptable Erhöhung des Risikos für das Projekt, das ja schon mit anderen Risiken überlastet ist.

Dies kann offensichtlich zu einer Vielzahl unangenehmer politischer Gefechte führen. Wahrscheinlich wird der Projektmanager so etwas hören wie: »Machen Sie sich keine Sorgen, Charlie hat zwar bei bisherigen Projekten ein paar Probleme gehabt, aber für Ihr Projekt ist er okay.« Oder geht es ihnen nicht runter wie Öl, wenn jemand sagt: »Sie sind ein so fantastischer Manager, dass ich sicher bin, Sie sind in der Lage, Charlie zu verändern und wirklich produktiver zu machen.« Dazu kommen verschiedene Appelle an Ihre Loyalität, Tapferkeit und verschiedene andere Pfadfindertugenden. Mein Rat ist: Bleiben Sie standhaft und bestehen Sie auf Ihrem Recht, jeden, der nicht in Ihr Team passt, abzulehnen.

Eines der Kriterien, die bei einer solchen Entscheidung anzuwenden sind, ist die Wahrscheinlichkeit, dass der Sachbearbeiter geht, bevor das Projekt beendet ist. Es ist klar, dass die meisten Software-Entwickler es Ihnen nicht sagen, ob sie planen, mitten im Projekt aufzuhören. Einige von ihnen werden Ihnen aber über vorhersehbare persönliche Prioritäten wie Hochzeit, Scheidung, eine verlängerte Bergtour in den Himalaya usw. erzählen, was sie dann aus dem Rennen werfen könnte. Im Allgemeinen ist es nämlich entscheidend zu vermeiden, Mitarbeiter mitten in einem Himmelfahrtskommando zu verlieren. Es ist genauso wünschenswert, keine neuen Leute mitten im Projekt hinzunehmen zu müssen.

In Kapitel 3 habe ich die verschiedenen Möglichkeiten vorgestellt, die ein Projektmanager hat, wenn Verhandlungen scheitern. Kündigen Sie, wenden Sie sich an einen höheren Vorgesetzten, ignorieren

Sie die bürokratischen Regeln, treffen Sie Ihre eigenen Entscheidungen oder definieren Sie das Projekt als Selbstmord-Kommando. Die Möglichkeit, die Spielregeln zu ignorieren, ist üblicherweise schwierig umzusetzen, weil zum Beispiel das Hinzufügen von Personal Querverbindungen in die Lohn- und Gehaltsabteilungen betrifft, die sich der Kontrolle durch den Projektmanager entziehen. Es ist allerdings manchmal möglich, Leute aus einem anderen Projekt auszuleihen oder ein paar Freiberufler zu beauftragen.

Es ist auch möglich, einen inakzeptablen Mitarbeiter, der gegen den Wunsch des Projektmanagers eingestellt wurde, zu isolieren. Ihm kann zum Beispiel ein harmloses Teilprojekt zugeordnet werden. Oder er wird weggeschickt, um (natürlich im Rahmen des Projektes) die Begattungsgewohnheiten der afrikanischen Tsetsefliegen zu erforschen, bis das Projekt beendet ist. Doug Scott[2] beschrieb eine kompliziertere Variante dieser Strategie in einer seiner jüngsten E-Mails.

Himmelfahrtskommandos enden oft in der verzweifelten Situation, dass das obere Management dich mit Geld bewirft »Sie wollen noch weitere 20 Leute?« Ich nehme diese Leute immer an. Ich lasse sie die Kaffeemaschine bedienen, Sicherungen auswechseln und andere wichtige Dinge tun, während ich mich um die besseren kümmere. (Es werden sich schon zufällig ein paar bessere finden.) Dann kannst du die Leute dabei unterstützen, zu kündigen, während du gleichzeitig den Druck aufrechterhältst, mehr und mehr Leute zu finden, die diese ersetzen können. Ich hatte einen Fall, da konnte ich die originale Personalausstattung auf 20 Prozent reduzieren, unter Beibehaltung des Arbeitsergebnisses – die Qualität dieser Ergebnisse war jedoch exzellent. Das ist sicher für niemanden eine Überraschung. Man erreicht dies durch dauerndes Fordern von mehr Ressourcen, während gleichzeitig welche ausgemustert werden

159

4.2 Treue, Verpflichtung, Motivation und Belohnung

Ich habe den Gegenstand des Engagement für das Himmelfahrtskommando schon in Kapitel 2 erläutert. Das ist ein wesentliches Element der Projektpolitik und ein Schlüssel zur Teamdynamik, die der Projektmanager versucht zu maximieren. Aus der Sicht des Projektmanagers ist es ideal, wenn die Mitarbeiter ihre Loyalität und Hingabe gegenüber dem Himmelfahrtskommando regelrecht beschwören. Für junge, unverheiratete Technikfreaks ist das nicht so lächerlich, wie es klingt. Allerdings hängt dies wesentlich von der Länge des Projektes ab. Es mag machbar sein, sich drei oder sechs Monate lang einem Projekt zu widmen, wahrscheinlich aber nicht 36 Monate lang.

Das Engagement für das Projekt hängt auch wesentlich von der Fähigkeit des Projektmanagers ab, die Mitarbeiter (bzw. die Teammitglieder) dazu zu motivieren, sich verpflichtet und loyal zu fühlen. Zu einem gewissen Grad ist dies eine Frage des Charismas. Einige Manager sind in der Lage, solche Gefühle von Treue zu erzeugen, dass ihre Mitarbeiter ihnen bis ans Ende der Welt folgen würden, ganz egal, wie riskant das Projekt ist. Andere Manager sind so staubtrocken, dass ihre Teams die Anstrengungen keinesfalls erhöhen würden, selbst, wenn die Menschheit von einer Invasion von Aliens bedroht würde.

Man könnte natürlich argumentieren, dass der Projektmanager niemandem erlauben dürfte, dem Team beizutreten, ohne im höchsten Maße motiviert zu sein. Man könnte auch sagen, dieser Punkt sei irrelevant, da die meisten Software-Entwickler sowieso motiviert sind, wie Tom DeMarco und Tim Lister in *Wien wartet auf Dich* ausführen[1]:

Es gibt nichts Entmutigenderes für einen Mitarbeiter als das Gefühl, dass die eigene Motivation ungeeignet ist und daher durch die des Chefs ersetzt werden muss. Nur in seltenen Fällen muss man drakonische Maßnahmen anwenden, um Personen »bei der Stange« zu halten; die meisten lieben ihre Arbeit.

Es gibt aber Abstufungen bzw. Grade der Motivation. Wir könnten annehmen, dass Software-Entwickler einen bestimmten Motivationsgrad besitzen, etwa in einem normalen Projekt. Himmelfahrtskommandos erfordern jedoch einen höheren Motivationsgrad, um die Teammitglieder durch Monate erschöpfender Arbeit, politischen Drucks und technischer Schwierigkeiten zu bringen. Der Projektmanager sieht sich der praktischen Schwierigkeit gegenüber, nicht zu wissen, welche Motivation die Mitarbeiter beim Projektbeginn haben. Wie Doug Scott[2] es ausdrückt:

Du nimmst an, er weiß, was das für Leute sind, wenn er sie bekommt. Ich habe sie gewöhnlich schon in meinem Team vorgefunden, bevor ich wusste, wie gut oder schlecht sie waren.

In vielen Fällen drehen sich die größten Faktoren der Motivation oder Demotivation um die Dynamik des Teams als Ganzes. (Ich werde das unten detaillierter erklären.) Es gibt immer zwei spezifische Faktoren, die auch einen signifikanten Einfluss auf die Motivation haben und die gewöhnlich unter der direkten Steuerung des Managers liegen: Belohnung und Überstunden.

4.2.1 Belohnung von Teammitarbeitern

Die Dinge lägen schwierig genug, wenn wir das Motivationsproblem dadurch lösen könnten, dass wir das Geld gewissermaßen vor dem gesamten Projektteam (und natürlich auch dem Manager) herumbaumeln lassen könnten. Frederic Herzberg [2] jedoch nimmt zum Beispiel, das Geld nicht immer die richtige Antwort ist:

Geld, Gewinn, Komfort usw. sind Hygienefaktoren, sie erzeugen Unzufriedenheit, wenn es an ihnen mangelt, aber sie bewirken nicht, dass sich die Leute in ihrem Beruf wohl fühlen, und sie treiben den inneren Generator nicht an. Was diesen Generator antreibt, sind solche Dinge wie Leistungsanerkennung, Stolz darauf, einen guten Job gemacht zu haben, mehr Verantwortung, Beförderung und persönliches Wachstum. Das Geheimnis heißt »Job-Anreicherung«.

Für normale Projekte könnte dies so richtig sein, aber in Himmelfahrtskommandos spielt Geld eine Rolle. In der Tat kann dies sogar ein alles überragendes Thema für das Projekt als Ganzes sein. Viele Startup-Firmen im Silicon Valley beginnen mörderische Himmelfahrtskommandos in der Hoffnung, eine Killer-Applikation für eine neue Hardware zu entwickeln und Millionen Kopien davon in einen gierigen Markt zu werfen. Wenn die Teammitglieder Aktienoptionen und Pläne für Gewinnbeteiligung haben, dann sind finanzielle Gewinnerwartungen offensichtlich ein großer Teil der Motivationsstruktur des Projektes. Tatsächlich zahlen viele Firmen im Silicon Valley absichtlich etwa 20 bis 30 Prozent unterhalb des geltenden Gehaltsniveaus. Sie stellen jedoch Aktienoptionen und/oder Gewinnbeteiligungen zur Verfügung, um die Mitglieder des technischen Personals zu motivieren. Die Strategie besteht nicht nur darin, die Motivation zu erhöhen, sondern auch den Geldfluss aus der in diesen Dingen unerfahrenen Firma heraus zu reduzieren, da die Personalkosten oft die einzige größere Ausgabe von Software-Startups sind.

Natürlich gibt es solche richtigen, aufregenden Projekte, in denen Geld irrelevant ist. Ein Software-Entwickler, dem »Die-einmal-im-Leben-Chance« angeboten wird, in so einer Art »Apollo-11-Projekt« mitzuarbeiten, benötigt kein Geld. Er wird Steve Jobs Bemerkung über das Macintosh-Projekt zustimmen: »Die Reise selbst ist der Lohn.«

Am anderen Ende der Extreme findet man Himmelfahrtskommandos, die in sich abwickelnden Regierungsbehörden stattfinden. Das Projekt ist extrem langweilig, wobei es keine Hoffnung auf eine finanzielle Belohnung für irgendjemand im Unternehmen gibt. Gehälter werden durch die jeweilige Tarifklasse bestimmt und die Gehaltsstruktur ist durch das Gesetz festgelegt. Es gibt keine Bonuszahlungen, Belohnungen oder Möglichkeiten der Gewinnbeteiligung. In diesem Umfeld ist es offensichtlich völlig albern, finanzielle Belohnungen als Motivation überhaupt zu erwähnen. Alles, was gesagt wird, kann die Mannschaft nur enttäuschen.

Was ist aber mit Unternehmen, die flexibel sind? Wenn das Projekt für das Unternehmen wichtig genug ist, dann ist es möglich, durchaus bedeutende Bonuszahlungen in Aussicht zu stellen, sollte das

Team das Projekt erfolgreich und pünktlich liefern. Die Möglichkeit eines Bonus wird auch in normalen Projekten diskutiert. Üblicherweise sind die Geldsummen hier aber wesentlich bescheidener. Es ist nett, einen Bonusscheck von 1.000 EUR am Ende eines normalen Projektes zu erhalten. Aber das Finanzamt nimmt sich gewöhnlich ein Drittel hiervon für sich selbst. Der Rest reicht nicht aus, einen relevanten Einfluss auf den Lebensstil eines typischen Software-Profis mit mittlerem Einkommen auszuüben. Bei einem Himmelfahrtskommando sieht das etwas anders aus. Ein Bonusscheck von 10.000 EUR könnte reichen, ein neues Auto zu kaufen (heutzutage allerdings ein bescheidenes!) oder einen Urlaub auf Bali zu finanzieren. Ein Scheck über 100.000 EUR ist schon genug, die Ausbildung eines Kindes zu finanzieren oder ein Haus zu kaufen (oder einen größeren Teil davon abzuzahlen). Schließlich könnten eine Million EUR schon dazu veranlassen, über den Ruhestand nachzudenken.

Angenommen, solch ein Bonus ist möglich. Hier ein paar Beobachtungen dazu:

- Denken wir daran, dass eine Gehaltserhöhung von 20 Prozent für einen Jungprogrammierer, der 25.000 EUR im Jahr verdient, mehr bedeutet als für einen Senior-Programmierer, der 75.000 EUR im Jahr macht. An dem höheren Gehalt ist der Fiskus üblicherweise wesentlich höher beteiligt (bis zu 50 Prozent und mehr). Damit nimmt der Programmierer nicht viel mehr mit nach Hause und die schöne Gehaltserhöhung wird er als Hygienefaktor betrachten. Für den jüngeren Programmierer ist der Steuersatz gewöhnlich noch niedrig, und so könnten die zusätzlichen 20 Prozent durchaus für die monatlichen Zahlungen für das erste Auto genügen. Er könnte auch endlich aus dem Elternhaus ausziehen.

- Denken wir auch an die Möglichkeit, dass größere Geldsummen Menschen auf verschiedene Arten motivieren können. Das Management könnte annehmen, dass es jeden dazu veranlassen könnte, härter zu arbeiten. Es könnte aber auch die Projektmitglieder dazu veranlassen, sich gegenseitig äußerst kritisch und argwöhnisch zu beobachten. »Georg hat die Frech-

heit besessen, uns Heiligabend in einer kritischen Projektphase einfach im Stich zu lassen, nur, um bei seiner blöden Familie
zu sein. Er ist Schuld, wenn wir den Bonus nicht bekommen.«

- Denken wir daran, dass die Größe des Bonus in keinem direkten, linearen Zusammenhang mit der Produktivität oder
Zahl der geleisteten Arbeitsstunden des Projektteams steht.
Ich habe in einigen Unternehmen das Management der oberen Führungsetage bei dem Versuch beobachtet, das Team
des Himmelfahrtskommandos durch Verdoppelung des Bonus
zu bestechen, gewöhnlich, weil das Projekt hinter dem Zeitplan herhinkte. Das Management war offensichtlich im Glauben, man könne mit der Verdoppelung des Bonus die Zahl
der Arbeitsstunden ebenso verdoppeln. Wenn die Mitarbeiter
des Projekts aber schon 18 Stunden pro Tag arbeiten, halten
die Gesetze der Physik selbst die einsatzfreudigsten Personen
davon ab, die Zahl der Arbeitsstunden noch zu verdoppeln.[3]

- Damit der Bonus als Motivation funktioniert, muss das Projektteam glauben, besser noch: wissen, dass er wirklich existiert und das obere Management keine verschlungenen Aus-
reden finden wird, diesen Bonus doch zurückzuhalten. Wenn
die Belohnung offensichtlich mit dem Markterfolg korreliert
– zum Beispiel, wenn das Projekt erfolgreich ist, kann das
Unternehmen an die Börse, wenn der Aktienmarkt bis dahin nicht zusammengebrochen ist –, dann ist das nicht gerade eine Garantie. Wenn jedoch die Belohnung gänzlich im
Ermessen der Führungsetage liegt und wenn die Mannschaft
glaubt, das bisherige Himmelfahrtskommando sei ungerech-
terweise um seine Belohnung betrogen wurden, dann wird der
versprochene Bonus eher ein negativer Motivator sein. Ähnlich ist das, wenn das Projektteam der Meinung ist, dass es
den Erfolg des Projektes nicht in der Hand hat, zum Beispiel,
weil das Projekt nicht nur von ihrer Software, sondern auch
von neuer Hardware abhängt, die von einem externen Lieferanten entwickelt wird. In diesem Fall werden die Projektmitarbeiter den Bonus, der durch das Management versprochen

wurde, mehr als ein Lotteriespiel auffassen und nicht als Motivationsfaktor.

- Die Mannschaft muss auch daran glauben, dass der Bonus gerecht verteilt wird. Das bedeutet nicht unbedingt, dass jedes Mitglied genau den gleichen Anteil bekommt. Wenn das Team aber glaubt, dass der Projektmanager den höheren Anteil an der Belohnung kassiert und dass sie selbst nur ein Trinkgeld bekommen, sind die Folgen vorhersehbar. Dies muss am Anfang des Projektes klar besprochen werden. Es ist höchst unwahrscheinlich, dass die Projektmitarbeiter durch Aussagen des Managers in Zaum gehalten werden können, die so ähnlich lauten wie »Vertrauen Sie mir und machen Sie sich keine Sorgen. Ich werde sicherstellen, dass für jeden fair gesorgt wird.«

Bei Projekten, in deren Rahmen keine extravaganten Bonuszahlungen berücksichtigt werden können, ist es für den Projektmanager wichtig zu wissen, dass es ein breites Spektrum nichtfinanzieller Belohnungen gibt, die einen enormen Einfluss auf die Motivation des Projektpersonals haben können. Dies ist abermals ein Thema, das wir oft in »normalen« Projekten erleben können. Es ist hier jedoch wichtiger, da jedermann bis an seine Grenzen belastet ist. Es ist auch wichtig, sich daran zu erinnern, dass der Druck auf ein Himmelfahrtskommando von den Ehegatten und den ganzen Familien auch gespürt wird. Doug Scott[2] drückt es so aus:

Oberste Priorität ist, den Druck von den Leuten wegzunehmen. Der erste Empfänger einer Belohnung sollte deshalb der Partner oder die Familie eines Mitarbeiters sein. Beim Mitarbeiter ist, was Karriere und Geld angeht, alles okay. Blumensträuße sind ein guter Anfang. Unterstütze die ganze Familie – denn die bringt die Opfer.

Wenn ein Blumenarrangement auch eine hübsche Geste ist, kann es manchmal auch wichtiger sein, den Familienmitgliedern »praktische« Belohnungen zukommen zu lassen. Speziell der Ehegatte, der mit dem ganzen Haushalt und der Kinderversorgung allein gelassen wird, während die bessere Hälfte im Himmelfahrtskommando verschollen ist. Ein aufmerksamer Projektmanager könnte zum Beispiel prüfen, ob der Partner ein Taxi braucht, um ein Kind von der Schule abzuholen oder dorthin zu bringen. Vielleicht ist es aber auch machbar, dass jemand aus dem Büro etwas beim Lebensmittelhändler einkauft, um den Daheimgebliebenen zu helfen, die sich um kranke Kinder kümmern müssen. Wenn die Kinder wirklich krank sind und medizinische Hilfe benötigen, könnte der Projektmanager Himmel und Hölle in Bewegung versetzen und alle bürokratischen Hindernisse aus dem Weg räumen, um sicherzustellen, dass die geeigneten Maßnahmen ergriffen werden, um die Sorgen des Projektmitarbeiters zu minimieren.

Natürlich erfordern die oben genannten Beispiele etwas Geld. Aber im Vergleich zum Projekt sind das nomalerweise kleine Beträge. Meistens können diese Gelder auch noch aus der »Portokasse« genommen werden. Selbstverständlich wird die Bürokratie des Unternehmens, sobald sie hiervon erfährt, jammern und klagen, denn diese Ausgaben passen gewöhnlich nicht in die offiziell genehmigten Prozeduren. Der Projektmanager, der unter dieser Art von Druck einknickt, ist ein jämmerlicher Feigling. Im Bedarfsfall sollte ein Projektmanager für solche Kosten, wenn nötig, selbst aufkommen, da er üblicherweise ein viel höheres Gehalt bezieht als die technischen Sachbearbeiter. Jedenfalls ist es die Aufgabe des Projektmanagers, sich in diesem Zusammenhang mit der Bürokratie zu befassen. Das Letzte, was man will, ist, dass die Mitarbeiter ihre Zeit und emotionale Energie darin verschwenden, mit der Buchhaltungsabteilung zu kämpfen, um die Frage zu klären, ob es sinnvoll war, eine Pizza mit Extra-Käse und Knoblauch zu bestellen statt der gewöhnlichen »Economy-Pizza«, die für Arbeiten um Mitternacht vorgesehen ist.

Bescheidene Belohnungen dieser Art im Rahmen des Projektes werden sicherlich helfen. Aber was ist mit nicht-finanziellen Belohnungen mit längerer Wirkung, nämlich über das Projektende hinaus? Ich denke hier nicht so sehr an Beförderungen oder neue Karrieremöglichkeiten, da diese in die gleiche Kategorie fallen wie offizielle finanzielle Zuwendungen. Hier sind einige Arten von Belohnungen, die vielleicht nicht so motivierend sind wie einen Scheck über eine

Million Euro, die aber nichtsdestoweniger helfen würden, die Belastung durch das Himmelfahrtskommando zu lindern.

- *Ein verlängerter Urlaub* – wenn das Projekt erfolgreich ist, dann geben Sie Ihren Mitarbeitern einen Urlaub, der genauso lang ist wie das Projekt. Viele von uns wissen mit zwei Wochen Urlaub nicht viel anzufangen, aber ein bezahlter Urlaub von sechs Monaten Dauer könnte uns schon motivieren, endlich den Traum von der Weltumseglung wahr werden zu lassen. Ein interessanter Test: Probieren Sie diese Idee einmal an Ihrer Chefin aus. Wenn Sie so etwas hören wie »Was? Sind Sie verrückt? Sechs Monate Urlaub für ein sechsmonatiges Projekt? Wir geben Ihnen ein paar Tage frei, aber setzen Sie Ihr Glück nicht aufs Spiel!«, dann gibt Ihnen das einen guten Einblick in die Auffassung des Managements, dass Software-Entwickler nichts anderes sind als nützliche Idioten. Solch eine Attitüde spricht Bände über die soziale Kultur des Unternehmens.

- *Eine bezahlte Auszeit* – Wenn das Projekt vorbei ist, weisen Sie die Mitarbeiter sechs Monate einem »Projekt X« zu. Frage: Was ist »X«? Antwort: Irgendetwas, was es nach der Vorstellung der Mitarbeiter sein sollte. Ist besser, als unmittelbar wieder einem neuen Himmelfahrtskommando zugeordnet zu werden (genauso schlecht ist ein langweiliges, normales Projekt). Die Mitarbeiter können sich sechs Monate an Java erfreuen, sich anhören, was bei den Methoden der neueste Forschungsgegenstand ist, oder an ihrer Fachhochschule eine neue Graduierung erwerben. Sie werden, was den offiziellen Namen dieses Projektes angeht, wohl ein bisschen kreativ werden müssen, um die Bürokraten zu verwirren. Etwas wie »objektorientiertes, Java-basiertes, strategisches Umsatz-Vorhersage-Client/Server-System«.

- *Ein voll ausgerüstetes Computersystem für das Home-Office* – Obwohl PC-Hardware inzwischen viel billiger geworden ist und wir alle irgendetwas in unserem Home-Office eingerichtet haben, ist es meistens nicht auf dem letzten Stand der Technik. Viele von uns haben ein langsames 486-System, oder sogar eine uralte 386-basierte Maschine, während der Rest der Welt mit 2000 MHz davonrast. Das Interessante ist, dass gerade Himmelfahrtskommandos zusätzliche Rechnerausstattung erfordern. Das Management ist nämlich gewöhnlich darauf vorbereitet, außerordentliche Geldbeträge für neue Technologie lockerzumachen, weil es der Meinung ist, dass fortgeschrittene Technologie möglicherweise das Projekt retten könnte. Wenn am Ende des Projektes diese Ausstattung übrig bleibt, weisen Sie es für die Projektmitarbeiter als Bonus aus. Wenn ein solches Geschenk auch sämtliche bürokratischen Regeln bricht, dann verleihen Sie es doch einfach.

4.2.2 Die Sache mit den Überstunden

Sind Bonuszahlungen und verlängerter Urlaub Motivatoren, so werden Überstunden dagegen normalerweise demotivierend empfunden. Im Verlauf von Himmelfahrtskommandos sind sie fast unvermeidlich. Tatsächlich ist es gewöhnlich der einzige Weg, auf dem der Projektmanager hoffen kann, den achten Endtermin des Projektes doch zu halten. Wie früher erwähnt, kommen Überstunden oft ohne ausdrückliche Bitten des Managers vor. Junge, fanatische, unverheiratete Projektmitarbeiter, von der speziellen Herausforderung des Projekts und der damit verbundenen Technologie motiviert, arbeiten gern 60, 80 oder 100 Stunden in der Woche.

Trotzdem müssen Überstunden sauber gemanagt werden, um Demotivation und Risiken für den Erfolg des Projektes zu vermeiden. Ein Weg, Überstunden zu managen, ist, sicherzustellen, dass das Management weiß, wie viel das kostet. Der Berater Dave Kleist drückt das so aus:[5]

Außer, wenn Aktienoptionen der Firma genauso großzügig an die Mitglieder wie an das Seniormanagement verteilt werden, gibt es eigentlich keine Form der Kompensation, die man als Belohnung (ich benutze das Wort Belohnung mit positivem Unterton) für die Teilnahme an einem Himmelfahrtskommando qualifizieren könnte.

Der Projektmanager hat selten die Kontrolle über solche Ausgleichszahlungen. Was man wirklich machen sollte, ist, die Überstunden bei der nächsten Gehaltszahlung schlichtweg zu zahlen. Das gibt den Leuten, die das Meiste für das Projekt opfern, etwas zurück und bestraft (mit Hilfe des Budgets) diejenigen (oberes Management usw.), die es nötig haben, die echten Projektkosten kennen zu lernen.

Wenn man im Begriff ist, sich an einem Himmelfahrtskommando zu beteiligen, sollte man nach Aufwand bezahlt werden.

Ungeachtet dessen, ob den Projektmitarbeitern ihre Überstunden vergütet werden oder nicht, ist es der schlimmste Fehler, die Überstunden gar nicht erst aufzuzeichnen. Das entspricht der Annahme, dass die Mitarbeiter für die Überstunden eben nicht bezahlt werden. Während dies genau die Vorstellung eines Teils der Buchhaltungsabteilung sein wird, ist die Überstunde aus der Sicht des Projektmanagers natürlich nicht wirklich kostenlos.

Auch wenn wir annahmen, dass alle Mitarbeiter achtzehn Stunden pro Tag arbeiten könnten, ohne müde zu werden, ist es für den Projektmanager entscheidend, einen Überblick darüber zu behalten, wie viele »unsichtbare« Überstunden über das Projekt verteilt werden. Das ist der einzige Weg für den Projektmanager, die Produktivität der Mannschaft genau zu beobachten und die Wahrscheinlichkeit zu beurteilen, jeden einzelnen Termin des Projekts einhalten zu können.

Wie jeder weiß, kann der Mensch nicht sehr lange achtzehn Stunden pro Tag arbeiten. Auch wenn er es versucht, wird er unvermeidlich müde werden. Müde Menschen werden schlecht gelaunt, ungeduldig, sie arbeiten weniger produktiv und machen mehr Fehler.

All das hat einen dramatischen Einfluss auf das gesamte Projekt und der Projektmanager muss einfach wissen, wann er den Druck herausnehmen und wann er um mehr Überstunden bitten kann.

Dies mag für ein Projekt von drei oder sechs Monaten Dauer nicht so wichtig zu sein, in dem ein junges, energiegeladenes Projektteam von Anfang bis Ende geradeaus arbeiten kann. Bei längeren Projekten jedoch ist ein sorgfältiges Management der Überstunden wesentlich. Die Effekte langer Zeiträume mit vielen Überstunden sind vielfältig und versteckt, aber trotzdem real. Wie Doug Scott[2] mir das in seiner jüngsten E-Mail mitteilte:

...Im Zusammenhang mit Zwischenlieferungen muss allerdings sichergestellt werden, dass die Überstunden schubweise geleistet werden können und dass diese dann auch wieder verringert werden können. Du kannst die Leute nicht sehr lange bei 90 Prozent arbeiten lassen.

Und John Boddie zeigte, dass es wichtig ist, dass der Projektmanager zur Kenntnis nimmt, dass jeder Mitarbeiter einen unterschiedlichen Toleranzwert gegenüber Überstunden besitzt: [3]

Individuen haben verschiedene Metabolismen. Einige sind Nachtmenschen, andere arbeiten besser in den frühen Morgenstunden. Ungeachtet seines Typs wird keines Menschen Gesundheit durch Zehn-Stunden-Arbeitstage ruiniert. Wenn das Projekt einmal läuft, können Sie erwarten, dass die Mitarbeiter mindestens 60 Stunden pro Woche investieren. Ist das nicht der Fall, prüfen Sie zuerst, ob irgendetwas in der Organisation des Projektes sie frustriert.

Der Projektleiter muss so viele Stunden wie möglich arbeiten. Und zwar aus zwei Gründen. Erstens, weil er ein Vorbild sein muss. Man kann nicht erwarten, dass die Leute Überstunden leisten, wenn Sie es nicht auch tun können. Überstunden müssen geführt werden. Zweitens, man muss anwesend sein, um Fragen zu beantworten, sich durch den Papierkrieg hindurchzuwühlen und Probleme zu analysieren, die während der übrigen Stunden auftreten.

Eine der Gefahren, die Projektmanager genau beobachten müssen, sind die übermäßigen freiwilligen Überstunden engagierter, junger Software-Ingenieure, die ihre eigenen Grenzen nicht kennen und die die potenziellen Nebenwirkungen nicht einschätzen können, die auftreten, wenn sie trotz Erschöpfung weiterarbeiten. Wie in Abbildung 4.1 gezeigt, könnte die wirkliche Produktivität während der ersten zwanzig Stunden von Überstundenarbeit tatsächlich ansteigen. Das bewirken Adrenalin, erhöhte Konzentration usw. Aber über kurz oder lang erreicht jeder einen Punkt, an dem die Leistung definitiv nachlässt. Die Produktivität verringert sich wegen erhöhter Fehlerquote und Mangel an Konzentration. Tatsächlich könnte es dann sein, dass das Teammitglied unterm Strich »negativ produktiv« wird. Das ist, wenn die von Fehlern und Bugs verursachten Aufwendungen den positiven Beitrag neu entwickelter Software überschreiten. Angenommen, die in Abbildung 4.1 dargestellte Waage ist genau (mehr oder weniger ist sie das für jeden individuellen Entwickler), dann wird der Manager den Entwickler wahrscheinlich ermutigen wollen, mehr als 60 Stunden pro Woche zu arbeiten. Ein Intervall zwischen 60 und 80 Stunden pro Woche sollte der Entwickler nach seinem eigenen Empfinden nutzen. Zwischen 80 und 90 Stunden pro Woche sollten den Projektmanager veranlassen, den Mitarbeiter nach Hause zu schicken und sich ausruhen zu lassen.

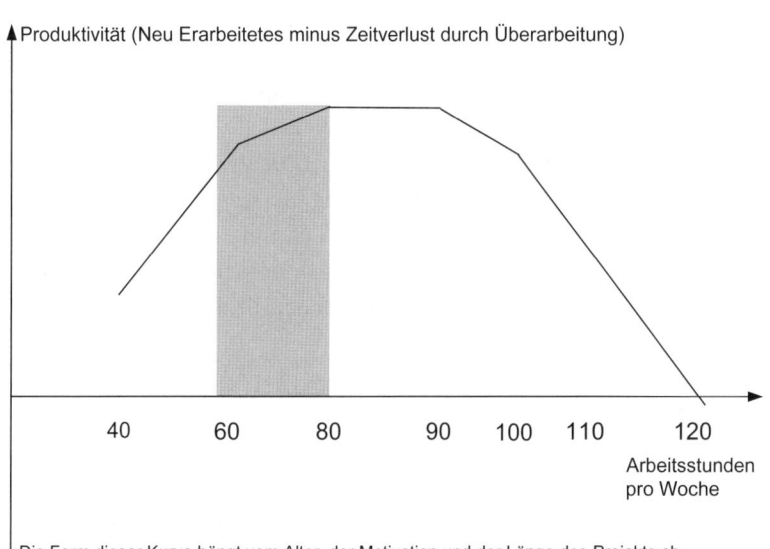

Abbildung 4.1: Netto-Produktivität in Abhängigkeit von den Wochenarbeitsstunden

4.3 Die Bedeutung der Kommunikation

Eine der wichtigsten Aufgaben im Personalbereich im Rahmen eines Himmelfahrtskommandos ist die Art und der Umfang der Kommunikation zwischen dem Projektmanager und dem Rest der Mannschaft. Meiner Meinung nach ist es ideal, wenn der Projektmanager keine Geheimnisse hat und jedermann im Projektteam alles über das Projekt weiß. Das bedeutet, dass jeder Mitarbeiter die aktuellen Informationen über den Projektstatus, die Prioritäten, die Risiken sowie die Hindernisse und die politischen Randbedingungen kennt. Ein Grund hierfür ist der, dass eine gute Kommunikation zwischen den Teammitgliedern Loyalität und Vertrauen aufbaut.

Wenn die Teammitglieder, die im Rahmen des Projektes außergewöhnliche persönliche Opfer bringen, entdecken müssen, dass der Projektmanager entscheidende Informationen zurückgehalten hat oder politische Spielchen hinter dem Rücken des Projektteams veranstaltet hat, ist dies für sie sehr ernüchternd. Und weil Himmelfahrtskommandos gewöhnlich dazu neigen, heftig zu sein und sich schnell zu verändern, gibt es eine größere Chance als in normalen Projekten, dass die Mitarbeiter herausfinden, dass Informationen verheimlicht wurden oder politische Scharmützel ausgetragen werden.

Das nahe liegende Gegenargument hierzu ist, dass der Projektmanager verhindern sollte, dass das Team von der Tagesarbeit abgelenkt wird. Insbesondere die vielen kleinen störenden politischen Spielchen, die das Projekt Tag für Tag umgeben. In den meisten Fällen werden die Projektmitglieder es zu schätzen wissen, von dem politischen Mist verschont zu bleiben. Aber sie müssen auch wissen, dass sie, wenn sie dem Projektleiter eine direkte Frage stellen, nicht in die Irre geführt oder belogen werden. In den meisten Projekten, ob normale oder Himmelfahrtskommandos, gibt es regelmäßige Statusmeetings, in denen Fragen dieser Art auftreten können. Wenn die Mitarbeiter zufrieden gestellt sind und mitkriegen können, was so los ist, wenn sie dies denn wissen wollen, werden sie sich wieder zu 99 Prozent auf ihre technische Arbeit konzentrieren.

Die Kommunikation zwischen den Mitarbeitern ist ebenso wichtig. Speziell in der unglücklichen Situation, wenn die Mitglieder vorher noch nie zusammengearbeitet haben. Es ist wichtig, die Kommunikation innerhalb des Teams gegenüber Außenstehenden vertraulich zu halten, damit ein ehrlicher und offener Informationsaustausch stattfinden kann. Heute setzt dies den Gebrauch von E-Mails und verschiedenen Formen der Groupware von Lotus Notes voraus. Zusätzlich sollte der Projektmanager aber ein wöchentliches Mittagessen, Stammtische oder Abendessen einplanen, so dass das Personal sich außerhalb des normalen Büros austauschen kann.

4.4 Teambildende Maßnahmen

Offene, ehrliche Kommunikation ist ein wichtiger Bestandteil des Prozesses, ein effektives Team aufzubauen. Individuen auszuwählen, die zueinander kompatibel sind, ist eine Schlüsselaufgabe. Wie früher schon erwähnt, ist es sehr wichtig, dass der Projektmanager einen gewissen Freiheitsgrad hat, sein Team selbst auszuwählen. Es kann dabei hilfreich sein, Techniken wie das Briggs-Myers-Assessment (Mitarbeiterbewertung) anzuwenden, um vorhersehen zu können, wie die Projektmitglieder miteinander auskommen könnten.

Noch ein anderer Aspekt betrifft das Konzept der Rollen im Team. Viele Projektmanager konzentrieren sich auf »technische« Rollen wie Datenbankdesigner, Netzwerkspezialist, Benutzerschnittstellen-Experte usw. Zwar sind diese Rollen sicher wichtig, es ist aber ebenso bedeutsam, über die »psychologischen« Rollen nachzudenken, die von einem oder mehreren Mitgliedern gespielt werden. Diese Rollen gibt es zwar in normalen Software-Projekten auch, aber in Himmelfahrtskommandos sind sie viel wichtiger. Rob Thomsett hat die acht Schlüsselrollen in einem Projekt wie folgt beschrieben:[4]

- *Vorsitzender* – steuert die Art und Weise, wie das Team seine Ziele anstrebt, unter bestmöglicher Nutzung der Teamressourcen, erkennt, wo die Stärken und Schwächen des Teams liegen, und stellt sicher, dass das Potenzial jedes einzelnen Teammitglieds bestmöglich genutzt wird. Wie man sich vorstellen kann, ist diese Person oft der offizielle Projektleiter. Aber in Teams, die sich selbst managen, kann das irgendeine Person sein.

- *Gestalter* – bestimmt die Art und Weise, wie die Arbeit des Teams eingesetzt wird, und richtet die Aufmerksamkeit und die Gruppendiskussionen auf bestimmte Formen und Strukturen, damit sie sich an den Gruppenaktivitäten und -zielen ausrichten. Diesem Typus könnte man den offiziellen Titel des »Architekten« oder »Designchefs« geben. Der Fokus ist hier aber, dass es sich um eine visionäre Rolle handelt. Speziell in Himmelfahrtskommandos ist es sehr wichtig, einen einzelnen, klaren Fokus auf das Problem und dessen Lösung (Design) zu besitzen.

- *Laborant* – fördert schwerpunktmäßig neue Ideen und Strategien und sucht nach möglichen neuen Lösungen von Problemen, mit denen die Gruppe konfrontiert wird. Ich sehe diese Person gerne als »Provokateur« – also als die Person, die irgendwie radikale Ideen und Technologien in die Gruppe einführt, um dabei zu helfen, innovative Lösungen für die technischen Probleme zu finden, mit denen sich das Himmelfahrtskommando auseinander setzen muss.

- *Bewerter* – analysiert die Probleme in einer praktischen Weise und evaluiert Ideen und Vorschläge derart, dass das Team ausgewogenere Entscheidungen treffen kann. Vielfach handelt diese Person wie ein Skeptiker oder Kritiker, indem sie die optimistischen Gedanken und Vorschläge des Gestalters und des Laboranten ausbalanciert. Der Bewerter ist sich dessen bewusst, dass neue Technologien durchaus nicht immer funktionieren. Die Versprechen von Verkäufern von neuer Tools und Programmiersprachen werden gebrochen und ganz allgemein funktionieren diese Dinge einfach nicht so wie geplant.

- *Praktiker* – verwandelt Entwürfe und Pläne in praktische Arbeitsabläufe und führt beschlossene Pläne systematisch und effektiv aus. Während, mit anderen Worten, der Gestalter großartige technische Visionen nur so heraussprudelt, der Laborant radikale neue Lösungen vorschlägt und der Bewerter wiederum Mängel und Fehler in diesen Ideen sucht, ist der Praktiker derjenige, der in einer Ecke kauert und Tonnen von Code produziert. Klar, ein Himmelfahrtskommando benötigt mindestens eine Hand voll solcher Leute. Aber auf sich gestellt können diese das Projekt nicht zum Erfolg führen, da sie keine größeren Visionen und Ideen liefern.

- *Teamplayer* – unterstützt die Mitglieder in ihren Stärken (zum Beispiel in der Umsetzung von Ideen), hilft Kollegen in ihren Schwächen, verbessert die Kommunikation zwischen den Mitgliedern und fördert ganz generell den Teamgeist. Mit anderen Worten: Diese Person ist der Diplomat des Teams. Es kann der Projektmanager selbst sein, aber auch irgendein anderes Mitglied der Mannschaft, das etwas sensibler gegenüber den anderen verletzbaren Egos und empfindlichen Persönlichkeiten ist. Auch das ist eine oft sehr wichtige Rolle in Himmelfahrtskommandos, da das Team meistens unter erheblichem Stress steht und mindestens ein oder zwei Mitglieder wahrscheinlich anfangen, sich wie unsensible Machos zu benehmen.

- *Organisator* – recherchiert Ideen, Entwicklungen, Hilfsmittel außerhalb der Gruppe, schafft neue Kontakte nach außen, die nützlich sein könnten, und führt auch Verhandlungen. Ich nenne diesen Typ auch gerne »Müllverwerter«, da er immer weiß, wo man einen Ersatz-PC, einen freien Konferenzraum, einen unbenutzten Tisch oder irgendeine andere Ressource findet, die das Team benötigt. Solche Ressourcen sind in den offiziellen Kanälen verfügbar oder auch nicht, aber selbst, wenn sie auf normalem Wege beschafft werden könnten, erfordert dies oft das Ausfüllen von 17 Formularen in dreifacher Ausfertigung und Warten darauf, dass die Bürokratie nach einem halben Jahr irgendetwas zustande bringt.

175

So lange kann ein Himmelfahrtskommando nicht warten und es kann sich auch nicht leisten, sein Vorwärtskommen anzuhalten, weil der Verwaltungsassistent der stellvertretenden Geschäftsführerin eifersüchtig den Zugang zum einzigen Konferenzraum des Unternehmens überwacht. Der Organisator hat oft ein Netz aus Freunden und Kontakten im ganzen Unternehmen, von denen kritische Ressourcen ausgeliehen oder »beschafft« werden könnten. Das wichtigste aber ist, dass unser »Müllverwerter« Spaß daran hat.

- *Realisierer* – stellt sicher, dass das Team so weit wie nur irgend möglich davor bewahrt wird, Fehler zu machen oder etwas zu vergessen. Er sucht aktiv nach bestimmten Aspekten der Arbeit, die mehr Aufmerksamkeit erfordern als gewöhnlich, und sorgt für einen gewissen Sinn für das Wesentliche im Team. Üblicherweise sieht man diese Person oft in einer dominierenden Rolle während der Testphase am Ende des Projekts, aber sie ist ebenso wichtig in den frühen Phasen des Projekts. Ein Team muss manchmal täglich daran erinnert werden, dass es keinen Job auf Lebenszeit betreibt, sondern ein schwieriges Projekt mit einem Endtermin zu bewältigen hat. Dazwischen liegen Meilensteine, die rechtzeitig zu erledigen sind, damit das Gesamtprojekt nicht zurückfällt.

Leider gibt es trotz dieser ganzen Anstrengung keine Garantie dafür, dass sich das Team finden oder in einer Art Gleichschritt marschieren wird. Tom DeMarco und Tim Lister [1] drücken das so aus:

Man kann Teams nicht einschwören. Sie können nur hoffen, dass es geschieht. Man kann hoffen, dass eine Gruppe zu einem eingeschworenen Team wird; man kann die Daumen drücken; man kann die Wahrscheinlichkeit, dass es passiert, vergrößern; aber man kann es nicht herbeiführen. Der ganze Prozess ist zu gebrechlich, als dass man ihn kontrollieren könnte.

Wenn dieser Vorgang (der engen Teambildung) erfolgreich ist, erkennen Sie das gewöhnlich an einigen gut sichtbaren Merkmalen. Wie DeMarco und Lister beobachteten, haben erfolgreiche Teams üblicherweise einen starken Sinn für Identität, ein Empfinden als

Elite, ein Gefühl für einen gemeinsamen Besitzstand und (zumindest in Himmelfahrtskommandos vom Typ Mission Impossible) das Gefühl, gleichzeitig zu arbeiten und Spaß zu haben.

Da Unternehmen den Erfolg einer solchen Teambildung nicht garantieren können, birgt dies nach DeMarco und Lister die Gefahr, die sie als »Teamicid« bezeichnen – das heißt zum Beispiel die unbewusste oder bewusste Entscheidung, aufzugeben und alle Anstrengungen zu beenden, eine fokussierte und kohäsive Teamstruktur zu pflegen. Die Praxis, die typischerweise zum »Teamicid« führt, sieht so aus:

- *Defensives Management* – kein Vertrauen zum Team. Beachten Sie, dass dies ein Bereich ist, in dem die Rolle des »Champions«, wie im Kapitel 2 vorgestellt, sehr wichtig wird.

- *Bürokratie* – zu viel Papierkram. Wenn das Team ein bisschen Verstand hat, wird es sich weigern, diesen Schreibkram zu erledigen, oder es wird vage Versprechungen machen, diese Dinge nachzuholen, wenn das Projekt beendet ist.

- *Physisches Separieren von Team-Mitgliedern* – (z.B. in unterschiedlichen Gebäuden, Städten oder Ländern) – E-Mail und Groupware-Tools können dieses Problem verringern, aber körperliche Nähe ist für den Gemeinschaftsgeist in einem Himmelfahrtskommando unentbehrlich.

- *Verzettelung der persönlichen Zeit* – speziell in Situationen, in denen die Teammitglieder einen Teil ihrer Zeit dem Himmelfahrtskommando widmen, müssen sie sich auch noch in einem Arbeitskreis für die Vorbereitung der Weihnachtsfeier engagieren und ein altes System für die Rechtsabteilung warten. Es ist ein erschreckender Gedanken, sich vorzustellen, dass so etwas während eines Himmelfahrtskommandos geschieht. In großen Unternehmen geschieht dies aber tatsächlich.

- *Qualitätsverringerung* – ein Team mag bereit sein, eine gewisse Verringerung der Qualität zu akzeptieren, um eine »Geradegut-genug«-Software pünktlich zu liefern, es gibt aber eine Grenze, unter die das Team nicht gehen will. Das Qualitätskriterium kann Bugs, fehlende Funktionalität, primitive Benutzerschnittstellen oder minderwertige Dokumentation betreffen.

- *Wahnwitzige Endtermine* – das sind zum Beispiel Endtermine, die so eng sind, dass das Team keineswegs damit rechnen kann, sie zu erreichen. Diese Form des »Teamicids« verwandelt ein Mission-Impossible-Team unmittelbar zu einem Selbstmordteam.

- *Gruppenbildung* – Aufspaltung des Teams bei Projektende. Wie früher schon erwähnt, sind einige Teams der Auffassung, das Projekt, an dem sie arbeiten, sei eigentlich viel zu langweilig. Die Anwender ihrer Software seien eigentlich nur undankbare Flegel. Die Befriedigung, die sich aus dem Projekt ableitet, entnehmen sie der Freude an der Zusammenarbeit mit einer ganz bestimmten Gruppe von Leuten. Dieser Faktor kann so wichtig werden, dass die Teammitglieder schon zukünftige Projekte im Auge haben, bei denen sie wieder in derselben Gruppe zusammenarbeiten wollen. Ironischerweise wird der Teamgeist, der den Erfolg eines Projekts mit verursacht hat, oft als politische Drohung gegenüber dem Management empfunden. Daher die übliche Praxis, die Teams bei Projektende wieder auseinander zu brechen. Dies ist wiederum eine so demoralisierende Aussicht, dass das Team sich gegebenenfalls schon vor dem Endtermin auflöst.

Noch ein letztes Mal zum Thema »Team-Integration«: Selbst wenn dies geschieht, dann nicht gleich am Anfang des Projekts. Wie Robert Binder beobachtete, geht ein Team typischerweise durch einen vierstufigen Evolutionsprozess, der genauso für den visionsbildenden Prozess gilt, um ein gemeinsames Verständnis des Problems und der allgemeinen Struktur der Lösung zu entwickeln.[5]

- *Formen*: Die Teammitarbeiter definieren Ziele, Rollen und die Ausrichtung des Teams.
- *Stürmen*: Das Team stellt Regeln auf, definiert Entscheidungsprozesse und führt erneut Gespräche über die Rollen im Team und die Verantwortlichkeiten.

- *Standardisieren*: Prozeduren, Normen und gemeinsame Kriterien festlegen.
- *Loslegen*: Das Team fängt an, wie ein System zu funktionieren.

Im Idealfall ist das Team durch die Phasen »Formen« und »Stürmen« schon durch, bevor das Projekt beginnt, da die Teammitglieder schon in bisherigen Projekten zusammengearbeitet haben. Allerdings ist jedes Projekt anders und üblicherweise kommen ein bis zwei neue Leute hinzu, die diese beiden ersten Phasen etwas erschweren. Ob nun der ganze Prozess einen Tag dauert, eine Woche oder einen Monat, er muss eben sein. Wenn überhaupt möglich, muss der Projektmanager versuchen, die Mitarbeiter schon an das Projekt zu binden, bevor das »Kick Off« stattfindet, und zwar, um ab diesem Zeitpunkt bereits in der »Loslegen«-Stufe zu sein.

Es ist ebenso wichtig, sich daran zu erinnern, dass die Mannschaft auch dann noch auseinander fallen kann, wenn sie bereits zusammengeschweißt ist. Das liegt am Druck, der durch das Himmelfahrtskommando ausgeübt wird. In einer E-Mail an mich empfahl Dale Emery[6], dass der Projektmanager ein wachsames Auge auf die Teamdynamik werfen sollte:

Achte auf die Beziehungen im Team und gibt dir Mühe, die Zusammenarbeit im Team im Verlauf der Zeit zu pflegen. Ein Himmelfahrtskommando erzeugt enormen Druck, der wiederum in der Lage ist, kleine Störungen zu verstärken und zu großen Konflikten zu machen. Periodische Messungen der »Temperatur« der Gruppe können dir dabei helfen, sich mit den Beziehungen und Kommunikationsproblemen zu befassen, während sie noch klein sind.

Im schlimmsten Falle könnte das Team die ersten beiden Stufen des Projekts gar nicht erst überwinden. Oder um es anders zu sagen, das Team könnte wegen der oben genannten Probleme »Teamicid« begehen. Es wäre wahrscheinlich zu spät dafür, ein neues Team zu bilden, wenn der Projektmanager oder ein anderer Manager darüber mit der Zeit erst bemerkt, dass der Teamicid eingetreten ist.

4.5 Arbeitsplatzbedingungen in Himmelfahrtskommandos

Das Thema »anständiges Büro« – gegenüber Dilbertsche Kabinen – wird im Bereich der Software-Entwicklung schon so viele Jahre diskutiert, dass es sinnlos erscheint, es hier noch einmal anzuführen. Tom DeMarco und Tim Lister [1], deren Arbeit schon oft in diesem Kapitel zitiert wurde, haben den Nutzen einer anständigen Arbeitsumgebung in ihrem Werk zu Personalressourcen ausführlich besprochen. Software-Entwickler, die sagen können, dass ihr Arbeitsplatz akzeptabel und z.B. ruhig ist, liefern mit 30 Prozent höherer Wahrscheinlichkeit fehlerfreiere Arbeit als jene, die in einer unruhigen Büroumgebung mit unkontrollierbaren Unterbrechungen arbeiten. In einer Studie mit über 600 Software-Entwicklern konnten DeMarco und Lister überzeugende Argumente liefern, dass diejenigen, die unter vernünftigen Bürobedingungen arbeiten, mit der Möglichkeit, Telefonanrufe umzuleiten, das Telefon stumm zu schalten, die Tür zu schließen und nutzlose Unterbrechungen zu verhindern, um den Faktor 2,6 produktiver waren als diejenigen, die in einer heute üblichen Büroumgebung arbeiteten.

Obwohl DeMarco und Lister ihre Arbeiten schon 1987 veröffentlicht haben, scheint es nicht so, dass sich an den Arbeitsplatzbedingungen für die meisten Software-Entwickler etwas geändert hat – außer in den Unternehmen, in denen Software-Produkte hergestellt werden. Die Arbeitsbedingungen bei Microsoft und bei den meisten Firmen im Silicon Valley sind schon ziemlich zivilisiert. Dazu gehören Einzelzimmer mit verschließbaren Türen, der Zugriff auf Küchen, die mit Mineralwasser, Saft und anderen Getränken ausgestattet sind, eine persönliche Telefonnummer, die der Programmierer auch mitnimmt, wenn er in ein anderes Büro wechselt.

Was die Software-Entwickler angeht, die in Banken, Versicherungsunternehmen, Behörden, Produktionsunternehmen und den Hunderten von anderen Arten von Firmen arbeiten, für die Software im Allgemeinen immer noch eine überflüssige Investition darstellt, so haben diese es nicht so gut. Die Büros entwickeln sich zu Kabinen und die Möglichkeit, sich einmal auf geistige Arbeit konzentrieren zu können, liegt zwischen gering und nicht vorhanden. Verdorbene Pizza verpestet die Luft, andauernd klingelt das Telefon, Hunde bellen, Leute brüllen herum und niemand hindert die Leute aus dem Vorzimmer des Chefs daran, ihre Köpfe zur Türe hereinzustecken, um sie zu unterbrechen. DeMarco und Lister [1] sehen das so:

Büroplaner mit einer derartigen Polizeimentalität gestalten Arbeitsräume wie Gefängnisse; die Kosten pro Kubikmeter Rauminhalt werden optimiert. Wir haben ihnen ohne Nachdenken das Feld der Büroplanung überlassen. Für die meisten Firmen mit Produktivitätsproblemen gilt aber, dass es kein wirkungsvolleres Feld zur Verbesserung gibt als die Arbeitsumgebung. Solange Angestellte in einem überfüllten, lauten, sterilen und störungsintensiven Umfeld ihrer Tätigkeit nachgehen, braucht man an keiner *anderen Stelle mit Verbesserungsmaßnahmen anzusetzen.*

Meine Klagen über diese Situation werden leider nicht mehr Wirkung auf die Industrie haben als die viel detailliertere und eloquentere Diskussion von DeMarco und Lister. Aber erinnern wir uns daran, dass wir hier über Himmelfahrtskommandos reden. Dort gelten andere Regeln und ich glaube sogar, dass der Projektmanager die Philosophie übernehmen sollte, dass in dieser Umgebung keinerlei Regeln gelten.

Wenn Sie Projektmanager in einem Himmelfahrtskommando mit einem beinahe unmöglichen Endtermin sind, sollte Ihnen die Tatsache, dass Sie mit anständigen Büroumgebungen die Produktivität Ihrer Leute um den Faktor 2,6 erhöhen können, genug Motivation verschaffen, viele Regeln zu brechen. Was auch immer Sie schaffen, es wird sowieso nicht von Dauer sein. In der Tat ist es so, dass, sobald das Projekt vorbei ist, die Methodenpolizei im Sturzflug herbeieilt und jedem dieselben miserablen Kabinen wieder zuweist, die er vorher schon hatte. Wenn das Projekt aber nur sechs Monate dauert und Sie sind geschickt, dann sind Sie in der Lage, anständige Arbeitsbedingungen zu ermöglichen, ohne dass die Methodenpolizei eingreift.

Hier ein paar Möglichkeiten:

- *Frontalangriff* – wenn Sie einen Projekt-Champion und/oder Projektinhaber haben, der verzweifelt versucht, das Projekt fertig zu stellen, erklären Sie ihm doch, wie wichtig es ist, das Projektteam in einer effektiven Umgebung zu platzieren. Wenn der Projektchampion ein höherer Manager ist, sollte es doch relativ leicht sein, einen Transfer des ganzen Projektteams in eine neue Umgebung zu arrangieren.

- *Stinktierarbeit* – die meisten Führungskräfte haben schon von der Bezeichnung Stinktierarbeit gehört. Anstatt darum zu bitten, das Team in die Vorstandsetage umziehen zu lassen, wo jedes Büro sein eigenes privates Badezimmer hat, bitten Sie doch um die Erlaubnis, mit dem Team in ein verlassenes Lagerhaus umzuziehen.

- *Hausbesetzerrechte* – besetzen Sie doch den leer stehenden Büroraum, während die Methodenpolizei gerade daran arbeitet, wie man hunderte Leute dort hineinquetschen könnte. Die Besetzung ist schon 90 Prozent der gewonnenen Schlacht. Während die Bürokratie klagt, debattiert und ärgerliche Memos hin- und herschickt, könnten Sie sogar in der Lage sein, das Projekt zu beenden und wieder in die anonymen Kabinen zu verschwinden.

- *Telekommunizieren* – sagen Sie jedem, er solle Zuhause arbeiten, und richten Sie es ein, dass Sie Ihre wöchentlichen Status-Meetings in der örtlichen McDonald's-Filiale durchführen. Es kann Wochen dauern, bis jeder bemerkt hat, dass das Projektteam verschwunden ist. Eine zusätzliche Maßnahme könnte sein, Vogelscheuchen an die Schreibtische zu setzen, die normalerweise durch das Projektteam besetzt sind. Das Management wird eine Zeit brauchen, um sie von den anderen Zombies im Büro zu unterscheiden.

- *Nachtschicht* – schalten Sie um auf Nachtschicht. Das ist zwar extremer, aber es kann sehr effektiv sein, da die überwiegende Projektarbeit ohne jede Wechselwirkung mit der Benutzergemeinde durchgeführt werden kann. Es ist etwas unerfreulich, jeden darum zu bitten, seine Arbeitszeit zwischen Mitternacht und 8:00 Uhr zu legen. Aber es ist nahezu garantiert, dass normale Störungen dadurch ausgeschlossen werden. Mit dieser Strategie zieht man sich sicher den Zorn aller Bürokraten im Unternehmen zu. Das Schöne ist aber, dass die Bürokraten um Mitternacht nicht im Büro sind! Sie werden wütende Memos und E-Mails schreiben, aber am besten, Sie ignorieren sie einfach oder behaupten, Sie hätten keine Nachricht erhalten. Wenn das nicht funktioniert, dann weigern Sie sich einfach, die Arbeitszeit zu ändern. Außer das Licht auszumachen oder die Schlösser in den Türen zu wechseln, können sie für die Dauer eines typischen Himmelfahrtskommandos nicht mehr unternehmen.

- *Barrikaden und Puffer* – befindet sich Ihr Team in der typischen Umgebung der »offenen Tür« und Strategien, wie sie oben beschrieben wurden, sind nicht machbar, dann tun Sie, was Sie können, um das Team in zusammenhängenden Kabinen unterzubringen. Ergreifen Sie dann alle erdenklichen Maßnahmen, die nötig sind, um diese Gruppe von Kabinen vor dem Zugriff durch die übrigen »Insassen« des Büros zu schützen. Schalten Sie die Gegensprechanlage aus und auch alle sonstigen Lautsprecher an der Decke (seien Sie darauf gefasst, dies jede Woche tun zu müssen, weil der Raumservice sein Bestes tun wird, um die Geräte zu reparieren). Ziehen Sie die Telefone aus der Dose oder, wie DeMarco/Lister empfehlen, stopfen Sie Wolle in die Klingelmechanik aller vorhandenen Uhren. Wenn Sie eine ganze Etage oder ein komplettes Gebäude übernehmen können, umso besser. Hissen Sie eine Piratenflagge auf dem Dach, wie es Steve Jobs bei seinem Macintosh-Projekt bei Apple auch tat. Installieren Sie schließlich einen Wächter, um unerwünschten Besuch davonzujagen.

Einige dieser Aktionen werden aggressivere Antworten durch die Unternehmensbürokratie hervorrufen als andere. Das Team und sein Manager werden selbst entscheiden müssen, welche Strategie die effektivste ist. Ich möchte aber betonen, dass ich diese Strategien ernst meine, trotz der offensichtlichen Tatsache, dass sie Regeln brechen, die man fast in jedem größeren Unternehmen findet. Sich derart mit der Bürokratie anzulegen, ist nichts für Ängstliche. Ist der Projektmanager nicht gewillt, sich zu erheben und für gute Arbeitsbedingungen zu kämpfen, warum sollte dann das Projektteam bereit sein, außergewöhnliche Opfer im Namen des Unternehmens und des Projektmanagers zu bringen?[7,8]

4.6 Zusammenfassung

Begabte Leute, Teams, die an einem Strang ziehen und angenehme Arbeitsbedingungen reichen aber nicht aus, den Erfolg eines Himmelfahrtskommandos zu garantieren. Wie Sie in den nächsten beiden Kapiteln sehen werden, sind gute Software-Prozesse und gute Technologien ebenso wichtige Bestandteile des Erfolgs. Die wichtigsten Zutaten von allen sind jedoch die Menschen. Wie Ronald Reagan es ausdrückte:

Umgeben Sie sich mit den besten Leuten, die Sie finden können, delegieren Sie Autorität, und greifen Sie nicht ein.

> Ronald Reagan, aus Reagans *Reign of error*, »Mission Impossible« (ed. Mark Green und Gail MacColl, 1987).

4.7 Anmerkungen

1. Sie wissen sicher, welches Buch das ist: *Die Psychologie des Programmierers*. Erste Auflage 1971, kurz nach Erfindung der Elektrizität und lange, bevor das Internet mehr wurde als nur ein Glitzern in den Augen. Eine »silberne« Jubiläumsausgabe wurde im Jahr 1998 von Dorset House publiziert und wird in Kürze in deutscher Sprache bei vmi-Buch erscheinen.

2. Von: Doug Scott, 100072,1276
An: Ed Yourdon, 71250,2322
Betrifft: Kapitel 3 fertig, Kapitel 4 Fragen
Abschnitt: The Cutter Edge [14], Forum: CASE - DCI

Datum: Mon, 29. Juli , 1996, 3:52:07 PM
Ed,
> 1. Wie entscheidend ist es für den Projektmanager, den
Freiheitsgrad zu haben, selbst seine Projektteammitglieder zu wählen?
Es ist ein weiterer Aspekt von Himmelfahrtskommandos,
dass der Projektmanager keinen (oder nicht genügend)
Einfluss auf die Wahl seiner Leute hat. Was sage ich? Es
wäre in der Tat ein Traumprojekt, wenn man alle Leute
bekäme, die man sich wünscht -- aber es gibt gar nicht
genug solcher Leute. Sollte der Projektmanager auf der
Stelle zurücktreten? Du nimmst an, er weiß, was das für
Leute sind, wenn er sie bekommt. Ich habe sie gewöhnlich
schon in meinem Team vorgefunden, bevor ich wusste, wie
gut oder schlecht sie waren. Ich kenne keine Maßnahmen
dagegen, die erfolgreichen wären. Himmelfahrtskommandos
enden oft in der verzweifelten Situation, dass das obere
Management dich mit Geld bewirft »Sie wollen noch weitere
20 Leute?«. Ich nehme diese Bimbos immer an. Ich lasse
sie die Kaffeemaschine bedienen, Sicherungen auswechseln
und andere wichtige Dinge tun, während ich mich um die
besseren kümmere. (Es werden sich schon zufällig ein paar
bessere finden.) Dann kannst du die Bimbos dabei
unterstützen, zu kündigen, während du gleichzeitig den
Druck aufrechterhältst, mehr und mehr Leute zu finden,
die diese ersetzen können. Ich hatte einen Fall, da
konnte ich die originale Personalausstattung auf 20
Prozent reduzieren, unter Beibehaltung des
Arbeitsergebnisses -- die Qualität dieser Ergebnisse war
jedoch exzellent. Das ist sicher für niemanden eine
Überraschung. Man erreicht dies durch dauerndes Fordern
von mehr Ressourcen, während gleichzeitig welche
ausgemustert werden.
>2. Wie sollte der Projektmanager mit Belohnungen umgehen?
Oberste Priorität ist, den Druck von den Leuten
wegzunehmen. Der erste Empfänger einer Belohnung sollte
deshalb der Partner oder die Familie eines Mitarbeiters
sein. Blumensträuße sind ein guter Anfang. Unterstütze
die ganze Familie -- denn die bringt die Opfer.

>3. Wie steht es mit Überstunden?
Wie du dir vorstellen kannst, sind diese in
Himmelfahrtskommandos nicht vermeidbar. Im Zusammenhang
mit Zwischenlieferungen muss allerdings sichergestellt
werden, dass die Überstunden schubweise geleistet werden
können und dass diese dann auch wieder verringert werden
können. Du kannst die Leute nicht sehr lange bei 90
Prozent arbeiten lassen. Ich war noch nie in einem
Unternehmen, das Überstunden bezahlt hat, und ich mag so
etwas auch nicht. Es ist so, als wolle man diejenigen
belohnen, die ihre Sache nicht ganz so gut machen. Besser
wäre es, diejenigen zu belohnen, die auch noch am Ende
des Projekts mit einem Zeitbonus dastehen. So etwas wird
in Monatsgehältern gezählt, nicht in Äpfeln und Eiern.
>Was ist für den Projektmanager die wichtigste
Sache im Zusammenhang mit Personal- und Teamfragen?
Antwort: Da sein! Zuhören! Vertrete ihre Sicht der Dinge
gegenüber dem oberen Management und stelle sicher, dass
man sich mit der Sache befasst, und zwar schnell und
effektiv. Hol den Kaffee, wenn es sein muss. Mach mit!
>Was sind die wichtigsten Dinge, die du für dich selbst und
für deine Teamkameraden im Verlauf des Projekts tun
kannst? Dasselbe. Helft euch gegenseitig, so dass die
Arbeit in der kürzestmöglichen Zeit getan werden kann. Du
könntest sogar früher nach Hause gehen. Ich merke, dass
ich mir eine ganze Menge Sorgen über verheiratete Leute
mache. Das liegt daran, dass die Partner in
Himmelfahrtskommandos oft ignoriert werden. Ich habe oft
mit ansehen müssen, wie Ehen durch Himmelfahrtskommandos
gescheitert sind (das gilt auch für meine eigene). Das
muss nicht so sein, wenn man gut managt. Singles haben
mehr Freiheitsgrade und sie fühlen sich nicht so schnell
gefangen. --Doug

3. Sie könnten entgegnen, das sei gesunder Menschenverstand, und kein Manager sei so dumm. Dies zeigt, dass Sie nicht genug *Dilbert Cartoons* gelesen haben und dass Sie noch nicht von Will Roger's Beobachtungen gehört haben, nämlich dass »der gesunde Menschenverstand« gar nicht gesund ist.

4. Auf der Höhe des dot.com Booms bedienten sich viele der schillernden Silicon-Valley Unternehmen der sogenannten »Pförtner«-Firmen. Diese bieten Reinigungsdienste, Lebensmittel-Lieferungen, Geburtstagseinkäufe, Jubiläumsgeschenke und andere persönliche Besorgungen. Leider waren die meisten dieser Pförtnerfirmen selbst dot.com's, so dass die überwiegende Mehrheit dieser Firmen mit dem dot.com-Kollaps wieder verschwand.

5. Von: Dave Kleist, 70730,1613
An: Ed Yourdon, 71250,2322
Betrifft: Kapitel 3 fertig, Kapitel 4 Fragen
Abschnitt: The Cutter Edge [14], Forum: CASE - DCI
Datum: Dienstag, 30 Juli, 1996, 9:55:08 PM
Ed,
» 2. Wie sollte der Projektmanager die Vergabe von
Belohnungen handhaben?«
» 3. Was ist mit den Überstunden?
Während vernünftige Leute sagen könnten, Überstunden
seien bei »normalen« Projekten keine besonders gute Idee,
ist es ziemlich schwierig, sie in einem Himmelfahrtskommando zu vermeiden. Wie viel davon sollte man erwarten?« Wie viele Überstunden kann man sich leisten? Außer,
wenn Aktienoptionen der Firma genauso großzügig an die
Mitglieder wie an das Seniormanagement verteilt werden,
gibt es eigentlich keine Form der Kompensation, die man
als Belohnung (ich benutze das Wort Belohnung mit
positivem Unterton) für die Teilnahme an einem Himmelfahrtskommando qualifizieren könnte. Der Projekt- manager
hat selten die Kontrolle über solche Ausgleichszahlungen. Was man wirklich machen sollte, ist, die
Überstunden bei der nächsten Gehaltszahlung schlichtweg
zu zahlen. Das gibt den Leuten, die das Meiste für das
Projekt opfern, etwas zurück und bestraft (mit Hilfe des
Budgets) diejenigen (oberes Management usw.), die es
nötig haben, die echten Projektkosten kennen zu lernen.
Wenn du im Begriff bist, bei einem Himmelfahrtskommando
mitzumarschieren, solltest du nach Kilometern bezahlt
werden.
- Dave

6. Von: Dale Emery (SL), 72704, 1550
An: Ed Yourdon, 71250,2322
Betrifft: Kapitel 3 fertig, Kapitel 4 Fragen
Abschnitt: The Cutter Edge [14], Forum: CASE - DCI
Datum: Mittw., 31. Juli, 1996, 5:21:01 PM
Ed,
»1. Wie entscheidend ist es für den Projektmanager eines
Himmelfahrtskommandos, die Freiheit zu haben, seine
Projektteammitglieder selbst zu wählen?
Kein Zweifel, das ist wichtig. Aber wie wichtig? Wenn das
Management sagte »Tut mir Leid, aber die einzigen
verfügbaren Leute für dieses Projekt sind Helmut Panik,
Maria Langsam und Ansgar Nixweiß!«, was dann? Sollte der
Projektmanager auf der Stelle kündigen?
Ich glaube, die Freiheit, das Projektteam selbst
auszuwählen, ist genauso wichtig wie jeder andere
Parameter des Projekts. Selbst, wenn du den Zeitplan
nicht bestimmen kannst, gibt es fast immer noch die
Möglichkeit, offen zu sagen, wie der Zeitplan andere
Parameter beeinflusst. Selbst wenn du die
Projektmitglieder wählen kannst, kannst du dir immer noch
über den Einfluss ihrer Fähigkeiten auf andere Parameter
im Klaren sein.
»4. Was sind neben dem Management von Überstunden die
wichtigsten Dinge für den Projektmanager in einem
Himmelfahrtskommando bezüglich Personalfragen und
Teamarbeit? Bedenke immer, dass die Leute, die für dich
und das Projekt arbeiten, genauso wichtig sind wie du und
deine Chefin. Und exakt genauso wichtig wie der Kunde.
Wenn du zulässt, dass diese Bilanz aus dem Gleichgewicht
gerät, und du anfängst, die Leute im Team so zu
behandeln, als seien ihre Interessen für dich nicht
wichtig, haben sie das sehr schnell heraus. Was denkst
du, was dann zum Beispiel mit den Aussagen zum Thema
Engagement passiert?
Achte auf die Beziehungen im Team und gib dir Mühe, die
Zusammenarbeit im Team im Verlauf der Zeit zu pflegen.
Ein Himmelfahrtskommando erzeugt enormen Druck, der
wiederum in der Lage ist, kleine Störungen zu verstärken
und zu großen Konflikten zu machen. Periodische Messungen

der »Temperatur« der Gruppe können dir dabei helfen, sich mit den Beziehungen und Kommunikationsproblemen zu befassen, während sie noch klein sind.
» 5. Die gleiche Frage aus der Perspektive der Projektmitarbeiter: Was sind für dich und deine Teamkollegen die wichtigsten Dinge?« Halte irgendwie fest, was du aufgibst, und nimm mit, was du an Gewinn aus dem Projekt herausziehen kannst. Vergewissere dich ab und zu, dass dir die Bilanz noch gefällt. Wenn nicht, dann tu was, um es dahingehend zu verbessern. Der Schlüssel ist, sich dessen bewusst zu bleiben, was du brauchst und was du bereit bist, dafür zu tun. Denk daran, dass du deine Wahl selbst getroffen hast. Verbessere die Alternativen gegenüber der Fortsetzung des Projekts. Es ist wunderbar, Alternativen zu haben.
- Dale

7. Andererseits ist es eines der Probleme von Taktiken, die garantiert die Bürokratie ärgern, dass Schlüsselleute außerhalb des Teams Ihnen nur noch widerwillig helfen. Wie Paul Neuhardt mir in seiner jüngsten E-Mail erklärte:

Als klar wurde, dass wir verloren hatten, ließ ich die Dinge noch eine Zeit laufen nach dem Motto »Wir kriegen das sicher bald wieder hin.« Bald aber konnte selbst ein Schwachsinniger sehen, dass dieses Projekt keines mehr war. Also suchte ich eine Lösung. Ich versuchte es mit »zur Hölle mit dem Management, lasst es uns auf unsere Weise versuchen«. Das funktionierte sogar eine Weile, aber einige der wichtigsten externen Leute fürchteten das Management so sehr, dass sie uns nicht mehr unterstützen wollten, bevor nicht grünes Licht von der Geschäftsleitung kam. Als Nächstes kam »Das Personalkarussell im Management scheint sich zu drehen, wenn wir die jetzigen Manager überleben, könnten wir wieder in die Spur kommen.« Jawoll! Die Köpfe wechselten zwar, aber es blieb dasselbe Lied.

8. Von: Paul Neuhardt, 71673,454
An: Ed Yourdon, 71250,2322
Betrifft: Kapitel 3 fertig, Kapitel 4 Fragen
Abschnitt: The Cutter Edge [14], Forum: CASE - DCI

Datum: Montag, 29. Juli, 1996, 10:56:27 PM Ed,
Ich bekenne hiermit offen: Ich war als Projektmanager
eines Himmelfahrtskommandos ein Flop, glaube ich wenigstens. Der Grund, warum ich das sage, ist der, dass ich
wahrscheinlich die Fähigkeit verloren hatte, das Team zu
motivieren. Meine Erfahrungen als Manager von Himmelfahrtskommandos sind von der Art, die ich früher als
»Vermisste Patrouille« bezeichnet habe. Vielleicht wäre
es gar kein Himmelfahrtskommando geworden, wenn wir
jemals ein festes Ziel vor Augen gehabt hätten, aber bei
täglich wechselnden Zielen schlugen wir uns ewig mit
Erwartungen aus der Führungsetage herum, und unsere
Fähigkeit, erfolgreich zu sein, wurde immer geringer. Ich
hatte ein Team aufgebaut, das wirklich an das Projekt
glaubte. Die Leute wollten neue Technologien erlernen,
ihren Horizont erweitern und den Zustand der Systeme in
der Firma verbessern. Bonuszahlungen für die Vollendung
eines Projekts gab es nicht. Aber dafür Beförderungen,
Gehaltserhöhungen und Prestige. Das alles motivierte
meine Mannschaft. Als klar wurde, dass wir verloren
hatten, ließ ich die Dinge noch eine Zeit laufen nach dem
Motto »Wir kriegen das sicher bald wieder hin.« Bald aber
konnte selbst ein Schwachsinniger sehen, dass dieses Projekt keines mehr war. Also suchte ich eine Lösung. Ich
versuchte es mit »zur Hölle mit dem Management, lasst es
uns auf unsere Weise versuchen«. Das funktionierte sogar
eine Weile, aber einige der wichtigsten externen Leute
fürchteten das Management so sehr, dass sie uns nicht
mehr unterstützen wollten, bevor nicht grünes Licht von
der Geschäftsleitung kam. Als Nächstes kam »Das Personalkarussell im Management scheint sich zu drehen, wenn
wir die jetzigen Manager überleben, könnten wir wieder in
die Spur kommen.« Jawoll! Die Köpfe wechselten zwar, aber
es blieb dasselbe Lied.
Zu dieser Zeit war ich wahrscheinlich die schlechtest-
gelaunte Person im ganzen Projekt. Ich war nicht nur
selbst in der Wüste gelandet, sondern hatte auch verschiedene Leute mit hineingezogen, die ich respek- tierte
und mochte. Ich war nicht nur verrückt, ich fühlte mich
richtig schuldig. Ich brauche nicht zu sagen, dass es

fast unmöglich ist, die Leute bei Laune zu halten, wenn man selbst einen Riesenkoller bekommt, der mit den Worten endet: »Schmeiß doch einfach diesen Job hin ...«. Was da alles in mir kaputt gegangen ist! Ich bekam einen anderen Job, entschuldigte mich bei meinem Team dafür, dass ich sie mit in die Hölle genommen hatte, und ging. Im neuen Job gelang es mir zumindest, durch Vorbildsein zu führen. Von den zehn Leuten aus meinem Team ein Jahr zuvor arbeitet nur noch einer für jene Firma. Nicht, dass du darum gebeten hättest, aber mir geht es besser, weil ich das mal sagen konnte. Ich zahle aber keine 150 Dollar pro Stunde (oder was auch immer Psychotherapeuten heutzutage bekommen). Ich gebe dir allerdings einen aus, wenn du demnächst in Boston bist. Komm doch einfach vorbei! Paul

4.8 Literatur

1. Tom DeMarco und Tim Lister, *Wien wartet auf Dich*, München, Hanser-Verlag, 1999

2. Frederick Herzberg, *One more time: How Do You Motivate Employees?*, Harvard Business Review, Sept.-Oct. 1987

3. John Boddie, *Crunch-Mode*, Prentice Hall/Yourdon Press, 1987, Seite 124.

4. Rob Thomsett, *Effective Project Teams: A Dilemma, a Model, a Solution*, American Programmer, Juli–August 1990. 11. Binder's Artikel über Team-Evolution

5. Peter R. Scholtes, Brian L. Joiner and Barbara Streibel, *The Team Handbook* Oriel, Inc., 1996

6. Rich Cohen und Warren Keuffel, *Pull Together*, Software Magazine, August 1991.

7. Larry Constantine, *Constantine on Peopleware*, Englewood Cliffs, NJ: Prentice Hall, 1995.

8. Larry Constantine, *The Peopleware Papers*, Englewood Cliffs, NJ: Prentice Hall, 2001.

8. Daniel J. Couger und Robert A. Zawacki, *Motivating und Managing Computer Personnel*, New York: John Wiley & Sons, 1980).

9. B.Curtis, W.E. Hefley, und S . Miller, *People Capability Maturity Model*, Draft version 0.3, Pittsburgh, PA: Software Engineering Institute, April 1995.

10. Tom DeMarco und Timothy Lister, *Programmer Productivity and the Effects of the Workplace*, Proceedings of the 8th ICSE, Washington, DC: IEEE Press, 1985.

11. Richard J. Hackman (ed.), *Groups That Work (and Those That Don't): Creating Conditions for Effective Teamwork*, San Francisco, CA: Jossey-Bass, 1990.

12. Tom DeMarco, Slack: *Getting Past Burnout, Busywork and the Myth of Total Efficiency*, Broadway Books, 2001.

12. Watts Humphrey, *Managing for Innovation: Leading Technical People*, New York: McGraw-Hill, 1987.

13. Magid Igbaria und Jeffrey H. Greenhaus, *Determinants of MIS Employees' Turnover Intentions*, Communications of the ACM, February 1992.

14. J.R. Katzenbach und D.K. Smith, *The Wisdom of Teams*, Boston, MA: Harvard University Press, 1993.

15. Guy Kawasaki, *The Macintosh Way: The Art of Guerrilla Management*, Glenview, IL: Scott Foresman and Company, 1989.

16. J. P. Klubnik, *Rewarding and Recognizing Employees*, Chicago, IL: Irwin Publishers, 1995.

17. Otto Kroeger und Janet M. Thuesen, Type Talk: *The 16 Personalities That Determine How We Live, Love, and Work*, New York: Bantam Doubleday, 1988.

18. Susan A. Mohrman, Susan G. Cohen und Allan M. Mohrman, Jr., *Designing Team-Based Organizations*, San Francisco, CA: Jossey-Bass, 1995.

19. Peter Senge, *Die fünfte Disziplin*, Stuttgart: Klett-Cotta, 2001.

20. S.B. Sheppard, B. Curtis, P. Milliman, und T. Love, *Modern Coding Practices and Programmer Performance*, IEEE Computer, December 1979.

21. Paul Strassmann, Internet: *A Way for Outsourcing Infomercenaries?*, American Programmer, August 1995.

22. Auren Uris, *88 Mistakes Interviewers Make and How to Avoid Them*, New York: American Management Association, 1988.

23. J.D. Valett und F.E. McGarry, *A Summary of Software Measurement Experiences in the Software Engineering Laboratory*, Journal of Systems and Software, Vol. 9, No. 2, 1989, pp. 137–148.

24. Susan Webber, *Performance Management: A New Approach to Software Engineering Management*, American Programmer, Juli-August 1990.

25. Gerald M. Weinberg, Die Psychologie der Programmierung, Bonn, vmi-Buch, 2004

28. Gerald M. Weinberg, *Understanding the Professional Programmer*, New York: Dorset House, 1988.

29. Mike West, *Empowerment: Five Meditations on the Soul of Software Development*, American Programmer, Juli–August 1990.

30. Ken Whitaker, *Managing Software Maniacs*, New York: John Wiley & Sons, 1994.

Kapitel 5

Prozesse in einem Himmelfahrtskommando

Methodologie ermöglicht es Leuten, die keine Ideen haben, etwas zu tun.

Mason Cooley, *City Aphorisms*, Elfte Auswahl

Die herkömmliche wissenschaftliche Methode ist seit jeher überwiegend nach rückwärts gewandt. Sie ist brauchbar, wenn man wissen will, wo man gewesen ist. Sie ist brauchbar, wenn man die Wahrheit dessen überprüfen will, was man zu wissen glaubt, aber sie kann einem nicht sagen, wohin man gehen soll

Robert M. Pirsig, *Zen und die Kunst sein Motorrad zu warten*, Teil 3, Kapitel 24 (1974)

Wenn Sie sich nur ein einziges Wort dieses Kapitels oder des ganzen Buchs, das sie gerade lesen, merken, dann sollte das Triage sein. Aus dem Titel dieses Kapitels könnten Sie schließen, dass ich mich hier auf bekannte Methoden wie »strukturierte Analyse« oder formale Prozessdisziplinen wie das »SEI Capability Maturity Model (CMM)« oder verschiedene Prototyping-Ansätze, im Allgemeinen als RAD (»Rapid Application Developement«) bezeichnet, konzentrieren werde. Dies sind alles wichtige und in diesem Zusammenhang relevante Ansätze. Der wichtigste Gedanke jedoch ist: Sie haben in einem Himmelfahrtskommando einfach nicht genug Zeit, alles zu tun, worum die Anwender bitten. Wenn Sie Ihre Prozesse und Methoden um diese nüchterne Tatsache herum einrichten, dann haben Sie eine Chance auf Erfolg. Wenn Sie aber meinen, dass Sie mit der Codierung nicht beginnen können, bevor nicht alle Struktur- oder Flussdiagramme durch den Benutzer genehmigt wurden, werden Sie zweifellos scheitern.

Das bedeutet aber nicht, dass wir all die anderen, verfahrensbezogenen Ansätze und Strategien ignorieren sollten (sie werden später in diesem Kapitel berücksichtigt). Wie Sie aber sehen werden, bin ich generell der Meinung, dass diese im Rahmen einer strategischen Unternehmensentscheidung eingeführt und nicht einem Himmelfahrtskommando als eine Art verzweifelter taktischer Trick aufgedrückt werden sollten, um dessen Scheitern noch zu verhindern. Auch hier gilt das Konzept der Triage. Das Team in einem Himmelfahrtskommando wird diejenigen Methoden aufgeben, von denen es annimmt, sie seien in der gegebenen Situation wenig hilfreich und nicht so wichtig (wie detaillierte Minispezifikationen in einem strukturierten Analysemodell). Stattdessen wird es seine Ressourcen darauf ausrichten, was ihm am hilfreichsten erscheint. Genauso sollte ein Projektmanager, wenn er nur ein paar Augenblicke hat, dieses Kapitel zu lesen, sich nur das Wichtigste hernehmen und den Rest überschlagen, falls nötig. Ich habe die Diskussion in diesem Kapitel entsprechend aufgebaut.

5.1 Das Konzept der Triage

Das Wort »Triage« stammt von dem alten französischen Wort »triere« (sortieren) ab. Im Lexikon findet man folgende Erklärung: Triage:

1. Ein Prozess für die Gruppierung von Verletzten entsprechend Hilfebedürftigkeit oder gem. dem wahrscheinlichen Nutzen sofortiger medizinischer Behandlung. Die Triage-Methode findet Anwendung auf dem Schlachtfeld, in Katastrophengebieten und in den Notaufnahmen von Krankenhäusern bei begrenzten medizinischen Ressourcen.

2. Ein System zur Zuweisung knapper Güter wie z.B. Lebensmittel nur an diejenigen, die den größten Nutzen hiervon haben.

Die meisten von uns sind mit dem medizinischen Aspekt einer Triage vertraut, aber die zweite Definition aus dem Lexikon ist für unsere Diskussion in Zusammenhang mit einem Himmelfahrtskommando wichtiger: Es geht um die Zuweisung eines knappen Gutes (in unserem Zusammenhang ist das knappste gewöhnlich die Zeit) derart, dass wir von diesen Maßnahmen den größten Nutzen ableiten können. Oder, wie Stephen Covey es in *First Things First* [1] ausdrückte: *Das Wichtigste ist, sicherzustellen, dass das Wichtigste überhaupt das Wichtigste ist.* (Coveys Buch konzentriert sich hauptsächlich auf das persönliche Zeitmanagement, das wir in Kapitel 8 detaillierter diskutieren werden) Die meisten Ansätze des Prototypings und des RAD sind mit dem Triage-Konzept kompatibel. Einige nehmen sogar ausdrücklich Bezug hierauf. Beim RAD liegt aber die Betonung darauf, irgendetwas, das heißt eigentlich alles, so schnell zum Funktionieren zu bringen, dass es einem Anwender mit dem Ziel gezeigt werden kann, (a) dass greifbarer Fortschritt erzielt wurde oder (b), um Rückmeldungen zur Funktionalität des Systems und (meistens) der Benutzerschnittstelle zu erhalten. Das ist alles sehr nützlich, aber wenn das Projektteam seine Ressourcen darauf gerichtet hat, erste Prototypen mit reizvollen, aber sinnlosen beziehungsweise unwichtigen Leistungsmerkmalen zu entwickeln, dann verschwenden das Team und der Anwender ihre Zeit.

Der Grund hierfür ist die subtile, aber gefährliche Annahme vieler Software-Engineeringmethoden – sei es der Wasserfallzyklus oder das jüngere Prototyping. Es ist die Annahme, dass »wir es schon irgendwie alles schaffen werden, bevor der Endtermin da ist«. Vielleicht liegt das daran, dass viele von uns in einem Zuhause aufgewachsen sind, in dem wir die Teller leer essen mussten, bevor wir den Tisch verlassen konnten. Jedenfalls ist das unausgesprochene Motto vieler Projektteams »Wir lassen keine Anforderung unerfüllt.«

Ein nobles Ziel zwar, aber fast immer unerreichbar, jedenfalls in einem Himmelfahrtskommando. Wie ich in Kapitel 1 erwähnte, haben die meisten Himmelfahrtskommandos offizielle Anforderungen, die im Wesentlichen die Ressourcen des Teams übersteigen. Speziell die Personalressourcen und der Zeithorizont werden zu 50 bis 100 Prozent überzogen. Die Antwort des naiven Teams eines Himmelfahrtskommandos ist die Hoffnung, durch Verdoppelung der Überstunden das vorhandene Defizit irgendwie kompensieren zu können. Ein zynisches Selbstmordteam reagiert auf diese Situation mit der Annahme, dass dieses Projekt eben 50 bis 100 Prozent hinter dem Zeitplan liegen wird, wie jedes Projekt. Selbst das zynische Team liegt gewöhnlich völlig falsch, denn es nimmt auch noch an, dass es früher oder später (gewöhnlich sehr viel später!) die vom Kunden geforderte Funktionalität implementieren wird.

Der Schlüssel von Himmelfahrtskommandos ist nun, dass nicht nur einige Anforderungen unerfüllt bleiben, wenn der Endtermin da ist. Sie werden tatsächlich niemals implementiert! Angenommen, die vertraute 80/20-Regel gilt, dann wäre das Team in der Lage, 80 Prozent des Nutzens eines Systems durch die Implementierung von 20 Prozent aller Anforderungen zu liefern – wenn es die richtigen 20 Prozent implementiert. Da aber der Anwender das System viel früher in Betrieb nehmen möchte als es das Projektteam für vernünftig hält, nimmt der Anwender die bestehenden 20 Prozent und plagt sich nicht damit herum, die restlichen 80 Prozent der Systemfunktionalität zu fordern.

Das ist natürlich extrem und vereinfacht dargestellt, aber in fast allen Himmelfahrtskommandos, in die ich selbst involviert war, wäre es extrem sinnvoll gewesen, die Systemanforderungen Triage-mäßig zu gruppieren, etwa nach den Kategorien »muss«, »sollte« und »könnte«. Die Bedeutung dieser drei ist offensichtlich, und die Tatsache, dass es nur drei sind, verhindert allzu viel irrelevante Zankerei darüber, ob eine bestimmte Anforderung in eine Kategorie 6 oder 7 gehört. Hat man erst einmal eine solche Triage durchgeführt, ist natürlich die nahe liegende Projektstrategie, zuallererst den Fokus auf die »Muss«-Anforderungen zu legen. Wenn dann noch Zeit übrig bleibt, dann nimmt man sich die »Sollte«-Anforderungen her. Wenn schließlich ein Wunder geschieht, dann können Sie auch noch an den »Könnte«-Anforderungen arbeiten.

Das Versäumnis, solch eine Strategie gleich zu Anfang des Projektes zu verfolgen, führt gegen Ende des Projektes oft zu einer schweren Krise. Außer den unangenehmen politischen Konsequenzen belegt es auch etwas, was ein Kollege Dean Leffingwell als »verschwendetes Inventar« bezeichnet. Um das zu verstehen, beobachten wir doch einmal, was zu Beginn eines typischen Himmelfahrtskommandos passiert. Am Anfang gibt niemand gerne zu, dass der Zeitplan unrealistisch ist, am wenigsten der Anwender und das obere Management. Der Projektmanager und die Teammitglieder mögen vielleicht so ein Gefühl in der Magengegend haben, sie könnten in ein Himmelfahrtskommando hineingeraten sein. Wenn sie aber mal optimistisch auf das Projekt schauen, könnten sie sich auch vorstellen, dass das Projekt vom »Mission Impossible«-Typ sein könnte, bei dem sie dann später durch das entsprechende Wunder gerettet werden. Der Schlüssel hierbei ist, dass der Endtermin so weit weg ist – normalerweise sechs Monate oder ein Jahr –, dass niemand sich der Realität stellen muss, dass die Ziele unmöglich sind.

Politischer Druck und die Naivität der Mannschaft können sogar tatsächlich verhindern, dass eine erneute Abschätzung des Projektes etwa in der Mitte des Zeitplans stattfindet. Ironischerweise wird das Problem noch dadurch verstärkt, dass das Projektteam so etwas einsetzt wie RAD und Prototyping. Hiermit verlängern sie gegenüber dem Anwender die Illusion, alles könne pünktlich erledigt werden. Dem Projektteam aber wird inzwischen klar, dass ihnen das Projekt über den Kopf wächst. Wenn das auch noch das erste Himmelfahrtskommando des Projektmanagers ist, glaubt dieser in seiner Naivität, dass der Leitungskreis und der Anwender schließlich zur Besinnung kommen werden.

Nun, die Dinge funktionieren gewöhnlich leider nicht so. Die Krise kommt in dem Augenblick, wenn der Benutzer oder das obere Management schließlich erkennen müssen, dass das System trotz aller Forderungen an und Versprechen durch den Projektmanager nicht pünktlich geliefert werden kann. Dies ist oft einen Monat vor dem Endtermin der Fall, manchmal auch eine Woche früher, aber manchmal auch einen Tag nach dem Endtermin! Abhängig vom Verlauf der politischen Scharmützel bis zu diesem Zeitpunkt und in Abhängigkeit vom Grad der Erschöpfung und Enttäuschung des Projektmanagers gibt es verschiedene Möglichkeiten, wie diese Geschichte dann weitergeht. Häufig schließen die leitenden Herren aus dieser Situation, dass das gesamte Problem in dem Versagen des Projektmanagers besteht. Dieser unglückliche Mensch wird entlassen (falls er nicht schon selbst gekündigt hat!), und es wird ein neuer Projektmanager installiert. Ihm gibt man nun die hilfreiche Anweisung: »Räum den ganzen Mist auf und bringt das System zum Laufen!«

Der neue Projektmanager kann ein kampferprobter Projektveteran aus dem Unternehmen sein, aber auch ein externer Berater. Manchmal findet der neue Manager heraus, dass sein Vorgänger einige fundamentale Fehler gemacht hat (zum Beispiel keinen Zeitplan oder keinen Defensivplan mit Rückfalllinien aufgestellt). Manchmal findet der neue Manager auch heraus, dass der frühere Projektmanager zwar grundsätzlich die richtigen Dinge getan hat, es aber nicht verhindern konnte, dass man ihn zum Sündenbock machte, und dass das obere Management schließlich die Tatsache hinnehmen muss, dass seine ursprünglichen Forderungen unmöglich erfüllt werden konnten.

Was auch immer die Einschätzung ist, eines ist sicher: Der neue Projektmanager muss die Tatsache erwähnen, dass der vollständige Anforderungskatalog nicht zum ursprünglichen Termin realisiert werden kann. Wenn das nicht der Fall wäre, wäre ja der ursprüngliche Projektmanager wahrscheinlich nicht zuerst gefeuert worden. Was macht also der Ersatzmanager? Die offensichtlichsten Optionen sind:

- neue Verhandlungen zum Endtermin
- neue Verhandlungen zum Anforderungskatalog

Die erste Möglichkeit könnte akzeptabel sein, ist aber in einem Himmelfahrtskommando wenig wahrscheinlich. In der Regel findet sich der Grund für den durch den Benutzer aufgestellten unvernünftigen Zeitplan in dem verzweifelten Wunsch, das System aus geschäftsstrategischen Gründen möglichst bald zu haben. Da die Verhandlungen mit dem Ersatz-Projektmanager zeitnah zum Endtermin stattfinden, hat die Benutzergemeinde wahrscheinlich schon eigene Pläne für die Inbetriebnahme des Systems erstellt. Das Letzte, was sie hören wollen, ist, dass sich die Fertigstellung des Systems um weitere sechs bis zwölf Monate verschiebt.

Folglich ist der allgemeine – und erfolgreiche – Verhandlungstrick eine Triage der ursprünglichen Anforderungen. Man beachte, dass der Ersatz-Projektmanager aus einer starken Position heraus verhandelt – es ist nicht sein Fehler, dass das Projekt derart im Schlamassel steckt. Es gibt auch ein unausgesprochenes, gemeinsames Bewusstsein dafür, dass das Management und die Benutzer an erster Stelle ganz schön dumm waren, in diese Situation hineingeraten zu sein. Der neue Projektmanager könnte sogar seine Akzeptanz auf dem Erfolg seiner Verhandlungen gründen – zum Beispiel mit einer Bemerkung wie »Wenn Sie wollen, dass ich dieses Desaster-Projekt übernehme, dann müssen Sie die Tatsache akzeptieren, dass wir nur einen kleinen Teil der ursprünglichen Funktionalität innerhalb des Zeithorizonts, den Sie vorgeben, liefern können. Das ist die Situation, akzeptieren Sie es oder eben nicht.« Bisher ist das alles noch ziemlich klar – auch wenn es für einen Berater entmutigend ist, so etwas immer und immer wieder miterleben zu müssen. Aber nun kommt Dean Leffingwells Frage: »Was ist mit dem bisher Erreichten?« Das heißt, was ist mit den Dingen, die das Projekt erzeugt hat, bevor die Krise eintrat und bevor der neue Projektmanager die

Sache in die Hand nahm. Es ist möglich, dass das Projektteam eine Menge Code und vielleicht auch einige Testdatensätze geschrieben hat. Es könnte auch schon einige Dokumentationen geben, vielleicht auch Entwurfsmodelle und Modelle der strukturierten Analyse. Was passiert mit all dem Bestand an abgeschlossener, geleisteter Arbeit? Die nüchterne Antwort hierauf lautet: Das meiste hiervon wird verworfen.

Dies sieht fast aus wie unnötiger Pessimismus. Warum nimmt man nicht jene teilweise fertige Arbeit und verwendet diese weiter? Meistens geschieht genau dies. Aber es setzt die Existenz guter Werkzeuge voraus, geregelte Prozesse für das Versionsmanagement, Konfigurationsmanagement, Quellcodekontrolle usw. – all das, was in der Hitze des Gefechts vielleicht aufgegeben wurde, als das Team sich darauf konzentrierte, so viele Ergebnisse wie nur irgend möglich zu erzielen.

Der wahre Grund, warum all diese geleistete Arbeit schließlich verworfen wird, ist der, dass wohl niemand die Zeit haben wird, diese Arbeitsprodukte wieder in seine Arbeit aufzunehmen. Angenommen, das Projektteam (jetzt mit einem neuen Manager, der respektiert wird oder auch nicht) ist in der Lage, das absolute Minimum an Funktionalität zu liefern. Üblicherweise ist die Hälfte des Teams in dieser Situation so erschöpft, dass sie aussteigt. Die Benutzer sehen das Projekt inzwischen so distanziert, dass sie sich um die noch übrige Funktionalität nicht mehr kümmern werden. Selbst wenn sie das tun, und die ursprüngliche Mannschaft sogar noch intakt ist, ist es wahrscheinlich so, dass in der Architektur des Systems so viel Änderungen vorgenommen wurden, um nur das Kernsystem zu liefern, dass die halbfertigen Arbeitsergebnisse (die sich auf unkritische Anforderungen beziehen) nicht länger brauchbar sind. Merken Sie, dass diese Diskussion nichts mit strukturierter Analyse, dem SEI-CMM oder anderen Lehrbuchmethoden zur Software-Entwicklung zu tun hat? Es geht um reine Vernunft, und zwar um kritische Vernunft im Rahmen eines Himmelfahrtskommandos. Damit das funktioniert, müssen alle Beteiligten darin übereinstimmen, welche Anforderungen in die jeweilige Kategorie »muss«, »sollte« und »könnte« fallen. Falls der Projektinhaber kategorisch auf allen Anforderungen als »Muss«-Anforderungen besteht und die beiden anderen Kategorien entfallen, dann ist die ganze Diskussion Zeitverschwendung[1]. Wenn nicht alle Beteiligten, Teilhaber und Mitspieler, einen Konsens im Rahmen der Triage-Kriterien erzielen, dann wird das Projektteam geradezu paralysiert sein, während es gleichzeitig versucht, für jeden alles zu tun, obwohl es an den Ressourcen hierzu mangelt.

Leider ist es unverrückbare Realität, dass den meisten Unternehmen die Disziplin, die Erfahrung und die politische Kraft fehlen, sich mit diesen Gegenständen schon zu Anfang eines Projektes zu befassen. All das, was ich Ihnen in den vorigen Absätzen beschrieben habe, ist keine Weltraumwissenschaft. Selbst ein technologischer Analphabet oder ein normaler Benutzer versteht diese Lösungsansätze. Tatsächlich gelten diese genauso für jede Art von Projekt, das mit begrenzten Ressourcen in einem unrealistischen Zeitrahmen auskommen muss. Auch, wenn jeder diesen Gegenstand versteht, ist es fast unmöglich, einen sinnvollen Konsens im Hinblick auf die Triage zu finden, da Himmelfahrtskommandos von politischen Grabenkämpfen umgeben sind. Erst in der Krise kommt es vor, dass die verschiedenen Parteien schließlich einem Kompromiss zustimmen, den sie besser zu Beginn des Projektes vereinbart hätten.

Die Ausnahme von dieser düsteren Aussicht ist das Unternehmen, das Himmelfahrtskommandos als eine Art Lebensphilosophie übernommen hat. Anwender und Leitungskräfte sind offensichtlich nicht dumm und lernen gewöhnlich aus ihren Erfahrungen – auch, wenn es dazu drei oder vier Desaster braucht. Wie oben schon erwähnt, ist der ursprüngliche Projektmanager das Opfer des Umstandes, dass eine Triage zu Beginn des Projekts nicht funktioniert, aber die Überlebenden beginnen allmählich zu verstehen, was es damit auf sich hat.

5.2 Die Bedeutung des Anforderungsmanagements

Obige Diskussion legt nahe, dass Himmelfahrtskommandos ihren Fokus auf einen neuen Aspekt des Zyklus der Systementwicklung richten: die Anforderungen. Warum sage ich »neuen Aspekt«? Immerhin hat jedes Projekt Anforderungen und es ist auch nicht etwa so, dass die Software-Entwickler diesen Begriff nicht kennen. Traditionelle Methoden des Software-Engineering – einschließlich der verschiedenen »strukturierten« und »objektorientierten« Methoden, die verschiedene meiner Kollegen und ich selbst in den letzten 20 Jahren entwickelt haben – haben sich auf das Modellieren von Anforderungen konzentriert. Dazu gehören gewöhnlich grafische Techniken wie Datenflussdiagramme oder Entity-Relationship-Diagramme. Worüber ich aber in diesem Kapitel schreibe, ist das Management der Anforderungen während der hektischen Tage eines Himmelfahrtskommandos.

Diese beiden Konzepte – Modellierung und Management – sind keine Gegensätze oder etwa inkompatibel. Man kann beiden eine Menge Zeit und Energie widmen. Wenn das Projektteam der Meinung ist, es sei hilfreich, objektorientierte Analyse zum Zweck eines besseren Verständnisses der Systemanforderungen durchzuführen, habe ich nichts dagegen. Mein einziger Vorbehalt ist, dass das Team das tun sollte, was es selbst für wichtig und nützlich hält, und nicht, was die Methodikpolizei vorschreibt.[2]

Meine Erfahrung war immer, dass in der Mehrzahl der Himmelfahrtskommandos keine formalen Modelliertechniken wie SA/SD oder OOA/OOD verwendet wurden. Manchmal weil man glaubt, dass diese Methoden hinderlich und bürokratisch sind, manchmal weil man glaubt, das benutzte CASE-Tool sei einfach nicht gut genug. Oft ist es auch so, dass man keinen Automatismus findet, um die erarbeiteten Modelle als Code zu generieren – welcher, so meint man, das Einzige ist, worum sich der Benutzer letztlich kümmert.[3] Im Extremfall wird das Projektteam tatsächlich die Anforderungen des Benutzers nicht dokumentieren. Zur Verteidigung wird angeführt, es kostet zu viel Zeit, sei zu schwierig zu ändern, und überhaupt, die Anwender wüssten ohnehin nicht, was sie wollten. Jeder Projektmanager hat so etwas schon mal gehört. So stützt sich das Team typischerweise auf Tools und Methoden für das Prototyping, um den jeweiligen Entwicklungsfortschritt des Himmelfahrtskommandos sichtbar zu machen und um bei den entsprechenden Präsentationen die wirklichen Anforderungen an das System herauszubekommen.

Aus der Triage-Perspektive (siehe Abschnitt 5.1) gäbe es ein größeres Problem: Wir erhalten so keine sauber organisierte Möglichkeit, die Anforderungen zu managen. Wie können wir nämlich zu jedem Zeitpunkt sagen, welche die »Muss«-, »Sollte«- oder die »Könnte«-Anforderungen sind. Interessanterweise sind auch die SA/SD- und die OOA/OOD-Methode nicht darauf ausgelegt. Man könnte die Entscheidungen zur Priorisierung durch farbliche Markierungen der Blasen in einem Datenflussdiagramm dokumentieren, aber dazu war das Diagramm ursprünglich nicht gedacht. SA/SD und OOA/OOD sind eher für das Verständnis und die Erklärung der Anforderungen gedacht als für ihr dynamisches Management.

Es ist das dynamische Element des Anforderungsmanagements, das üblicherweise zu Schwierigkeiten führt. Wenn man es schaffen könnte, dass alle Teilhaber und Beteiligten in den Triage-Prioritäten zu Beginn des Projekts übereinstimmen, und wenn diese Prioritäten für die Dauer des Projektes konstant blieben ... Nun, wenn Sie das glauben, dann glauben Sie wahrscheinlich auch an den Weihnachtsmann. Was in echten Himmelfahrtskommandos passiert, ist gewöhnlich eine Kombination folgender Dilemmata:

- Die Aktionäre und sonstigen Beteiligten können sich nicht völlig bezüglich der Triage-Prioritäten einigen. Wenn die Meinungen hier völlig auseinander gehen, dann kommt das Projekt zu einem Stillstand.

  Es ist aber nichts Ungewöhnliches, dass 80 Prozent aller Anforderungen priorisiert werden, während die übrigen 20 Prozent Anlass für politische Streitereien werden. Aus diesen Streitereien gehen dann noch Anforderungen höchster Priorität hervor. Das bringt das Projektteam auf die Palme, geschieht aber trotzdem.

- Während das Projekt fortschreitet, ändern sich die Verhältnisse im Team. So kommt der Projektmanager eines Tages in sein Büro und stellt fest, dass seine zwei besten Programmierer, Matilda und Ezekiel, beschlossen haben, eine Reggae-Musikband zu gründen, und gerade nach München unterwegs sind, um Plattenaufnahmen zu machen. Man glaubt zwar nicht, dass so etwas geschieht, aber es geschieht trotzdem. Die ersten Fragen des Managers sind, welche Muss-Anforderungen die beiden Aussteiger gerade bearbeiten, welchen Status die Realisierung dieser Anforderungen gerade hat und wer diese Aufgaben jetzt übernehmen kann.

- Auch außerhalb des Projektteams können sich die Randbedingungen verändern. Budgets vergrößern sich oder werden je nach finanziellen Voraussetzungen des Unternehmens reduziert. Termine schieben sich nach hinten oder nach vorn (leider fast immer nach vorn), wenn die Vertriebsabteilung plötzlich entdeckt, dass sich die Konkurrenzsituation entsprechend verändert hat. Gesetze ändern sich, die Technologie ebenso (nicht immer zum Besseren), Lieferanten kommen und gehen usw. usw. Jedes dieser externen Ereignisse hat wahrscheinlich Einfluss auf die Triage-Entscheidungen.

- Es gibt einen Moment der Wahrheit, nämlich wenn die Benutzer, der Leitungskreis und die Projektmitarbeiter zugeben müssen, dass sie das Projekt nicht pünktlich fertig stellen können. Wenn sie die Triage-Priorisierung am Anfang des Projekts gut durchgeführt haben, dürfte diese Krise eigentlich überhaupt nicht vorkommen. Aber was nun, wenn die Mannschaft zugeben muss, dass sie nicht einmal mehr die »Muss«-Anforderungen zum Termin realisieren kann? Wie früher schon erwähnt, wird der Projektmanager in solchen Fällen üblicherweise einen Kopf kürzer gemacht und durch einen anderen ersetzt. Wenn der neue Manager den Termin verschieben kann, müssen die Triage-Entscheidungen möglicherweise nicht verändert werden. Es ist aber auch üblich, zu diesem Zeitpunkt diese frühen Triage-Entscheidungen zu revidieren. Wenn der Endtermin nur noch ein paar Wochen weg ist, könnten die Anwender gezwungen sein, zuzugeben, dass einige Anforderungen, die früher als absolut wichtig beschrieben wurden, nun doch nicht mehr so bedeutend sind.

Ich könnte die Beschreibung dieser Szenarien endlos fortsetzen, aber jetzt kommt der Punkt: Das Management der Prioritäten der Anforderungen ist ein kritischer Pfad eines Himmelfahrtskommandos. Nun, das wäre kein Problem, wenn das Himmelfahrtskommando nur ein Dutzend Anforderungen hätte. Wir könnten sie auf etwas Papier hin- und herschieben und uns einfach einen Überblick verschaffen, wenn dies nötig sein sollte. Die meisten Projekte haben jedoch Hunderte von Anforderungen, viele sogar Tausende. Das Flugzeug Boeing 777, was man als ein Bündel von Software mit Flügeln betrachten könnte, soll 300.000 Anforderungen haben. Nicht nur das, diese Anforderungen sind auch nicht unabhängig voneinander. Einige Anforderungen sind abhängig von anderen, und andere wiederum besitzen (oder sind beschrieben durch) Teilanforderungen.

Das schließt den Bedarf an Methoden, Prozessen und Werkzeugen zur Repräsentation der Beziehungen zwischen den Anforderungen und zum Management großer Mengen von Anforderungen ein. In diesem Bereich helfen die vertrauten Techniken wie strukturierte Analyse und objektorientierte Analyse wirklich. Leider ignorieren diese Techniken traditionell gewisse Attribute der Anforderungen wie Prioritäten, Kosten, Risiken, Zeitplan, Inhaber und den Entwickler, dem diese Anforderungen zugeordnet sind. Mit dem Ergebnis, dass die Projektteams, die den Bedarf, ihre Anforderungen zu managen, erkannt haben, selbst gebaute Werkzeuge auf der Basis von Spreadsheets, Editoren und 4GL-Datenbanken benutzen, um sich einen gewissen Grad an Automatisierung zu verschaffen.

Glücklicherweise entstehen neue Generationen von Software-Tools, um einen umfassenderen und weiterentwickelten Grad von Support zu liefern. Einige Werkzeuge, die es jetzt gibt, sind: Requisit (von Requisit, Inc.), DOORS (von der Zycad Corp.) und RTM von der

Firma Marconi Systems. Da sich dieses Kapitel mit Prozessen befasst und nicht mit Werkzeugen, werde ich nicht in die Details dieser Produkte einsteigen. Aber da die Werkzeuge die Prozesse beeinflussen, ist es wichtig zu wissen, dass es sie gibt.[4]

Es gibt einen Aspekt der Kombination Prozess/Werkzeug, der hier besonders erwähnt werden muss. Wie früher schon bemerkt, geben viele Projektteams formale SA/DS- und OOA/OOD-Methoden auf, weil sie das Gefühl haben, diese seien zu bürokratisch und zeitfressend. Interessanterweise empfinden die Teilhaber und sonstigen Beteiligten des Projekts ähnlich. Lässt man ihnen die Wahl, dann ziehen sie es vor, nicht dazu gezwungen zu sein, Flussdiagramme lesen zu lernen. Tatsächlich beklagen sich die höheren Managementebenen und die Endanwender darüber, dass sie alle diese technischen Diagramme gar nicht erst verstehen. Sie haben auch wenig Geduld darin, durch Hunderte von Seiten mit Diagrammen und detailliertesten Definitionen von Datenelementen oder Prozessspezifikationen zu steigen. Wenn genügend Zeit vorhanden ist, könnte das Team (vorausgesetzt, es bringt die Geduld auf) diesen Widerstand überwinden und die Benutzer davon überzeugen, dass das Erarbeiten von Modellen tatsächlich nützlich ist – aber in Himmelfahrtskommandos gibt es sehr wenig Zeit und noch weniger Geduld.

Was die Anwender verstehen, ist ihre Muttersprache. Die meisten sind bereit, ein knappes Dokument von etwa zehn bis zwanzig Seiten zu lesen, das die Anforderungen an das System zusammenfasst. Die Anforderungen kann man in einem solchen Dokument auch als »Leistungsmerkmale« bezeichnen. Das Gesamtdokument ist vielleicht bekannt als das »Product Requirements Document (PRD)« oder Gesamtspezifikation oder Produktanforderungskatalog (PAK). Entscheidend aber ist, dass dieses Dokument in ihrer Sprache geschrieben ist. Es ist knapp und kompakt, und es kommt zum Punkt. Es sollte nicht viel Marketingphrasen enthalten, ebenso keine obskuren Ausdrücke oder Bezeichner, die die Benutzer dazu veranlassen zu fragen, »Was, zum Teufel, heißt das denn schon wieder?« Idealerweise ist jeder Paragraf oder jeder Abschnitt direkt mit einer Anforderung verknüpft, die beide, der Benutzer und das

Teammitglied, als Start für die folgenden Arbeitsschritte verwenden können.

Das Interessante hierbei ist, dass wir eigentlich schon ein durchaus vertrautes Werkzeug für die Erzeugung des Anforderungsdokuments besitzen, nämlich ein Textverarbeitungssystem. Die ursprüngliche Version eines solchen Dokuments entsteht oft bei den Anwendern – z.b. in Form einer Notiz des Vertriebschefs an die Geschäftsleitung über den Bedarf an einem neuen, attraktiven Produkt mit den Features X, Y und Z, das mit dem Superprodukt der Firma Blatzko GmbH konkurrieren könnte –, noch bevor die IT/IS-Abteilung davon etwas gehört hat. In diesem frühen Stadium sehen die Anwender das Textverarbeitungssystem als ihr Werkzeug an und sie verstehen die Vertriebsnotiz als ihr Dokument. Gewöhnlich sind sie deshalb eher bereit, sich an den nachfolgenden Diskussionen über eine Triage-Priorisierung zu beteiligen, wenn dieselben Tools und Dokumente weiterbenutzt werden können. Wir beobachten also eine Verschiebung in Richtung eines dokumentenzentrierten Anforderungsmanagements, wobei die Werkzeuge, die durch die IS/IT-Spezialisten verwendet werden (zum Beispiel »requisite«, DOORS oder RTM), eng mit den Tools zur Textverarbeitung und mit den Dokumenten, die die Anwender verstehen, integriert werden.[5]

Noch ein letzter Punkt zu diesem Thema: Es ist sehr wichtig, dass wirklich alle Beteiligten in die Erzeugung des ersten Anforderungskatalogs und die Triage-Priorisierung eingebunden werden. Das gilt natürlich für alle Projekte, aber der Zeitdruck und die politischen Scharmützel, die mit dem Himmelfahrtskommando verbunden sind, verführen den Projektmanager oft zu der Auffassung, »Nun, wir müssen endlich weiterkommen ohne diesen Idioten aus der Marketingabteilung, er ist sowieso irgendwie gegen alles.« Das Problem ist, dass der Mensch aus der Marketingabteilung sich oft als politisch schlagkräftig erweist. Wenn er das Gefühl hat, ignoriert zu werden (und dass der Projektmanager ihn für einen Idioten hält!), dann findet er sicher einen Weg, das Projekt zu sabotieren. In der Theorie versteht und unterstützt jeder diesen Punkt – aber in der Praxis wundert man sich, wie viele Anforderungen sich in ein Himmelfahrtskommando regelrecht einschleichen. Zusätzliche Anforderungen, Modifikationen bestehender Anforderungen, Vorschläge, gewisse Anforderungen wiederum zu ignorieren – alle diese Dinge kommen über den Tresen zum Projektteam. Das geschieht in Form von Unterhaltungen, E-Mails und einzelnen Meetings mit dem Projektmanager. Viele dieser Vorschläge werden von so glitschigen Sätzen eingeleitet wie: »Schade, dass ich nicht daran gedacht habe, das in unserem letzten Meeting zur Sprache zu bringen ...« oder »Ich wünschte, wir könnten diese neue Anforderung formal richtig über die Projektleitungskommission laufen lassen, aber ...«

Eine Projektleitungskommission besteht zum Beispiel aus den Teilhabern und den sonstigen Beteiligten, die den Projektfortschritt beobachten und prüfen und die die definitiven Entscheidungen über die Triage-Prioritäten treffen. Ob einem Projektmanager eine solche Kommission zur Verfügung steht, möchte ich hier gar nicht kommentieren. Das hängt von der Art und Weise ab, wie das jeweilige Unternehmen gewöhnlich Projekte managt und betreibt. Wichtig für die Überlebensfähigkeit eines Himmelfahrtskommandos ist hier, dass Änderungen an den ursprünglichen Anforderungen dokumentiert und für alle Beteiligten offen sichtbar gemacht werden. Wenn der Chef der Finanzabteilung eine neue (natürlich sehr wichtige) Anforderung in das Projekt einbringen möchte, ist das okay. Aber der Projektmanager sollte sicherstellen, dass der Vertriebschef und die Geschäftsleitung das ebenso wahrnehmen können.

5.3 SEI, ISO 9000, formale und nicht formale Prozesse

Es wird Projektmanager geben, die beim Lesen des vorigen Kapitels den Eindruck gewinnen, das alles sei noch formaler, als sie es jemals erlebt haben. Das kann ich gut nachvollziehen, und es gibt, ehrlich gesagt, auch keine direkte Lösung für dieses Problem. Einerseits glaube ich, dass Dokumentation, Priorisierung und Anforderungsmanagement (ungeachtet der Tools, die für diese Aufgaben verwendet werden) sehr wichtig sind. Andererseits habe ich Bedenken, einen vollkommen neuen, fremdartigen Vorgang in die Arbeit eines Projektteams einzubringen, das ohnehin schon mehr Aufgaben hat, als es bewältigen kann. Das neue Konzept – zum Beispiel das Anforderungsmanagement – könnte sich als der Tropfen herausstellen, der das Fass zum Überlaufen bringt.

Zwar habe ich keine bessere Lösung für dieses Dilemma, als zu hoffen, dass das Projektteam in der Lage sein würde, wenigstens eine neue Idee unter all den Tools und Verfahren zu managen. Aber ich finde es noch bedenklicher, wenn ich beobachten muss, wenn die Teams ein Himmelfahrtskommando mit der Entscheidung beginnen (üblicherweise durch die Methodikpolizei erzwungen), Vorgehensmodelle wie SEI-CMM oder ISO 9000 anzuwenden. Solche formale Prozesse sind großartig, wenn man weiß, wie sie funktionieren, und wenn man Erfahrung darin besitzt. In der Realität ist es aber so, dass solche formale Vorgehensweisen normalerweise in dem jeweiligen Unternehmen noch nicht angewendet wurden. Das Himmelfahrtskommando ist dann ein Pilotprojekt für strukturierte Analyse oder ISO 9000.

Welch ein Wahnsinn! Es ist wirklich der Tropfen, der das Fass zum Überlaufen bringt. Das heißt, in einem Himmelfahrtskommando wird etwas völlig Neues ausprobiert und das Team besteht (trotz meiner Warnungen in Kapitel 4) aus Leuten, die niemals zusammengearbeitet haben. Als wenn das nicht genug wäre, müssen sie jetzt auch noch die Anwendung einer neuen Methode oder einer neuen Vorgehensweise lernen, von der sie nicht einmal wissen, ob sie funktioniert. Sie sind nur davon überzeugt, dass sie damit noch langsamer werden. Warum ist die Methodikpolizei dann so überrascht, hier unter diesen Umständen auf Widerstand zu stoßen? Berater Doug Scott lieferte mir ein Beispiel dieser Situation in folgender E-Mail:[6]

Ich kenne ein Projekt, in dem ein Zeichenprogramm für die ERDs (Entity-Relationship-Diagramme) benötigt wurde, also schafften sie »Excellerator« an. Als man herausfand, dass dieses Tool SSADM unterstützte (was die Methode aller Methodiker sein soll), übernahmen sie es ohne Training oder irgendeine Einführung für die

Mitarbeiter. Dann stellten sie fest, dass das Tempo des Projektes rapide nachließ (tatsächlich kam es fast zum Stillstand), da jeder damit beschäftigt war, Bedienungsanleitungen zu lesen, neue Software-Tools zu erlernen und zu überlegen, was man als Nächstes tun sollte (womit sie das wiederholten, was sie früher schon getan hatten, nur in der »falschen« Reihenfolge). Für die Beobachter von Himmelfahrtskommandos ein geradezu ideales Szenario. Ach ja, der Projektleiter wurde natürlich bei der Hälfte des Projektes entlassen, aber das ist völlig normal.

Paul Maskens schrieb in einer anderen E-Mail:[7]

Ein Himmelfahrtskommando ist nicht der richtige Zeitpunkt, den Mitarbeitern eine neue Methode (ggf. die erste) beizubringen. Im Gegenteil, ein solches Vorgehen würde den Crash des Projektes maßgeblich verursachen.

Um erfolgreich sein zu können, muss das Projektteam darin übereinstimmen, welche Prozesse formalisiert werden sollen – vielleicht die Code-Inspektion, das Änderungsmanagement oder (hoffentlich) das Anforderungsmanagement – und welche Prozesse vollständig auf einer Art Ad-hoc-Basis (z.B. User Interface) durchgeführt werden sollen. Es ist nicht sinnvoll, einen speziellen Software-Prozess vorzuschreiben, wenn dies nicht wirklich befolgt werden kann. Die Methodenpolizei verschwendet ihre Zeit, wenn sie das versucht. Außerdem vergeudet so etwas auch die Zeit des Projektteams, was noch viel schwerer wiegt (in vielen Fällen haben die Mitglieder der Methodenpolizei nichts Nützlicheres zu tun, als in der IT/IS-Abteilung herumzulaufen und die unglücklichen Projektteams zu belästigen).

Das bedeutet, dass der Manager eines Himmelfahrtskommandos diejenigen Prozesse vorgeben muss, die er für wichtig hält. Das kann auf »diktatorische« Weise geschehen: »Jeder, der den Quellcode verändert, ohne unsere Verfahren des Änderungsmanagements zu durchlaufen, wird gefeuert.« Oder das Projektteam übernimmt die Vorgehensweise, weil es der Überzeugung ist, dass sie kosteneffektiv ist. So etwas kommt dann vor, wenn das Team vorher schon einmal zusammengearbeitet hat, so dass die Mitarbeiter die Erfahrung aus verschiedenen Software-Entwicklungsprozessen miteinander teilen. Es ist dann weniger wahrscheinlich, dass ein Mitarbeiter hervortritt und sagt »Ich glaube fest, dass strukturierte Analyse für unser Projekt kritisch ist« und die anderen Mitarbeiter haben keine Ahnung, worüber er überhaupt spricht. Eine weitere Folgerung hieraus ist: Es ist gewöhnlich eine Katastrophe, ein neues, unbekanntes Verfahren während eines Himmelfahrtskommandos einzuführen, selbst wenn das Team glaubt, es könnte nützlich sein. Die Lernkurve und die unvermeidliche Verwirrung und die Streiterei um die Details der Vorgehensweise überwiegen gewöhnlich ihre Vorteile.

Das bedeutet, dass solche formale Einsätze wie SEI-CMM, ISO 9000 oder die Einführung neuer Analyse- oder Designmethoden irgendwo außerhalb des Himmelfahrtskommandos durchgeführt werden sollten. Vernünftig wäre es, diese Vorgehensweisen als Teil einer langfristigen Unternehmensstrategie einzuführen und zunächst einmal mit einem Pilotprojekt zu experimentieren (das natürlich kein Himmelfahrtskommando sein sollte) und es dann durch eine entsprechende Ausbildung der Mitarbeiter zu unterstützen. Sharon Marsh schrieb mir hierzu in einer E-Mail:[8]

Rindviecher müssen nicht vom Dreck der Weide gereinigt werden und Programmierer benötigen keine Methodengurus zur Bereinigung ihrer Lieferungen. Wenn aber irgendjemand es bevorzugt, einen formalen Software-Entwicklungsprozess zu haben, dann sollten die Leute, die die Programmierarbeit zu erledigen haben, unbedingt hiervon verschont bleiben.

Wenn das getan ist und die anderen Entwicklungsprojekte schon auf einem Level 3 auf der SEI-CMM-Skala laufen, dann wird die Frage interessant, ob solche Vorgehensweisen auch in einem Himmelfahrtskommando angewendet werden sollten. Watts Humphrey bemerkte einmal auf einer Konferenz über SEI-CMM, »Wenn eine Vorgehensweise nicht für eine Krisensituation geeignet ist, dann sollte sie überhaupt nicht angewendet werden.«

Ich bin nicht sicher, wie viele Humphreys Behauptung zustimmen, speziell wenn ein Himmelfahrtskommando nur als eine einmalige Ausnahme von der Norm betrachtet wird. Wenn das tatsächlich der Fall ist, dann macht es vielleicht Sinn, die formalen Prozesse und Vorgehensweisen aufzugeben und einem Himmelfahrtskommando zu erlauben, jedwede Ad-hoc-Technik anzuwenden, die es für die geeignetste hält. Erinnern Sie sich bitte an meine Behauptung in Kapitel 1: Himmelfahrtskommandos werden immer mehr zur Normalität und sind keine Ausnahme mehr. Wenn das so ist, dann sollten die offiziellen Unternehmensprozesse so angepasst werden, dass sie für ein Himmelfahrtskommando geeignet sind. Dann, und nur dann, macht Humphreys Aussage Sinn.

Wenn Sie sich in der Zwischenzeit gezwungen sehen, ein Projektteam dazu zu veranlassen, seine Vorgehensweisen zu verbessern, empfehle ich Ihnen einen Blick in Watts Humphrey's PSP (Personal Software Process). Ich habe dessen Schwerpunkte in meinem »Aufstieg und Auferstehung des amerikanischen Programmierers« zusammengefasst. Ich empfehle Ihnen außerdem, einen Blick in Humphrey's *A Discipline of Software Engineering* [4] zu werfen. Aber ich warne Sie, das Werk hat 789 Seiten.

5.4 »Gut genug«-Software

Die vorgestellte Triage-Priorisierung kann eine Weile genügen, ein Himmelfahrtskommando zu rationalisieren. Für den Erfolg des Projektes ist es nicht unbedingt erforderlich, alle Anforderungen zu implementieren. Das Ergebnis ist »gut genug«, wenn die »Muss«-Anforderungen und eine vernünftige Menge von »Sollte«-Anforderungen implementiert sind.

Es gibt aber einen anderen Aspekt der Software-Entwicklung, der in Himmelfahrtskommandos Schwierigkeiten verursachen kann: die Forderung nach absoluter Qualität. Diese wird üblicherweise durch die Anzahl von »Bugs« ausgedrückt. Diese Qualität könnte aber auch durch den Grad an Portabilität, Plattformunabhängigkeit, Flexibilität, Wartbarkeit und einiger Dutzend anderer Maßstäbe ausgedrückt werden. Es ist schwierig genug, solche Ziele in normalen Projekten zu erreichen. Fast unmöglich ist dies in Himmelfahrtskommandos. Stattdessen muss das Projektteam entscheiden –

falls möglich in Übereinstimmung mit den Teilhabern und sonstigen Beteiligten – was »gut genug« heißt.

Das ist deshalb so wichtig, weil das Erfüllen absoluter Maßstäbe Projektressourcen frisst, insbesondere Zeit. Wenn Sie ein nachprüfbar fehlerfreies Programm entwickeln wollen, zusammen mit dem mathematischen Beweis seiner Richtigkeit, dann kostet das eben Zeit. Es kann auch unter Umständen mehr Fachkompetenz erfordern, als das Projektteam liefern könnte. Es könnte außerdem die Energien von einem oder mehreren Mitarbeitern im Projektteam kosten mit der Folge, dass diese für die Arbeit an anderen Anforderungen nicht mehr zur Verfügung stehen. Kurz, die Erfüllung solcher Maßstäbe wie Zuverlässigkeit, Portabilität und Wartbarkeit erfordert professionellen Einsatz und muss als Teil der Triage-Priorisierung Berücksichtigung finden.

Die Teams in Himmelfahrtskommandos müssen sich dieser unangenehmen Realität stellen, denn die Alternative hierzu ist perfekte Software, die sicher nicht pünktlich zum Endtermin fertig sein wird. Besser ist es, wenn sich das Team des pragmatischen Ansatzes der »Gut genug«-Software schon zu Beginn des Projektes bewusst ist. Meine persönliche Erfahrung ist jedoch, dass viele traditionelle Software-Entwickler »Gut genug«-Software nur dann akzeptieren, wenn sie mit dem Rücken zur Wand stehen – zum Beispiel, wenn sie der hässlichen Krise ein oder zwei Monate vor dem Endtermin ins Auge blicken müssen.

Bis zu diesem Punkt werden sie alle denken, »Was würden Sie sagen, wenn wir Ihren »Gut genug«-Ansatz für die Software in einem Atomreaktor oder in einem Luftfahrtkontrollsystem anwenden würden?« Die Antwort ist natürlich, dass mir das überhaupt nicht recht wäre. Und wenn irgendjemand ein Projekt des Typs Himmelfahrtskommando in diesem Anwendungsbereich vorschlagen würde? Ich stiege in kein Flugzeug mehr und wollte so weit wie möglich von einem Kernkraftwerk entfernt wohnen. Wir erleben aber Himmelfahrtskommandos nicht in Projekten dieser Art. Wahrscheinlicher ist es schon, dass das System die Lohnbuchhaltung eines Kernkraftwerkes beinhaltet oder das Reservierungssystem einer Fluglinie.

Lohnbuchhaltungssysteme und Reservierungssysteme von Fluglinien sollen natürlich auch nicht versagen, aber die unmittelbaren Folgen eines Ausfalls sind nicht so schlimm.

Jedenfalls sind eine perfekte Zuverlässigkeit, Wartbarkeit und Portabilität usw. in der Praxis zunächst nicht notwendig oder sogar in den meisten Himmelfahrtskommandos verzichtbar. Perfektion ist nicht einmal in normalen Projekten möglich – es ist nur so, dass wir es uns in normalen Projekten eher leisten können, unsere Standards etwas höher anzusetzen, da wir weniger Druck im Zeitplan, im Budget oder bei den Personalressourcen haben. Was die Leute von Himmelfahrtskommandos wirklich erwarten, ist, dass das System billig, schnell, reich an Features, stabil und früh genug verfügbar ist – das ist deren Definition von »gut genug«.

Warum schaffen wir die »Gut genug«-Software nicht? Der Grund ist üblicherweise eine Kombination von Ursachen:

- Wir neigen dazu, Qualität nur über die Anzahl an Defekten zu definieren, ohne über andere Faktoren der Qualität nachzudenken. Das schließt auch den Qualitätsfaktor ein, das System zu einem festen Termin zur Verfügung zu haben.

- Wir nehmen an, weniger Defekte bedeuten bessere Qualität. Wir nehmen also an, dass der Benutzer mehr von dieser Qualität bevorzugt – obwohl es Umstände gibt, unter denen der Anwender bereit wäre, Defekte zu akzeptieren, wenn im Gegenzug das System früher geliefert würde. Oder vielleicht interessiert es ihn eher, dass das System auf einer größeren Zahl von Hardware/Software-Plattformen läuft.

- Wir neigen dazu, die Qualität ein einziges Mal, nämlich zu Beginn eines Projektes, zu definieren, und halten daran fest, auch wenn sich die Umstände des Projektes in dessen Verlauf dynamisch ändern.

- Man hat uns so oft gesagt, Vorgehensmodelle seien wichtig, dass wir oft vergessen, dass solche Vorgehensweisen an sich neutral sind – ein Depp mit einem Entwicklungstool ist immer noch ein Depp. Qualität erreicht man nicht durch blindes Befolgen der Empfehlungen des SEI-CMM.

- Wir verfolgen die Qualität nach einem festen Vorgehen, das wir einmal zu Anfang des Projektes definiert haben (oder noch schlimmer, wir setzen dies auch für alle anderen darauf folgenden Projekte im Unternehmen so fort).

- Wir unterschätzen die nichtlinearen Wechselwirkungen zwischen solchen Parametern wie Personalstand, Zeitplan, Budget und Fehlern – alles Schlüsselprobleme in Himmelfahrtskommandos.

- Wir ignorieren die Dynamik der Prozesse: Zeitverschiebungen, Feed-back-Schleifen usw. Viele Überstunden des Projektteams in dieser Woche erhöhen scheinbar die Produktivität und den Fortschritt des Gesamtprojekts. Aber in der nächsten Woche haben wir dann eine Unmenge Bugs (etwas, was Anwender und Leitungskreis möglicherweise gar nicht bemerken). Das setzt die Produktivität der folgenden Wochen herab (gemessen in produktivem Output) und vielleicht gerät das Projekt noch weiter ins Hintertreffen.

- Wir ignorieren die so genannten »weichen« Faktoren, die mit dem Projekt verknüpft sind. Dazu gehören z.B. die Arbeitsmoral, die Eignung des Büroraums, das Betriebsklima usw.

Wie erreichen wir »Gut genug«-Software? James Bach weist darauf hin, dass es folgende Dinge gibt, die man hier beachten muss: [5]

- *Die utilitaristische Strategie* – das ist die Kunst der qualitativen Analyse mit dem Ziel, in einer mehrdeutigen, komplexen Situation positive Konsequenzen zu erzeugen, indem man Ideen aus dem Systemdenken, dem Risikomanagement, der Betriebswirtschaft, der Entscheidungstheorie, der Spieletheorie, der Steuerungstheorie und schließlich der Fuzzy-Logik berücksichtigt.

- *Die Evolutionsstrategie* – nicht nur bezüglich des Projektzyklus, sondern auch im Hinblick auf die beteiligten Menschen, Prozesse, Verfahren und Ressourcen.

- *Heroische Teams* – gewiss nicht nur geniale Programmiergurus, sondern vielmehr ungewöhnliche, kompetente Leute, die auf eine sehr effektive Weise zusammenarbeiten.

- *Dynamische Infrastruktur* – das ist die Antithese zu Büro-kratie und Machtpolitik. Das obere Management richtet seine Aufmerksamkeit auf Projekte und auf den Markt, identifiziert und löst Konflikte zwischen den Projekten. Schließlich dürfen Projekte aus Konflikten mit der Unternehmensbürokratie auch als Sieger hervorgehen.

- *Dynamische Prozesse* – das sind diejenigen Prozesse, die die Arbeit in einem sich entwickelnden, kooperativen Klima unterstützen. Dynamische Prozesse können immer hinterfragt werden, da jeder dynamische Prozess Teil eines identifizierbaren Metaprozesses ist.

Ein Leser des Entwurfs zum Manuskript dieser Buchauflage machte eine wirklich scharfsinnige Beobachtung hinsichtlich des »gut genug«-Konzepts zu einem ganz speziellen Zeitpunkt im Rahmen des Projekts, nämlich genau am Ende des Projekts. Er beschrieb sozusagen ein »hässliches« Himmelfahrtskommando, das er aus sicherer Distanz beobachten konnte. Michael Church schrieb:

Die Manager wurden unter Druck gesetzt, wider besseres Wissen das Projekt für abgeschlossen zu erklären und in Betrieb zu nehmen. Sie sollten einfach zunächst ignorieren, dass die Kunden sofort damit beginnen würden, sich über die zu erwartenden Fehlfunktionen zu beschweren. (es könnte ja sein, dass die Kunden naiv genug sind, anzunehemn, das System sei im Begriff zu funktionieren, also eine Auffassung »im Zweifel für den Angeklagten« vertreten) Wenn sie Glück haben, schleppt sich das Projekt so durch, bis genug Bugs beseitigt sind, um dann im Rahmen einer Pseudowartung oder einer erwünschten Performance-Steigerung eine erfolgreichere Installation des Systems durchzuführen. Man hofft natürlich, dass dies eher früher als später der Fall ist. Es gibt aber noch schlimmere Szenarien.

Ein Zustand wie dieser tritt in einem Himmelfahrtskommando mit größerer Wahrscheinlichkeit auf als in einem »normalen« Projekt.[9]

Dies stellt einmal mehr heraus, warum die Endanwender unbedingt an den Verhandlungen und Diskussionen zum Thema »gut genug« teilnehmen sollten. Diese Entscheidungen betreffen nämlich nicht nur die eigentliche Entscheidung darüber, wann eine Entwicklung als vollendet betrachtet werden kann (so dass der Lieferant bezahlt, erschöpfte Programmierer in Urlaub gehen und das obere Management seinen Erfolg verkünden kann), sondern auch den darauf folgenden kontinuierlichen Einsatz des Systems über einige Jahre.

5.5   Beste und schlechteste Praxis

Bei mehr als einer Gelegenheit habe ich in diesem Buch vor den Gefahren gewarnt, die dadurch entstehen, dass man der Methoden-Polizei erlaubt, dem Himmelfahrtskommando rigide Methoden und Software-Prozesse aufzuzwingen. Derselbe Rat gilt für externe Berater, Gurus, Medizinmänner, Heilpraktiker, Schlangenölverkäufer und Lehrbücher. Das gilt auch für dieses Buch! Wenn ich irgendetwas empfohlen habe, das keinen Sinn macht und das das Projektteam nicht mit Begeisterung und Aufrichtigkeit durchführen kann, dann ignorieren Sie es.

Das gilt ganz besonders für Methoden und Software-Prozesse. Verglichen mit der Befolgung von praktischen Vorgehensweisen, die irgendjemand anders empfohlen hat, oder noch schlimmer, die nach dem Top-down-Verfahren von Managern und Methodenarbeitsgruppen, die gewöhnlich nicht wissen, worüber sie reden, dem Team aufgezwungen werden, ist es viel besser, wenn die Mannschaft ihrer eigenen Praxis, die sie unter den gegebenen Umständen für die beste hält, den Vorzug gibt. Das ist die Essenz des Ansatzes »beste Praxis«, der sich in den letzten Jahren steigender Beliebtheit erfreut. Ein grundlegender Ansatz zur Identifizierung, Dokumentation und »Bekehrung« von Software-Unternehmen, den reale Entwickler als erfolgreich angesehen haben.

Leider haben Himmelfahrtskommandos nicht so viele Möglichkeiten, irgendetwas an Praxiserfahrung weiterzugeben, da ihr Projekt in der Regel als das erste dieser Art im Unternehmen betrachtet wird. Ist es nicht das erste Projekt dieser Art, dann wird es zumindest als eine Ausnahme betrachtet. So hat sich natürlich niemand damit aufgehalten, die Techniken, die funktioniert haben, und diejenigen, für die das nicht gilt, systematisch zu katalogisieren. Noch schlimmer, Himmelfahrtskommandos zeigen eine hohe Sterblichkeitsrate (andernfalls würden sie nicht so genannt!). Das heißt, gerade diejenigen Leute, die für das nächste Projekt nützlichen Rat geben könnten, haben gekündigt, wurden gefeuert oder begingen Selbstmord, haben einen Nervenzusammenbruch hinter sich oder hüllen sich in den Mantel des Zynismus.

Wenn Sie tatsächlich dabei sind, sich auf das erste Himmelfahrtskommando im Unternehmen einzulassen, dann ist das Beste, was Sie tun können, das zu dokumentieren, was sich als funktionierende Praxis und Vorgehensweise in ihrem Projekt erwiesen hat. Dann hat wenigstens Ihr nächstes Himmelfahrtskommando etwas davon. Eine Möglichkeit hierzu bietet ein Projekt-Audit am Ende des Projektes. So etwas kommt allerdings selten vor, und die Ergebnisse sind üblicherweise so langweilig, dass sich niemand dazu aufraffen kann, das zu lesen. Die Gründe hierfür sind offensichtlich. Wie früher schon erwähnt, ist das Projektteam so erschöpft und frustriert, dass die Vorstellung, diese ganze üble Erfahrung auch noch zu dokumentieren, nur auf schroffe Ablehnung stoßen wird. Darüber hinaus sind diejenigen, die die wertvollsten Beiträge hierzu leisten könnten, seit dem Ende des Projektes verschwunden.

Eine Alternative, die Sie in Betracht ziehen sollten, wäre folgerichtig eine Serie von Mini-Audits während des Projektes. Wenn Sie solche Mini-Meilensteine haben wie etwa eine neue Version eines Prototyps für den Anwender, planen Sie einen halben Tag für ein Mini-Audit unmittelbar nach diesem Meilenstein. Entscheiden Sie, welche Vorgehensweisen gut funktioniert haben und welche sie im Nachhinein als Desaster betrachten. Was sollte für den nächsten Meilenstein stärker betont werden, was sollte man aufgeben? Der Punkt ist hier, dass diese Art von Selbstreflexion für das Projektteam selbst nützlich ist. Die Tatsache, dass diese Perfektion ebenso nützlich ist für zukünftige Himmelfahrtskommandos, ist das »Sahnehäubchen«. Darüber hinaus ist das Team gewöhnlich bei den Meetings zu den Meilensteinen noch besser gelaunt und seine Kommentare sind frischer, ehrlicher und weniger zynisch. Unternehmen, denen kein Material für die bestmögliche Praxis zur Verfügung steht, möchte ich ein paar Informationsquellen empfehlen. Das hier beschriebene Thema habe ich in einem Kapitel von »Aufstieg und Auferstehung des amerikanischen Programmierers« abgehandelt. Schauen Sie sich auch einmal die von Beraterin Christine Comaford auf der Website `http://www.christine.com` gepflegte Sammlung zu Praxismaterial an.

Vielleicht das ambitionierteste Projekt heutzutage ist das des Airlie-Rats im US-Verteidigungsministerium. Sie finden diese Information im Web unter `http://spmn.com`.

Die besten Faktoren für die Praxis, die der Airlie-Rat empfiehlt, sind unten aufgelistet. Erinnern Sie sich bitte auch an meinen Rat, solche Informationen nicht als Gebote, denen unbedingt zu folgen sei, aufzufassen. Eher liefert diese Sammlung Ihnen Ansätze für Ihre eigenen Praxisideen.

- *Formales Risikomanagement:* Diesen Begriff werde ich später in diesem Kapitel erläutern.

- *Schnittstellenvereinbarung:* Programmierschnittstellen, Hardware-Schnittstellen sowie Schnittstellen zwischen Ihren Systemen und anderen, externen Systemen.

- *Besprechungen auf einer Hierarchieebene:* »Walkthroughs«, Inspektionen, »Reviews« usw. Die Notwendigkeit solcher Aktionen wird zwar üblicherweise eingesehen, aber im Rahmen von Himmelfahrtskommandos oft abgelehnt, da die Mitarbeiter befürchten, dass sie dadurch an Tempo verlieren könnten. Die meisten von uns stimmen zu, dass Reviews zwischen den Beteiligten nützlich sind, aber unter dem gegebenen Druck, den wir in Himmelfahrtskommandos erleben müssen, neigt jeder dazu, seine eigene Arbeit zu tun, ohne sich der ärgerlichen Prüfung durch andere Teammitglieder auszusetzen.

- *Metrikbasierte Zeitplanung und Management:* Das heißt, wir gründen unsere Zeitpläne und Schätzungen auf den gemessenen Erfahrungen in anderen Projekten. Aber wie schon bemerkt, ist es unwahrscheinlich, dass solche Daten und Infor-

221

mationen aus früheren Himmelfahrtskommandos überhaupt erzeugt wurden, indem sich irgendjemand mit der Sammlung dieser nützlichen Metriken herumgeärgert hätte (es sei denn, es ging um die Anzahl menschlicher Todesfälle). Wenn es aber irgendwelche Messungen aus »normalen« Projekten gibt, können diese verwendet werden, um die Schätzungen, die im Rahmen von Himmelfahrtskommandos gemacht werden, zu eichen – und wenn es nur zu dem Zweck ist, zu sehen, wie hysterisch optimistisch jene Schätzungen eigentlich waren.

- *»Binäre« Qualitätsschwellen bei Mini-Meilensteinen:* Anstatt bei den Meilensteinen alle drei Monate zu berichten, dass 97 Prozent der Kodierung durchgeführt seien, sollte man wöchentliche oder tagtägliche Minimeilenstein-Meetings abhalten, bei denen die Codefortschritte beobachtet werden. Ein Mittel hierzu ist die Strategie der »Tagesversion«, die später in diesem Kapitel diskutiert wird.

- *Projektweite Sichtbarkeit des Projektplans und des Status:* Das passt zu meinen Empfehlungen in den vorigen Kapiteln. Ein Himmelfahrtskommando ist hart genug, da muss der Projektmanager den Zustand des Projektes nicht auch noch vor dem Rest des Teams verbergen.

- *Fehlerverfolgung im Vergleich zu Qualitätszielen:* Eine der Ideen ist hier, dass identifizierte, lokalisierte und beseitigte Fehler in der frühen Phase der Projektentwicklung nicht nur ein Zeichen für das Fehlerniveau im endgültigen System sind. Vielmehr kann man auf diese Weise Fehler eliminieren, wenn das noch relativ billig ist im Vergleich dazu, diese Fehler in der Testphase des Projektes erst zu analysieren.

- *Konfigurationsmanagement:* Ob man es als Versionskontrolle, Quellcodemanagement oder irgendwie anders bezeichnet, dieser Faktor wird gewöhnlich als sehr wichtig insbesondere in Hochdruckprojekten angesehen.

- *Verantwortlichkeit des Managements für die Mitarbeiter:* Das ist etwas, dem in den meisten Himmelfahrtskommandos viel zu wenig Aufmerksamkeit geschenkt wird. Wie früher schon erwähnt, werden Himmelfahrtskommandos sehr oft als Selbstmord-Missionen oder Kamikazeprojekte eingerichtet.

  Einer der wichtigsten Beiträge des Airlie-Rates ist die Darstellung der schlechtesten Praxis. Das gilt insbesondere für Himmelfahrtskommandos, in denen es oft wichtiger ist, Katastrophen zu umgehen, als optimale Lösungen zu finden. Hier die Liste des Airlie-Rates zusammengefasst:

- *Erwarten Sie keine Komprimierung der Zeitplanung um zehn Prozent verglichen mit ähnlichen Projekten:* Wenn Sie das wirklich glaubten, würden Sie kein Himmelfahrtskommando starten.

- *Rechtfertigen Sie die Anwendung neuer Technologie nicht mit Hilfe der Verdichtung des Zeitplans:* Sie haben schon ohne die Behebung von Fehlern in neuen Werkzeugen genug Probleme im Himmelfahrtskommando. Dann müssen Sie nicht auch noch die Beta-Versionen der Software Ihres freundlichen Vertriebsbeauftragten für Tools testen. Ich diskutiere dies im Detail in Kapitel 6.

- *Zwingen Sie dem Projekt keine kundenspezifische Implementierung auf:* ein nützlicher Rat für jedes Projekt.

- *Verfechten Sie keine Wundermittel:* Etwas, an das Sie unbedingt denken sollten, wenn Ihr Management vorschlägt (unmittelbar nach dem Besuch eines genialen Verkäufers!), dass Ihr Projekt durch völlig neues Werkzeug und Entwicklungsmethoden gerettet werden kann.

- *Lassen Sie keine Gelegenheit aus, Dinge, die unter externer Steuerung liegen, aus dem Bereich des kritischen Pfades herauszunehmen:* Wenn Ihr Projektteam die Sache nicht kontrollieren kann, dann ist sie auf dem kritischen Pfad umso riskanter. Das gilt für solche Dinge wie Verkaufstools, Hardware-Komponenten, Software-Pakete und andere Gegenstände von externen Verkäufern. Das bezieht sich sowohl auf reale bzw. physische Lieferungen als auch auf politische Entscheidungen, die von den verschiedenen Beteiligten rund um das Projekt getroffen werden.

- *Erwarten Sie von einer zahlenmäßig großen Gruppe von unvorbereiteten Prüfern auf Grund eines formalen Reviews kein genaues Bild des Projektzustands:* Hierüber braucht sich das Projektteam keine Gedanken zu machen, weil es schon weiß, dass solche Sitzungen politische Rituale sind. Dieser Rat richtet sich mehr ans obere Management, das das Himmelfahrtskommando aus sicherer Entfernung beobachtet und dabei versucht herauszufinden, ob es in Schwierigkeiten ist.

- *Erwarten Sie nicht, dass Sie eine Zeitplanabweichung von mehr als zehn Prozent ohne eine Herabsetzung der Funktionalität um mindestens den gleichen Betrag reparieren können:* Dies ist ein entscheidender Rat für ein Himmelfahrtskommando, denn es ist wahrscheinlich, dass der Zeitplan des Projektes um mehr als zehn Prozent verrutschen wird. Zwar sind zehn Prozent Verschiebung in einem Himmelfahrtskommando schon gefährlich, weil das Team wahrscheinlich mit seinen vielen Überstunden schon am Rande seiner Kapazität ist, so dass es kaum in der Lage sein wird, noch mehr zu arbeiten. Aber der Hauptgedanke des Airlie-Rates ist hier, dass Personenzeit und Software-Funktionalität quantitativ nicht linear austauschbar sind.

Während des vergangenen Jahres habe ich zwei Fragen an einige 100 verschiedene Software-Manager in Seminaren rund um die Welt gestellt: »Welchen Rat würden Sie jemandem erteilen, der im Begriff ist, sich in ein Himmelfahrtskommando zu begeben, damit er doch erfolgreich ist? Was sollte er keinesfalls tun?« Es ist faszinierend zu erkennen, dass niemand jemals Tools oder Technologie als »das Wichtigste« identifiziert hätte, noch hat irgendjemand formale Methoden oder Techniken wie die strukturierte Analyse oder das objektorientierte Design erwähnt. Einige wenige Leute haben Strategien für das Personal empfohlen (z.B. »Stellen Sie gute Leute ein« und »Stellen Sie sicher, dass das Team wirklich dem Erfolg verpflichtet ist«), aber fast alle Empfehlungen konzentrieren sich auf die Aufgabe des Verhandelns, des Umfangsmanagements (wozu das Triage-Konzept, wie früher diskutiert, sehr gut passt) und das Risikomanagement, das ich weiter unten vorstellen werde.

Ein letztes Konzept vom Airlie-Rat könnte für Himmelfahrtskommandos nützlich sein, obwohl es wahrscheinlich eher durch externe Manager als durch Manager oder Teammitglieder aus dem Projekt selbst angewendet werden muss. Es ist der »Alcotest«. Welche Fragen sollten Sie einem Projektteam stellen, um herauszufinden, ob es derart den Bezug zur Realität verloren hat, dass es gestoppt werden sollte?

Das ist auch oft die Art von Fragen, die Berater stellen, wenn sie vom Leitungskreis damit beauftragt werden, den Zustand eines Projektes zu prüfen. Ich war selbst in dieser Position, und ich kann gewöhnlich sagen, dass das Projekt in Schwierigkeiten steckt, wenn ich die glasigen Augen des Projektmanagers sehe, der aussieht wie ein Hirsch, der gebannt in die Scheinwerfer eines heranrasenden Autos blickt.

Manchmal führen Fragen wie »Wissen Sie, wer Ihr Kunde ist? Wissen Sie, wem Sie das ganze Zeug liefern?« zu einer betretenen Stille, während jeder im Projektteam verdutzt die anderen anblickt und dann auf den Fußboden starrt. Wenn Sie weitere Alcotester-Fragen brauchen, hier ist die Liste vom Airlie-Rat:

- Lassen Sie ein aktuelles, glaubwürdiges Netzwerk von Aktivitäten durch eine WBS (Work Breakdown Structure) unterstützen?
- Haben Sie einen aktuellen, glaubwürdigen Zeit- und Kostenplan?
- Wissen Sie, welche Software-Lieferungen Sie verantworten?
- Können Sie die Top Ten der Projektrisiken aufstellen?
- Kennen Sie die Verdichtung Ihres Zeitplans in Prozent?

- Wie groß ist schätzungsweise der Lieferumfang Ihrer Software? Wie wurde dieser bestimmt?
- Kennen Sie den Prozentsatz externer Schnittstellen, die nicht unter Ihrer Kontrolle sind?
- Haben Ihre Mitarbeiter ausreichende Sachkenntnisse im Projektbereich?
- Haben Sie genügend Personal für die einzelnen Aufgaben zu den maßgeblichen Zeiten bestimmt?

Wie früher erwähnt, ist der Grund für die Durchführung des »Alcotests« der, dass irgendjemand im Unternehmen – gewöhnlich nicht der Projektmanager, sondern irgendjemand viel höher im Managementrang – das Gefühl hat, das Projekt sei in Schwierigkeiten. Für ihr eigenes politisches Überleben sollten der Projektmanager und das gesamte Team sich dieselben Fragen periodisch gegenseitig stellen. Der Projektmanager sollte darüber hinaus immer auf der Suche nach anderen Zeichen sein, die darauf hindeuten, dass das Projekt in Schwierigkeiten sein könnte, auch dann, wenn alles auf dem offiziellen PERT-Diagramm okay zu sein scheint.

- *Schlüsselmitglieder des Projektteams hören auf* – das kann aus verschiedenen Gründen passieren, aber es ist wichtig, ein Gefühl dafür zu entwickeln, ob Teammitglieder ihr Engagement für das Projekt verlieren. Wenn Schlüsselmitglieder aufhören, können andere schnell folgen.
- *Der »inverse Dilbert-Bezugsfaktor«* – je mehr Dilbert-Cartoons auf den Türen und auf den schwarzen Brettern kleben, desto schlechter geht es dem Projekt.
- *Übertriebener Galgenhumor* – wenn das Projektteam damit anfängt, im Büro schwarze Hemden zu tragen und Beileidsbekundungen per E-Mail zu verschicken, dann haben Sie ein Problem.
- *Neue Namen für das Projekt, z.B. »Projekt Titanic«* – noch eine Form des Galgenhumors, aber gewöhnlich ein ernsteres Anzeichen dafür, dass das Projektteam die Loyalität, die Achtung und das wirkliche Interesse am erfolgreichen Abschluss des Projektes verloren hat.

- *Eine bedrohliche Stille unter den Endbenutzern und im Führungsgremium, die sonst gewöhnlich täglich danach fragen, wie es um das Projekt steht* – zu dem Zeitpunkt, an dem Sie dies feststellen, ist es vielleicht zu spät, um noch etwas zu retten. Aber Sie sollten zumindest ein paar Tage Zeit haben, Ihre Bewerbungsunterlagen zu aktualisieren.

- *Zappelei* – eine Menge Aktivitäten, aber keine Anzeichen für irgendeinen Fortschritt. Zur Vermeidung gibt es hier den Minimeilenstein (siehe oben) und die Tagesversionsstrategie.

5.6 Himmelfahrtskommandos und XP (Extreme Programming)

Eines der populärsten und fesselndsten Konzepte im Zusammenhang mit Software-Entwicklungsprozessen in den späten 90er Jahren und den frühen 2000ern ist XP (Extreme Programming). Die Tatsache, dass ein Projektteam XP angewendet, bedeutet nicht notwendigerweise, dass das Projekt alle Kriterien und Charakteristika eines Himmelfahrtskommandos erfüllt, wie sie in diesem Buch beschrieben werden. Ebenso wenig gibt es eine 100%-Überschneidung der XP-Technologien und den Methoden aus diesem Buch. Andererseits glaube ich an relativ viele Gemeinsamkeiten – speziell die Bezeichnung »extreme« suggeriert, das Projekt besitze aggressiv ehrgeizige Ziele, die die Möglichkeiten normaler Mitarbeiter übersteigen, die es gewohnt sind, unter gewöhnlichen Bedingungen zu arbeiten. Andererseits fällt im Zusammenhang mit den meisten Abhandlungen, Artikeln oder Seminaren zu XP immer wieder das Thema der Partnerschaft zwischen den Entwicklern und den Entscheidern ins Auge, die den Entwurf des Anforderungskatalogs unterstützen, Prototypen testen und schließlich entscheiden, ob ein gewisser Prototyp in den praktischen Alltag übergeben werden kann. Dies wäre in der Tat ein äußerst wünschenswerter Zustand und er charakterisiert die Situation, die man bei Himmelfahrtskommandos vom Typ »Mission Impossible« erwarten darf (Quadrant oben rechts in Abbildung 2.1).

Unglücklicherweise fallen viele Himmelfahrtskommandos in die anderen drei Quadranten der Abbildung 2.1 – mit anderen Worten: hässliche, gemeine Projekte, Selbstmordprojekte und Kamikazemissionen.

Himmelfahrtsprojekte sind oft Konflikte zwischen aggressiven Vertretern externer Dienstleister (auch bekannt als Systemintegration, Software-Häuser, Consulting-Unternehmen usw.) und defensiv eingestellten Kunden, die nicht wissen, ob sie gerade hofiert, verführt oder vergewaltigt werden. In einer solchen politischen Umgebung haben die Prinzipien des durchaus lobenswerten XP so gut wie keine Chance.[10] Stattdessen folgt man am besten einigen der aggressiveren Methoden aus diesem Buch.

Nichtsdestotrotz sehe ich eigentlich keinen Grund, warum der Projektmanager eines Himmelfahrtskommandos nicht gelegentlich von einigen Schlüsselkomponenten des XP Gebrauch machen sollte. Hier ein paar Beispiele:

- die Planung von Versionen oder Releases in kurzen, etwa zweiwöchigen Abständen

    - Die Funktionalität, die mit jeder Version/Release verknüpft ist, basiert auf Unterhaltungen mit dem Anwender.

    - Falls nötig, kann die Funktionalität in einer strengen, detaillierten Weise – z.B. unter Benutzung von OO-Methoden wie UML dokumentiert werden. Falls der Gesamtplan aggressiv ist und falls ein beträchtlicher Teil der Funktionalität in kurzen Abständen, zum Beispiel alle zwei Wochen, zu liefern ist, dann ist diese Art der Dokumentation das Erste, was im Rahmen eines Triage-Ansatzes, wie früher in diesem Kapitel geschrieben, über Bord geworfen werden muss.

    - Bei jedem neuen Release sollte man sich verpflichten, dieselbe Menge an Funktionalität zu liefern wie zum vorigen Release. Es gibt eine natürliche Tendenz zu steigendem Ehrgeiz – »wenn wir in der letzten Release schon 500

Function Points geliefert haben, wollen wir jetzt für die neue Lieferung 600 Function Points vorsehen!« – diese Art zu hoher Selbstverpflichtung führt früher oder später zum Desaster.

• Wenn das Himmelfahrtskommando mehr als etwa sechs Monate zu benötigen scheint, dann sollte der gesamte Zeitplan auf einer 40-Stunden-Woche basieren. Das ist nicht nur human und zivilisiert, sondern auch klug: Es ist zwar in Ordnung, 100 Meter im Sprinttempo zurückzulegen, wenn das Projekt aber eher einem Marathon gleicht, benötigt man ein geeigneteres Tempo, damit die Mannschaft nicht nach den ersten Kilometern ausgebrannt ist.

• Lassen Sie vorweggenommene Leistungsmerkmale für mögliche zukünftige Forderungen aus Ihrem Design heraus. Passen Sie Ihren Entwurf vielmehr dem heutigen, aktuellen Bedarf an.

  - Das ist eine wesentliche Veränderung des alten Paradigmas, in dem angenommen wurde, dass Fehler im Anforderungskatalog extrem wichtig seien und es folglich kostenwirksam wäre, so viel Zeit und Anstrengung wie nötig in den Entwurf zu investieren, um korrekte Anforderungen durch die Anwender zu erhalten. (Entweder indem man detaillierte Spezifikationen schreibt oder umfangreiche Prototypen entwickelt).

  - Das neue Paradigma, im wesentlichen durch XP betont, geht davon aus, dass es gewöhnlich unmöglich ist, vollkommen korrekte Anforderungen zu definieren, wie groß die Bemühungen hierzu auch immer sein mögen. Es lohnt sich nicht, mehr Anstrengungen zu investieren als für eine »gut genug«-Variante des Anforderungskatalogs notwendig wäre. Die wichtigste Ursache, warum dieses Paradigma funktioniert, ist der, dass die heutigen Entwickler weitaus mächtigere Entwicklungstools besitzen, als dies vor zehn bis zwanzig Jahren der Fall war. Diese

Tools ermöglichen schnellere, kostengünstigere und leichtere Modifikationen – um im Extremfall ganze Teile des Systems neu zu entwickeln.

- Die Zeit, Mühe und Ressourcen, die man früher in eine ach so sorgfältige Anforderungsanalyse investiert hat, sollte man heute für ständiges Änderungsmanagement bereitstellen – mit anderen Worten, für dauerndes Reorganisieren, Redesign, Umstellen der Objekt- und Modul-Organisation oder anderer, wie auch immer definierten Komponenten des entstehenden Systems. Eine solche Vorgehensweise funktioniert in einer Tool- und objektorientierten Entwicklung am besten.

- »Paarweise Programmierung« ist ein sehr wichtiger Themenbereich im Rahmen des XP-Konzepts: Zwei Software-Entwickler arbeiten gemeinsam an einer Entwicklungsaufgabe. Dieses bewirkt nicht nur eine Art Versicherung für den Fall, dass einer der Entwickler während des Projektes von einem LKW überfahren wird, sondern es stellt sich auch noch als schneller und kostengünstiger heraus, wenn zwei Augenpaare auf den Quellcode gerichtet sind, wenn dieser in halsbrecherischer Geschwindigkeit entwickelt werden muss.

- Der gemeinsame »Besitz« eines Codes bedeutet, dass jeder Mitarbeiter des Projekts den Code, der von einem anderen Kollegen geschrieben wurde, ändern kann. Dies wäre nicht besonders sinnvoll ohne das Vorhandensein solcher Tools wie PVCS oder Microsoft SourceSafe. Diese Werkzeuge sind aber inzwischen weit verbreitet und ohne weiteres für jeden verfügbar (einschließlich einiger Open-Source-Produkte für diejenigen, deren Budget limitiert sein sollte). Aus praktischer Sicht macht es Sinn, eine Art Gemeinschaftsumgebung für das Team zu schaffen, wenn es bereits rund um die Uhr arbeitet: Das ganze Team auszubremsen, bloß weil man gerade Huberts Programmcode nicht findet, um dort einen Bug zu beseitigen, wäre nicht sonderlich klug. Wie man sich aber leicht vorstellen kann, kann das erhebliche politische Konflikte verursachen, wenn das Team an solche Verhaltensweisen nicht gewöhnt ist – und wenn es noch nicht wirklich davon überzeugt ist.

- Programmierer erzeugen ihre Testfälle, bevor sie den Code realisieren. Falls man nämlich nicht weiß, wie man sicherstellen kann, dass ein bestimmter Code richtig arbeitet, dann sollte man auch den Code hierzu noch nicht realisieren. Wahrscheinlich sind die politischen Wechselwirkungen wiederum ziemlich heftig. Insbesondere für ein Team, das einer so radikalen Politik (auch wenn sie noch so plausibel und unwiderlegbar ist) noch nie ausgesetzt war. Teil dieser Leitlinie ist es, dass alle Testfälle in einer stetig wachsenden Bibliothek für den späteren Regressionstest gesammelt werden.

5.7 Zusammenfassung

Es ist allzu leicht, all die Ideen, die ich in diesem Kapitel diskutiert habe, über Bord zu werfen und in die tödliche Falle sturer, zeitverschwenderischer Bürokratie zu tappen. Stephen Nesbitt erinnerte mich in einer E-Mail[11], die mich gerade erreichte, als ich dieses Kapitel abschloss, ohne einen geschickten Weg zu beschreiben, wie man die Dinge zu einem sauberen Abschluss bringen könnte.

... dass ein Mangel an Standards und Methoden ebenso ein Projekt in ein Himmelfahrtskommando verwandeln kann. Bei meinem letzten Projekt wurde zum Beispiel der unrealistische Lieferzeitpunkt als Entschuldigung für folgende Punkte benutzt:

1) Das Einbringen des Quellcodes in das Konfigurationsmanagementsystem resultierte darin, dass der Quellcode des Projektes auf drei verschiedene Computersysteme an zwei verschiedenen geografischen Orten verteilt wurde. Als Konsequenz heraus wurde eine Menge Zeit verschwendet, als man versuchte

a) die Software zu integrieren

b) festzustellen, wer welche Version hat

c) festzustellen, warum die Software auf einem System arbeitet auf dem anderen jedoch nicht

2) Das Registrieren von Leistungsmerkmalen bzw. Defekten im Konfigurationsmanagementsystem. Dies legte tatsächlich die Qualitätssicherung lahm, weil es unmöglich war festzustellen, was in Arbeit war oder was ignoriert werden könnte, oder was fertig gestellt und getestet werden konnte und was sich in der Schwebe befand, so dass noch geeignete Testpläne entworfen werden konnten.

3) Die Aufzeichnung grundlegender Anforderungen, Entwurfsentscheidungen und -annahmen, Meilensteine innerhalb der Entwicklungsmodule des Projekts und geeignete Modultests. Die Konsequenz daraus war eine drastische Behinderung der Kommunikation innerhalb des Projekts nicht nur bezüglich des aktuellen Projektstatus, sondern auch bezogen auf grundlegende Entscheidungen, die zu Beginn des Projektes getroffen wurden. Unvermeidliche Antwort der Entwicklung war, dass diese Aktivitäten per definitionem als »Overhead« dargestellt wurden und folglich zu nutzlosen Aktivitäten konvertierten. Das technische Management war generell dagegen und, als der Endtermin endlich verstrichen war, wurden Verfahren und Methoden vollends aufgegeben.

Bitte deuten Sie dieses Kapitel nicht als eine Entschuldigung dafür, überhaupt keine definierten Vorgehensweisen, Methoden oder Techniken zu benutzen. Der Trick aber ist, herauszufinden, welche wirklich von Bedeutung sind, welche funktionieren und welchen das Team natürlich und unbewusst folgen wird. Der letzte Punkt ist besonders wichtig: Das Team wird unter einem hohen Druck und Stress stehen und es muss eine Menge Dinge instinktiv erledigen. Wenn das Team durch neue und vertraute Prozesse überlastet wird, die so komplex sind, dass sie alle fünf Minuten ein Lehrbuch konsultieren müssen, dann ist alles verloren. Halten Sie alles einfach! Und wenn das Team sich nur an ein einziges Wort erinnern kann, denken Sie daran: Triage!

5.8 Anmerkungen

1. Ich würde zwar meinen, dass der Projektmanager und sein Team dieses als eine Art Lackmustest (in Anlehnung an den Säuretest in der Chemie) zu Beginn des Projekts anwendet. Falls aber der Benutzer, der Projektinhaber, der Leitungskreis, Teilhaber und sonstige Mitspieler sich weigern, eine solche starre Triage-Priorisierung zu akzeptieren, ist es das Vernünftigste, das Projekt zu verlassen, bevor die Lage noch schlimmer wird!

2. Dies ist eine Vorschau auf die detailliertere Diskussion der »Besten Praxis«, die Sie später in diesem Kapitel finden werden.

3. Im Gegensatz dazu werden in einem normalen Projekt SA/OOA-Modelle oft als nützliche Produkte zum Selbstzweck aufgefasst. Die Benutzer und die politischen Beteiligten werden herummeckern und sich gegenseitig sagen, »So läuft also unser Geschäft! Wir sollten vielleicht ein »Business-Reengineering-Projekt« starten und das alles ändern, bevor wir ein neues Software-System entwickeln.«

4. Erfahrene Software-Ingenieure werden das alte Sprichwort zitieren, »Wenn dein einziges Werkzeug ein Hammer ist, dann kommen dir alle Probleme wie Nägel vor.«

5. Ich muss zugeben, dass dies eine Art Marketingübertreibung ist, da es eins der Schlüsselmerkmale des Produkteinkaufs ist. Ich war Mitglied des Einkaufsvorstandes, als ich dieses Buch schrieb, und in meiner Rolle als objektiver Verfasser möchte ich Sie ermutigen, alle drei hier erwähnten Produkte zum Thema Anforderungsmanagement zu untersuchen.

6. Von: Doug Scott, 100072,1276
An: Ed Yourdon, 71250,2322
Betrifft: Kapitel 4 fertig, Kapitel 5 Fragen
Abschnitt: The Cutter Edge [14], Forum: CASE - DCI
Datum: Dienstag, 13. August, 1996, 4:41:31 PM
Ed,
> 1. Wie wichtig ist es, traditionelle Methoden wie SA/SD
oder OOA/OOD in einem Himmelfahrtskommando anzuwenden?
Ich dachte, sie könnten zu einem Himmelfahrtskommando
noch wirksamer beitragen als in den meisten anderen

Fällen. Ich kenne ein Projekt, in dem ein Zeichenprogramm
für die ERDs (Entity-Relationship-Diagramme) benötigt
wurde, also schafften sie »Excellerator« an. Als man
herausfand, dass dieses Tool SSADM unterstützte (was die
Methode aller Methodiker sein soll), übernahmen sie es
ohne Training oder irgendeine Einführung für die Mitarbeiter. Dann stellten sie fest, dass das Tempo des
Projektes rapide nachließ (tatsächlich kam es fast zum
Stillstand), da jeder damit beschäftigt war, Bedienungsanleitungen zu lesen, neue Software-Tools zu erlernen und
zu überlegen, was man als Nächstes tun sollte (womit sie
das wiederholten, was sie früher schon getan hatten, nur
in der »falschen« Reihenfolge). Für die Beobachter von
Himmelfahrtskommandos ein geradezu ideales Szenario, aber
völlig normal. Ach ja, der Projektleiter wurde natürlich
bei der Hälfte des Projektes entlassen, aber das ist
völlig normal.

> 2. Wie wichtig ist es, diese Methoden (welche auch
immer die beste zu sein scheint) dem Team vor dem Projekt
beizu- bringen? Nun, ich schätze, du kannst dem oben
Gesag- ten entnehmen, dass ich Training immer für
notwendig halte, bevor man etwas anwendet. Für die
Übernahme einer Technik, die deine Arbeit fundamental
beeinflussen wird, alle Anforderungen aufzeichnen und die
Art des generierten Codes bestimmen wird, empfiehlt sich
doch sicher ein wenig Training, nicht wahr? Training ist
natürlich immer besser als keins. Da man sich aber in
einem Himmelfahrtskommando befindet, hast du nicht genug
Zeit dafür. Hier eine kurze Anekdote, die ich einmal mit
einem System- manager erlebte. Ich hatte gesagt, dass ich
die ersten neun Monate des Projekts dafür verwenden
wollte, das richtige Design zu erstellen, worauf er
antwortete: »Das können Sie nicht machen, Sie müssen die
Namen- und Adressdatei in zwölf Monaten liefern.« (!) Es
ist kein Himmelfahrtskommando. Es ist kein Himmelfahrtskommando. Es ist kein Himmelfahrtskommando. Noch
nicht!

> 3. Wie wichtig ist SEI-CMM oder ISO 9000 oder ein anderer
Formalismus für die Software-Entwicklung für das Team in
einem Himmelfahrtskommando?

Völlig unwichtig, würde ich sagen! Ich kenne SEI-CMM gar
nicht, bis auf das, was ich hier gesehen habe. ISO 9000
ist selbst zertifiziert, so dass es hier gar kein Problem
darstellt. Wenn das doch so ist, stellst du einen Spezia-
listen ein, der die ganze ISO-9000-Dokumentation erstellt.
> 4. Fast alle Himmelfahrtskommandos verwenden RAD oder
Prototyping.
Nun, schlimm ist, dass plötzlich, wenn den Leuten bewusst
wird, dass der Endtermin zu platzen droht, RAD sein
hässliches Gesicht zeigt. RAD ist offensichtlich gut für
klar umrissene Ziele, während das Himmelfahrtskommando
jedoch unter vagen oder übertriebenen Anforderungen
leidet. Ich kann nicht erkennen, wie RAD einem Himmelfahrtskommando zum Erfolg verhelfen könnte, es sei denn,
du verwandelt es in ein »navigierbares Modell« oder eine
Folge von Prototypen, mit denen du dir das Management
gewissermaßen vom Hals schaffen kannst.
> 5. Wenn du das Projektteam nur zu einer einzigen
Vorgehensweise bringen könntest, welche wäre dies?
Für mich wäre dies die Strategie, in kleinen Teams zu
arbeiten, eng fokussiert darauf, etwas ganz Bestimmtes zu
liefern, so dass immer ein konkretes, relativ nahes Ziel
bevorsteht. Dass jedermann die Arbeit des anderen
gegenprüft, wäre ein anderer Aspekt, den ich einführen
würde. Nicht notwendigerweise in Form von »Walkthroughs«
(das wäre ein formalerer Teil dessen), sondern einfach um
sicherzustellen, dass jemand anders, der sich gut
auskennt, irgendwie helfen kann. Das Motto ist: Teile
die Arbeitsbelastung, die Probleme und die Vision.
> 6. Welche Vorgehensweise würdest du im Rahmen eines
Himmelfahrtskommandos unbedingt vermeiden? Dass größere
Benutzergruppen (wie z.B. das Modellbüro) die Kontrolle
über den Entwurf erhalten. Wenn die Anzahl der invol-
vierten Benutzer zu groß wird, wird die Firma dir immer
nur diejenigen überlassen, die sie gerade entbehren kann,
und sie werden ständig untereinander diskutieren, weil
sie nicht alle auf dem letzten Stand sind. Wir mussten
einmal ein Projekt komplett anhalten, damit einige
erfahrenere Benutzer noch einmal alle Anforderungen

durchgehen und die Spreu vom Weizen trennen konnten. In
der Zwischenzeit konnten 60 Entwickler wochenlang
Däumchen drehen.

> 7. Wie wichtig ist dieses ganze Theater um die Vorgehens-
modelle im Vergleich zum Faktor »Personalressourcen«?
Menschen, Menschen und noch einmal Menschen, das sind die
drei wichtigsten Dinge, die man in jedem Projekt
benötigt. Hol dir die besten und halte sie fest, und lass
den Rest laufen. Man kann mit einem Team, das gut ist,
mit einem Drittel der geplanten Zeit auskommen. Und wenn
sie wirklich so gut sind, dann setzen sie auch ein
übliches, nützliches Vorgehensmodell ein und um. So
wichtig auch die Vorgehensweise ist, die Leute kommen
zuerst und wenn sie gut sind, dann übernehmen sie eben
auch eine gute Vorgehensweise, ohne dass diese zu einem
Ballast würde. Tools und Technologien kommen vor den
Vorgehensmodellen beziehungsweise Methoden, glaube ich.
Das ist das, was Manager für ihre Leute tun können, und
was wirklich hilft.
- Doug

7. Von: Paul Maskens, 104074,3277
An: Ed Yourdon, 71250,2322
Betrifft: Kapitel 4 fertig, Kapitel 5 Fragen
Abschnitt: The Cutter Edge [14], Forum: CASE - DCI
Datum: Donnerstag, 15. Aug., 1996, 5:33:12 AM
Ed,
»2. Was ist, wenn das Projektteam bestimmte Methoden noch
nie vorher angewendet hat? Wie wichtig ist es, diese
Methoden zu trainieren, bevor das Projekt anfängt?«
Gibt es überhaupt eine solche Zeit vor dem Projekt? Ein
Himmelfahrtskommando ist nicht der richtige Zeitpunkt,
den Mitarbeitern eine neue Methode (ggf. die erste)
beizubringen. Im Gegenteil, ein solches Vorgehen würde
den Crash des Projektes maßgeblich verursachen.
- Paul

8. Von: S. Marsh Roberts [ICCA], 70007,4251, 104074,3277
An: Ed Yourdon, 71250,2322
Betrifft: Kapitel 4 fertig, Kapitel 5 Fragen

Abschnitt: The Cutter Edge [14], Forum: CASE - DCI
Datum: Mittw., 14. August, 1996, 7:58:31 AM
Ed,
≫ 1. wie wichtig ist es, traditionelle Methoden wie SA/SD
oder OOA/OOD in Himmelfahrtskommandos einzusetzen?
Es kann nicht schaden, klare Kommunikationswege zu den
Benutzern und ebenso klar definierte Lieferungen an sie
zu besitzen.
≫ 2. Was ist, wenn das Projektteam bestimmte Methoden noch
nie vorher angewendet hat? Wie wichtig ist es, diese
Methoden zu trainieren, bevor das Projekt anfängt?
Das hängt davon ab, ob es Teammitglieder gibt, die die
Erfahrung besitzen, die der Mannschaft als Ganzes fehlt.
Ich würde sagen, dass der Kern des Teams das
entsprechende Know-how schon besitzen sollte.
≫ 3. Wie wichtig ist SEI-CMM oder ISO 9000 oder ein
anderer Formalismus in der Software-Entwicklung für das
Team in einem Himmelfahrtskommando? Ist es besser, einem
so genannten ≫ad hoc≪-Ansatz zu folgen und davon auszu-
gehen, dass der Druck auf das Himmelfahrtskommando
sowieso jeden im Projekt zwingt, wie ein Cowboy zu
programmieren (≫Cowperson≪ wäre wahrscheinlich der
politisch korrekte Ausdruck, aber er klingt irgendwie
ungeschickt). Rindviecher müssen nicht vom Dreck der
Weide gereinigt werden und Programmierer benötigen keine
Methodengurus zur Bereinigung ihrer Lieferungen. Wenn
aber irgendjemand es bevorzugt, einen formalen Software-Entwicklungsprozess zu haben, dann sollten die
Leute, die die Programmierarbeit zu erledigen haben,
unbedingt hiervon verschont bleiben.
≫ 4. Fast alle Himmelfahrtskommandos verfolgen einen
RAD-Ansatz bezüglich der Systementwicklung (oder einen
spiralförmigen, parallelisierten, iterativen oder einen
anderen Ansatz) anstelle des alten Wasserfallmodells.
Dieser Punkt scheint kaum der Erwähnung wert. Aber gibt
es irgendwelche speziellen Vorbehalte, Ausnahmen oder
Einzelheiten zum Thema RAD/Protyping usw., von denen du
sicher annehmen würdest, dass sie der Projektmanager
eines Himmelfahrtskommandos verstehen würde?≪
Das Feed-back durch die Benutzer ist der kritische Punkt.

Sie kümmern sich nicht darum, wie du die Anforderungen erfüllst, und wenn sie die »frühen Wunderwerke« von hübschen Bildschirmausgaben und die angekündigte Funktionalität einmal gesehen bzw. wahrgenommen haben, dann lass sie nicht wieder abstürzen.

» 5. Wenn du das Projektteam nur zu einer einzigen Vorgehensweise bringen könntest, welche wäre dies? »Walkthroughs«? »Change-Management«? (auch »Versionskontrolle«, »Konfigurationsmanagement« o.Ä. genannt)? Formale Analyse- und Entwurfsmethoden? Irgendetwas anderes?«

»Walkthroughs« oder »Reviews« mit den wichtigsten Benutzern? Ich denke wirklich, dass eines der größten Probleme von Systemprojekten die Befriedigung dieses Liefer- und Fehlerzyklus ist.

» 6. Welche Vorgehensweise würdest du im Rahmen eines >Himmelfahrtskommandos unbedingt vermeiden? (Weil es zu viel Zeit kostet, zu riskant ist oder was auch immer)«

Etwas, das technisch und theoretisch extrem kompliziert ist, ist in einem Himmelfahrtskommando die reine Ver-schwendung. Niemand kann weiter vorausschauen als bis zum nächsten Abnahmetermin.

» 7. Wie wichtig ist dieses ganze Theater um die Vorgehensmodelle im Vergleich zum Faktor »Personal-ressourcen«? Tools sind in der Regel wertvoll, aber sie sollten nur dazu dienen, etwas zu illustrieren oder erst zu ermöglichen. Verfahren und Vorgehensmodelle dienen dazu, für die menschliche Seite der Anstrengungen frei zu werden. Das Personal ist das Wichtigste.

- Sharon

9. E-Mail von Michael Church, 16. Juli, 2003

10. Die Situation wird dadurch verschlimmert, dass XP typischer-weise in dem betreffenden Unternehmen vorher noch nie angewen-det wurde. Selbst wenn also das politische Klima (XP gegenüber) wirklich offen und freundlich wäre, gäbe es sicher einigen Wider-spruch zu einzelnen Aspekten wie zum Beispiel der »Paarprogram-mierung«.

11. Von: »Stephen Nesbitt«,

INTERNET: Snesbitt@gomontana.com
An: Ed Yourdon, 71250,2322
Datum: Donnerstag, 15. Aug., 1996, 2:18 AM
RE: Himmelfahrtskommando & Methodenpolizei
Ed,
Vor drei Wochen war ich ein 35 Jahre alter System-
ingenieur, der Qualitätssicherungs-Service für ein
furchtbares Himmelfahrtskommando hier in Bozeman, MT
liefern musste. Ich bin immer noch 35, aber ich habe
meine Stelle aufgegeben, nach 18 Monaten! Stress,
Verzweiflung und ein Mangel an Befriedigung im Beruf
waren einfach zu viel für mich. Da ich niemanden zu
versorgen habe, konnte ich es mir leisten, einfach zu
verschwinden, auch wenn das finanzielle Einbußen geben
könnte. Ich finde deine Kapitel über das Himmelfahrtskommando insbesondere deshalb so wichtig, weil ich versuche, zu verstehen, was in den letzten 18 Monaten passiert ist, und weil ich begonnen habe, nach einem Arbeitgeber zu suchen, bei dem Himmelfahrtskommando nicht die
Norm sind (oder zumindest nicht vom hässlichen oder
Selbstmord- Typ). In Kapitel 2 beziehst du dich einige
Male auf die Methodenpolizei als denjenigen Faktor, der
in der Lage ist, ein Projekt in ein Himmelfahrtskommando
zu verwandeln mit der Folge, dass Methoden und Standards
ein Projekt, das sich schon am Abgrund befindet, endgültig lahm legen können. Ich glaube, das ist vollkommen
richtig beschrieben. Es stört mich aber etwas, dass du
den umgekehrten Fall nicht erwähnst, nämlich dass ein
Mangel an Standards und Methoden ebenso ein Projekt in
ein Himmelfahrtskommando verwandeln kann. Bei meinem
letzten Projekt wurde zum Beispiel der unrealistische
Lieferzeitpunkt als Entschuldigung für folgende Punkte
benutzt:
1) Das Einbringen des Quellcodes in das
Konfigurationsmanagementsystem resultierte darin, dass
der Quellcode des Projektes auf drei verschiedene
Computersysteme an zwei verschiedenen geografischen Orten
verteilt wurde. Als Konsequenz daraus wurde eine Menge
Zeit verschwendet, als man versuchte
a) die Software zu integrieren

a) festzustellen, wer welche Version hat
b) festzustellen, warum die Software auf einem System arbeitet und auf dem anderen nicht
2) Das Registrieren von Leistungsmerkmalen bzw. Defekten im Konfigurationsmanagementsystem. Dies legte tatsächlich die Qualitätssicherung lahm, weil es unmöglich war festzustellen, was in Arbeit war oder was ignoriert werden könnte oder was fertig gestellt und getestet werden konnte und was sich in der Schwebe befand, so dass noch geeignete Testpläne entworfen werden konnten. Die Aufzeichnung grundlegender Anforderungen, Entwurfsent-scheidungen und -annahmen, Meilensteine innerhalb der Entwicklungsmodule des Projekts und geeignete Modultests. Die Konsequenz daraus war eine drastische Behinderung der Kommunikation innerhalb des Projekts nicht nur bezüglich des aktuellen Projektstatus, sondern auch bezogen auf grundlegende Entscheidungen, die zu Beginn des Projektes getroffen wurden. Unvermeidliche Antwort der Entwicklung war, dass diese Aktivitäten per definitionem als »Over-head« dargestellt wurden und folglich zu nutzlosen Akti-vitäten konvertierten. Das technische Management war generell dagegen und, als der Endtermin endlich ver-strichen war, wurden Verfahren und Methoden vollends aufgegeben. Die Ergebnisse waren bedeutend:
1) Das System ging erst ein Jahr nach Lieferung in Produktion. Das Jahr wurde dazu verwendet, schwere Design- und Implementierungsfehler zu beseitigen, teure, massive Ressourcen anzufordern und Millionen Dollar an Konventionalstrafen zu zahlen.
2) Ein System ging zugleich mit drei brandneuen, nie getesteten Systemen, in Produktion. Das Ergebnis war, dass man für einen Monat spezielle Engineeringressourcen benötigte, um rund um die Uhr eine Betriebsleitung zu ermöglichen. Das führte auch zu der allgemeinen Vorstellung beim Kunden, dass das System nicht funktioniert, eine bis heute nicht geänderte Sicht der Dinge.
3) Ein System scheiterte komplett mit der Folge,
a) von 20 Millionen Dollar Schadenersatz im Rahmen eines 35-Millionen-Dollar-Vertrags.

b) Verlust eines anderen Multimillionen-Dollar-Vertrags.
c) Beseitigung des Systems durch den Kunden
Vielleicht hätte ein bisschen Methodik keinen großen
Unterschied ausgemacht. Aber hätte sie die Lage
verschlechtern können? Ich hoffe, dass diese letzte Form
eines Himmelfahrtskommandos klar macht, dass das Fehlen
von geeigneten Methoden ein Projekt in ein Himmelfahrtskommando verwandeln kann, gerade so wie die übertriebene
Anwendung von ungeeigneten Verfahrensmodellen, Methoden
und Standards. Als ein des Kampfes überdrüssiger Infan-
terist hoffe ich auch, dass das fertige Buch dazu
verhelfen wird, Geeignetes von Ungeeignetem zu unterscheiden. Danke für deine Zeit und entschuldige bitte die
Länge meines Briefes. Viel Spaß im Sommer am
Flathead-See.
- Steve

5.9 Literatur

1. Alan M. Davis, *Software Requirements: Objects, Functions, and States*, Englewood Cliffs, NJ: Prentice Hall, 1993.

2. Mark C. Paul, Charles V. Weber, Bill Curtis, Mary Beth Chrissis u.a., *The Capability Maturity Model: Guidelines for Improving the Software Process* (Vorlesung, MA: Addison-Wesley, 1995).

3. Watts Humphrey, *Eine Disziplin des Software-Engineering*, Vorlesung, MA: Addison Wesley, 1995.

4. James Bach, *The Challenge of »Good Enough« Software*, American Programmer, Oktober 1995.

5. Jim McCarthy, *Dynamics of Software Development*, Redmond, WA: Microsoft-Press, 1995.

6. G. Pascal Zachary, *Show-Stopper!*, New York: Free Press, 1994

Kapitel 6

Die Dynamik von Prozessen

Systemdynamik ist eine Methode zum Studium der Umwelt. Anders als andere Wissenschaftler, die die Welt dadurch analysieren, dass sie sie in immer kleinere und noch kleinere Stücke zerteilen, bedeutet Systemdynamik die Sicht auf die Dinge als Ganzes. Das zentrale Konzept für die Systemdynamik besteht darin, zu verstehen, wie alle Komponenten und Objekte eines Systems miteinander wechselwirken. Dabei kann ein System alles Mögliche, von einer Dampfmaschine über eine Bankkonto bis zu einem Basketballteam sein. Die Objekte und die Personen in einem System interagieren durch so genannte »Feedback«-Schleifen. Dabei beeinflusst im Verlauf der Zeit die Änderung einer einzigen Variablen andere Variablen, wie diese umgekehrt wieder die ursprünglichen Variablen beeinflussen und so weiter.

vom *MIT System Dynamics in Education Project*,
http://sysdyn.clexchange.org,
überarbeitet und adaptiert aus Kap. 4 von
»Rise and Resurrection of the American Programmer«

In vielen Himmelfahrtskommandos sind die größten Probleme nicht-technischer Natur und kommen eher aus dem politischen, sozialen, kulturellen und zwischenmenschlichen Bereich. Während es eine ganze Anzahl von Mitarbeiter-orientierten Lösungsansätzen gibt, mit denen man die Dinge beträchtlich verbessern kann – bessere Leute einstellen, effektivere Motivation, Organisation mit produktiveren Teams –, bleibt das Problem, dass alle diese Dinge in einem organisatorischen Kontext zu verstehen sind. Das organisatorische »System für den Aufbau von Systemen« ist so kompliziert, dass wir oft nicht verstehen, wie es funktioniert. Tatsächlich funktioniert es oft überhaupt nicht: Das Projektteam erstarrt häufig geradezu aufgrund der versteckten und unerwarteten Konsequenzen von Managemententscheidungen und politischen Maßnahmen.

Dies geschieht trotz der jährlich wiederkehrenden Bemühungen vieler IT-Unternehmen, ihre Software-Entwicklungsprozesse zu formalisieren und zu verbessern – mit Techniken und Methoden, die von RAD (Rapid Application Development) über XP (Extreme Programming) bis zu SEI-CMM (Software Engineering Institute-Capability Maturity Model) reichen. Wie wir in diesem Kapitel sehen werden, versagen viele dieser Verbesserungsversuche, da sie die Dynamik der Software-Prozesse nicht berücksichtigen (insbesondere die Zeitverschiebungen und die Feedback-Schleifen). Außerdem werden meistens die so genannten »Soft«-Prozesse ignoriert, die eine wesentliche Rolle in der Welt der Software-Projekte spielen. Man hat sich folgerichtig mit großem Interesse in den letzten paar Jahren intensiv mit der Dynamik und der Simulation solcher Prozesse befasst. Wir werden die Aspekte der Simulation in Kapitel 11 diskutieren. In diesem Kapitel wollen wir jedoch einige fundamentale Konzepte betrachten, wie der Projektmanager eines Himmelfahrtskommandos seine Entscheidungen auf eine bessere Informationsgrundlage stellen kann.

Das Konzept der Systemdynamik gibt es eigentlich schon seit ein paar Jahrzehnten. Ein großer Teil der Bemühungen auf diesem Gebiet kann bis in die Pionierzeiten von Jay Forrester [2] am MIT in den frühen 60er Jahren zurückverfolgt werden. Vieles aber hat sich seither verändert. Heute gibt es den PC, der eine interaktive Modellsimulation gegenüber den Batchsystemen mit ihren einwöchigen Laufzeiten von früher wesentlich erleichtert. Wir kennen heute visuelle Modelliersprachen anstelle FORTRAN-ähnlicher Sprachen wie DYNAMO, die für den Enduser schwer zu verstehen waren. Wir wenden ferner das generelle Konzept der Systemdynamik auch auf kleinere, speziellere Problemstellungen an und nicht nur auf so etwas wie die »globale Modellierung«, die Professor Forrester und seine Mitarbeiter im »Club of Rome« unternahmen.

Ein Beispiel für einen kleineren, spezielleren Problembereich ist das der Software-Prozesse. Von Beginn der Pionierarbeiten von Tarek Abdel-Hamid [1] an haben die Wissenschaftler und Experten der Prozessoptimierung Experimente zur Anwendung der Systemdynamik mit dem Ziel durchgeführt, ein tieferes Verständnis von Software-Prozessen im Unternehmen zu erlangen, um diese Prozesse zu verbessern. In dem Maß, in dem die Erkenntnisse und Einblicke dem Projektmanager helfen, zu verstehen, wie die einzelnen Dinge unter dem hohen Druck eines Himmelfahrtskommandos ablaufen, kann er die Erfolgshindernisse wesentlich besser aus dem Weg räumen.

6.1 Modelle von Software-Entwicklungsprozessen

Die meisten von uns interpretieren den Begriff »Modell« so, als würde er im Zusammenhang mit Software-Projektmanagement verwendet. Mit Begriffen der grafischen Abstraktion von Software – zum Beispiel UML-Diagramme, Strukturdiagramme, Entity-Relationship-Diagramme usw. Im Zusammenhang mit Software-Prozessen und dem Business Reengineering ist es üblich, diese Modelle als »Workflow«-Diagramme oder Flussdiagramme zu betrachten.

So aber organisieren die meisten realen Software-Manager ihre täglichen Aktivitäten nicht. Wann haben Sie denn zum letzten Mal gehört, dass ein Projektmanager zu jedem seiner Mitarbeiter sagte,

»Also gut, Leute, lasst uns am Konferenztisch Platz nehmen und uns das Workflow-Modell anschauen, damit wir wissen, was wir heute zu tun haben«? Die Projektmanager wenden solche Modelle tatsächlich an, um zu planen und um die Gesamtstrategie zu diskutieren. Sie verwenden eine Vielzahl verschiedener Modellformulare, um den Problemen gewachsen zu sein und um die täglichen operativen Entscheidungen im Rahmen des laufenden Projektes treffen zu können. Die beiden wichtigsten Formalien, die wir untersuchen müssen, sind die geistigen Modelle und die so genannten »Spreadsheet«-Modelle.

6.1.1 Denkmodelle

Ein Denkmodell oder gedankliches Modell ist genau das, was der Ausdruck sagt: ein Modell, das man in seinem Gehirn mit sich herumträgt, um sich mit einem Problem oder einer Situation zu befassen. Solch ein Modell kann auf Erfahrung oder Intuition beruhen oder auf einem Volksbrauch oder einem Mythos. Es mag von Politik beeinflusst werden oder von dem ganzen Spektrum menschlicher Emotionen. Die Schlüsseleigenschaft ist jedoch die Tatsache, dass dieses Modell nicht niedergeschrieben wurde. In vielen Fällen werden solche Modelle nicht einmal in irgendeiner Form zum Ausdruck gebracht und repräsentieren lediglich die »persönliche Praxis« von Projektmanagern im Zusammenhang mit ihrem Job.

Die offiziellen Teile der Software-Prozesse in Unternehmen sind normalerweise dokumentiert (ob das jemand liest, versteht oder die Absicht hat, dieser Dokumentation zu folgen, ist eine ganz andere Frage). So könnte zum Beispiel im offiziellen Modell eines Software-Entwicklungsprozesses stehen: »Zunächst sind die Anforderungen unseres Software-Produkts zu bestimmen. Bevor diese Anforderungen nicht durch die Testabteilung akzeptiert wurden, wird jeder, der hierzu schon den Quellcode eingibt oder ein detailliertes Design entwickelt, bei Sonnenaufgang erschossen – denn wir wollen, dass die Testabteilung ihre Testprozeduren gleichzeitig mit der Implementierung realisiert. Das wäre aber nicht möglich, wenn sie gar nicht wissen, welche Testfälle überhaupt vorkommen.« All das schließt wichtige und vielleicht auch kontroverse Dinge ein. Man kann sich die konstruktiven Diskussionen sicher vorstellen, wenn die oben genannten Aktivitäten in Datenflussdiagrammen oder anderen Mechanismen modelliert sind.

Was aber ist mit dem gedanklichen Modell, das im Kopf des Managers aufkommt, wenn seine Programmierer des Morgens in seinem Büro ankommen – gerade einmal bei der Hälfte des Projekts angelangt – und zerknirscht mitteilen: »Überraschung! Wir wissen nicht, wie es gekommen ist. Aber als wir heute Morgen aufwachten, stellten wir fest, dass wir sechs Monate hinter dem Zeitplan sind!« Das unmittelbare Denkmodell, das von unerfahrenen Projektmanagern in einem solchen Fall angewendet wird, ist: »Stellen Sie sofort mehr Leute ein!« Warum eigentlich? Weil das gedankliche Modell sofort folgende Botschaft bereitstellt: »Wir müssen in einem festen Zeitraum viel mehr Arbeit leisten, da wir den Termin des Projektes nicht verschieben können. Mehr Leute leisten mehr Arbeit, also ist die Lösung des Terminproblems der Einsatz weiterer Mitarbeiter.«

Erfahrene Projektmanager haben natürlich ein gänzlich anderes Modell. Sie zitieren aus Fred Brooks *Vom Mythos des Mannmonats* und aus ihrer persönlichen Erfahrung das Brooksche Gesetz, welches lautet: »Der Einsatz zusätzlicher Arbeitskräfte bei bereits verzögerten Software-Projekten verzögert sie nur noch mehr.« Also dieselbe Situation, nur ein anderes Denkmodell! So entsteht also als eine Reaktion vieler Projektmanager – speziell in Himmelfahrtskommandos – ein neues Denkmodell: »Wir haben doch eine Unmenge möglicher, unbezahlter Überstunden zur Verfügung!« Wenn das Projekt also hinter dem Zeitplan ist, bitten wir das Team um etwas freiwillige Überstundenleistung, bis das Projekt wieder im Plan ist. Wenn das Projekt bereits von Anfang an unrealistisch optimistisch geplant war, dann kündigen Sie Zwangsüberstunden an, und zwar sofort zu Beginn des Projektes. Stellen Sie auch sicher, dass jeder versteht, dass die Beförderungen, Aufstiegschancen, Gutschriften, Aktien und andere Belohnungen natürlich davon abhängen, mit welchem Grad an Begeisterung diese Überstundenpolitik befolgt wird.

Und hier ist noch ein drittes Denkmodell, das bewusst unfreiwillig in einigen der Himmelfahrtskommandos angewendet wurde, die ich selbst beobachtet habe: Wenn Sie bei der Hälfte des Projektes hinter dem Zeitplan sind, halbieren Sie das Team. Gemäß dem Darwin-Prinzip überleben nur die fittesten Teammitglieder die neue Situation. Diese Überlebenden werden nun wie die Wahnsinnigen programmieren und kodieren. Sie werden keine Zeit mehr haben, an irgendwelchen Besprechungen teilzunehmen, Notizen zu schreiben oder andere zeitverschwenderischen Aktivitäten durchzuführen. Wenn man sechs Monate später immer noch hinter dem Zeitplan ist, teile man das Projekt noch mal in der Hälfte.

Wenn Sie nun meinen, das gäbe Streit, dann schauen Sie sich doch mal das Denkmodell des standhaften Projektmanagers an, der eine Gruppe von zeitkritischen Entwicklungsprojekten für Firmen der Wall-Street-Finanzdienstleistung zu beaufsichtigen hatte.[1] Das ging so: Grundsätzlich sind alle Projekte hinter dem Zeitplan – es ist nur eine Frage, wann man diese Tatsache feststellt und wie das Projektteam hierauf reagiert. So kann man also schon einmal vorab dafür planen: Man erzeuge eine extreme »künstliche« Krise ganz zu Anfang des Projektes und beobachte, was passiert. Voraussichtlich werden einige Leute kündigen, weil sie dem Druck nicht standhalten können. Einige werden die Krise ignorieren und einfach ihren Arbeitstag wie gewohnt weiter absolvieren. Einige werden den Druck auf die verschiedensten sozialen oder neurotischen Arten verarbeiten (bekommen Nervenzusammenbrüche, brechen in Tränen aus, bringen Waffen mit ins Büro usw.). Andere wiederum – häufig die ruhigsten, anspruchlosesten Mitglieder des Projektteams – stehen auf und werden zu Helden, erfassen die Situation und packen die Krise an.

Der Wall-Street-Projektmanager vergleicht diesen Prozess mit der Testfahrt eines Schlachtschiffs. Die künstlich hervorgerufene Krise gestattet es ihm, das Team zu »eichen«. Das heißt, dass er nun weiß, wie seine Leute sich in einer echten Krise, die unvermeidlich eintreten wird, verhalten würden. Ist diese Kalibrierung durchgeführt, erklärt er die Krise für beseitigt, nimmt den Druck heraus und setzt das Projekt fort. Es geht hier nicht darum, ob Sie irgendeines dieser Denkmodelle für das Management einer Krise akzeptieren oder ablehnen. Vielmehr gibt es wahrscheinlich ein Dutzend Varianten dieser Denkmodelle in Ihrem Unternehmen, die niemals mit irgendeinem Ihrer Kollegen oder Projektmanager besprochen wurden. Über all diese Modelle kann man sich offensichtlich ganz normal unterhalten. Sie können sich aber sicher vorstellen, wie hitzig die Debatte wird, wenn es um das Modell der »künstlichen Krise« geht. Wir wissen instinktiv, dass die Handlungen, die durch die oben genannten Modelle vorgeschlagen werden, bestimmte Konsequenzen haben. Unsere instinktive Reaktion wird sein: »Ja, aber wenn man X tut, dann geschieht Y und umgekehrt. Daraus folgt wiederum Z ...« Wie können wir nun unsere Ideen kommunizieren, ohne dass die ganze Diskussion in gegenseitige Beschimpfung abgleitet? Wie Sie später in diesem Kapitel sehen werden, gibt es ein paar äußerst nützliche und mächtige visuelle Modelliertechniken, die eine vernünftige Diskussion eines Modells sehr erleichtern – wenn Sie nichts weiter tun, dann weisen Sie doch wenigstens auf die Tatsache hin, dass willkürliche Managemententscheidungen wahrscheinlich einen komplizierten Welleneffekt von Konsequenzen hervorrufen.

Es gibt aber auch noch einen anderen Ansatz, den man hier in Betracht ziehen sollte. Er hat etwas mit dem Begriff des »lernenden Unternehmens« zu tun. Nehmen wir einmal an, dass alle Denkmodelle, die ich oben erwähnte, in Ihrem Unternehmen angewendet werden. Man kann sich leicht vorstellen, dass einige dieser Gedankenmodelle sehr gut arbeiten, andere wiederum sind quasi Desaster. Es ist auch durchaus möglich, dass ein anfangs noch unfertiges, primitives Modell über die Jahre so verfeinert und ausgereift wurde, dass es heute vielschichtig und raffiniert ist. Wie können wir dieses Wissen an neue Projektmanager vermitteln, die gerade dabei sind, ihr erstes echtes Projekt[2] zu übernehmen? Wäre es nicht hilfreich, einen Mechanismus zu besitzen, mit dessen Hilfe man die wichtigsten Gedankenmodelle diskutieren und illustrieren könnte, damit die Erfahrung weitergegeben werden kann? Wie sonst könnten wir die »Prozessverbesserung« in einem IT-Unternehmen überhaupt erreichen?

Und da ist noch etwas anderes, auf das wir im Zusammenhang mit den Beispielen von oben achten sollten: Diese Denkmodelle sind fast nie in das offizielle Software-Entwicklungsmodell eines Unternehmens eingebunden, denn sie befassen sich hauptsächlich mit den »sozialen« Gegenständen des Projekts. Tarek Abdel-Hamid [3] drückt das so aus:

Viele Studien haben gezeigt, dass die Projektmanager sich mit Problemen bezüglich obiger Gedankenmodelle befassen, die aber nicht notwendigerweise alle Elemente und Aspekte der problematischen Situation abdecken.

Technisch geschulte Manager tendieren dazu, den Einfluss des internen sozialen Systems zu unterschätzen. Das Ergebnis ist oft unkalkulierbares Gruppenverhalten im Team.

Während die offiziellen Komponenten eines Software-Entwicklungsmodells – zum Beispiel die Wahl des Wasserfallmodells an Stelle des Prototyping oder des iterativen Modells – ganz offensichtlich wichtig sind, sind die »weichen« Dinge ebenso wichtig. Sie sind tatsächlich oft sogar wichtiger, da wir nicht darüber reden. Wenn wir also im Begriff sind, unseren Software-Entwicklungsprozess zu verbessern, nutzen wir einen Mechanismus, der es uns gestattet, auch die »Soft«-Komponenten des gesamten Software-Entwicklungsprozesses diskutieren, illustrieren und verstehen zu lernen.

6.1.2 Spreadsheet-Modelle

Was brauchen die Projektmanager noch für die Steuerung ihres Projekts neben den »Gedanken- oder Denkmodellen«, die durch Erfahrung, Intuition oder Aberglaube gebildet werden? Offensichtlich benutzen viele Manager die so genannten PERT-Charts oder Gantt-Diagramme, die heutzutage von PC-geeigneten Software-Paketen angeboten werden. In der Tat, wenn Sie durch das Büro eines Projektmanagers gehen, sehen Sie wahrscheinlich einige Leute, die sich, um ein PERT-Chart versammelt, darum bemühen, den kritischen

Pfad eines Projektes zu finden. Solche Diagramme liefern eine nützliche und wichtige Visualisierung der Schlüsselaspekte eines Projektes.

Häufig findet man aber auch die Projektmanager über ihre Schreibtischen gebeugt, gebannt auf die Reihen und Spalten eines Arbeitsblattes starrend. Sie empfinden es sicherlich nicht mehr als Übertreibung, dass Microsoft Excel eines der verbreitetsten Werkzeuge für das Projektmanagement in IT-Unternehmen ist. Betrachten wir zum Beispiel den Arbeitsplatz in Abbildung 6.1, die die Planung eines hypothetischen Software-Entwicklungsunternehmens zeigt. Solch ein Modell liefert nützliche Informationen und die meisten Manager würden sagen, dass man durch solche Arbeitsplätze einen gewissen Einblick in den Prozess (oder das Projekt, die Organisation, das Unternehmen) erhält. Wie wahrscheinlich jeder weiß, können hinter jeder Zelle des Arbeitsblatts Formeln stehen, die man selbst noch verarbeiten kann. Alle anderen Fälle werden dann geeignet aktualisiert.

Nichtsdestotrotz, in Abbildung 6.1 gibt es ein fundamentales Problem: Sie ist statisch, das heißt, sie hat sich nicht verändert, seit wir sie zum ersten Mal angeschaut haben. Während die Spalten des Arbeitsblattes eigentlich ein Verhalten des Software-Unternehmens im Verlauf der Zeit zeigen, ist optisch eine solche Dynamik nicht zu erkennen. Unter anderem sehen wir nicht das Verhalten – ob es sich als interessant herausstellt oder nicht – zwischen den Momentaufnahmen des steuerlichen Quartals 1, 2 usw. Wenn wir uns darüber hinaus mit einem Bild befassen, das mehr als acht Fiskal-Quartale umfasst, können wir dies auf dem Arbeitsblatt nicht mehr überblicken.[3]

Es gibt noch ein anderes interessantes Problem mit Arbeitsblättern: Da diese oft mit Aktivitäten der Finanzplanung verknüpft werden, tendieren wir dazu, nur die greifbaren Dinge zu berücksichtigen, die die »Erbsenzähler« in unserem Unternehmen messen können – zum Beispiel Leute, Geld, Workstations, Codezeilen usw. Die Folge hiervon ist eine unterschwellige Abneigung, die so genannten »Soft«-Faktoren in einem Projekt zu messen – zum Beispiel Moral, Motivation, spürbare Qualität und das angesammelte Wissen über Methoden der Software-Entwicklung.

Steuerquartal	1	2	3	4
CASE-Tools	75 €	75 €	75 €	75 €
CASE-Training	50 €	50 €	40 €	30 €
Flex. Arbeitsz.	Ja	Ja	Ja	Ja
Gehaltssteigerung(%)/Jahr	0,05	0,05	0,05	0,05
Bürofläche(Miete)	650 €	650 €	650 €	650 €
Beteiligung	0,7	0,7	0,7	0,7
Kapital (Budget)	17,50 €	17,50 €	17,50 €	17,50 €
Betrieb (Budget)	9,80 €	9,80 €	9,80 €	9,80 €
Verarbeitungsrückstand	147	144	141	136
Anzahl neue Mitarbeiter	45	43	41	39
Anzahl erfahrene Mitarb.	152	154	156	158
Entwicklungsrate	15,19	14,58	14,14	13,72
Fluktuation	3	4	5	6

Abbildung 6.1: Ein typisches Arbeitsblatt-Modell für die Projektplanung

Um die Bedeutung dieses Zusammenhanges zu illustrieren, stellen Sie sich einmal einen Projektmanager vor, der sein Team dabei beobachtet, wie es eine neue Software-Methode einsetzt – zum Beispiel objektorientiertes Design – und das bei einem kritischen Projekt mit hartem Termin. Die grundlegende Frage des Managers wird sein: »Wird mein Projektteam in kurzer Zeit genügend Wissen zu dieser Technologie ansammeln, um wiederum genügend Nutzen aus dieser Technologie zu ziehen, womit die Produktivität im Rahmen des Projektes genügend verbessert wird? Wird es mit der neuen Technologie möglich sein, das Projekt früher fertig zu stellen, als es mit konventioneller Technologie möglich wäre?« Wenn es so aussieht, als habe das Team Probleme mit der neuen Technologie und als könne es das entsprechende Wissen nicht schnell genug ansammeln, dann sollte man auf die neue Methode bzw. Technologie verzichten, bevor das Projekt darunter leidet.

»Angesammeltes Wissen« ist ein gutes Beispiel für einen »Soft«-Faktor. Während erfahrene Lehrer auf diesem Gebiet vielleicht einen quantitativen Unterschied messen können, sagen die meisten Projektmanager, dass sie diese Faktoren leider nicht in Einheiten von

Meilen, Metern, Kilogramm oder Quadratmetern messen können. Folglich meinen die meisten, dass man diese Messung gar nicht erst versuchen sollte. Schließlich eliminieren sie die entsprechenden Faktoren als nicht reale Phänomene aus ihrer Planung.

Auch wenn Ihnen messbare Quantitäten fehlen mögen, können Sie dennoch abschätzen, ob ein Projektteam viel oder wenig Wissen in der Sache mitbringt. Sie sind auch in der Lage, abzuschätzen, ob dieses Wissen wächst oder schwindet. Und was noch wichtiger ist: Gar nicht erst zu messen bedeutet quasi, dass jenes spezifische Know-how auch nicht existiert. Die meisten Manager aber werden zustimmen, dass das Vorhandensein oder das Fehlen kumulierten Know-hows sehr wohl wichtig ist.

Gerade weil solche Phänomene in ihrer Natur »soft« sind, müssen wir erst recht alle damit verknüpften Maßeinheiten mit großer Aufmerksamkeit behandeln. Natürlich ist es nicht angemessen, solche Dinge mit einer Genauigkeit von drei Stellen hinter dem Komma zu messen. Wir können jedoch Trends feststellen und Größenordnungen abschätzen. Eine sehr praktische und nützliche Frage, die der Projektmanager im Rahmen dieses Szenarios stellen könnte, wäre: »Welche Wirkung hätte es auf mein Budget und meinen Zeitplan, wenn ich meine Teammitglieder in ein Intensivtraining schicken würde, durch das das Know-how zum Thema 'objektorientierte Methodik' doppelt so schnell erworben werden könnte?«.

6.1.3 Der Vergleich statischer und dynamischer Modelle

In obiger Diskussion habe ich die Abbildung 6.1 als »visuell statisches« Modell betrachtet. Es gibt jedoch einen sehr viel wichtigeren Aspekt im Vergleich statischer und dynamischer Modelle, der hier unbedingt erwähnt werden muss. Scheinbar alle interessanten und nicht trivialen Prozesse, die wir analysieren, produzieren, wie es scheint, eine gewisse Menge wichtiger, aber unterschwelliger Wechselwirkungen zwischen den Komponenten des Prozesses, und diese Wechselwirkungen verändern sich auch noch im Verlauf der

Zeit. Die oben geschilderte Situation in Zusammenhang mit »angesammeltem Wissen bzw. Know-how« ist ein Beispiel: Hier finden täglich Veränderungen statt und der Manager hat dies permanent zu überprüfen, um die bestmöglichen Entscheidungen zu treffen.

Ebenso wichtig ist die Natur der Wechselwirkungen zwischen den verschiedenen Komponenten innerhalb eines Prozesses. Mein Kollege Tom DeMarco erkannte einmal in einem Augenblick tiefer metaphysischer Einsicht, dass »alles tief miteinander verwoben ist«. Ändern wir nur eine Komponente eines Systems, bedeutet dies mit großer Wahrscheinlichkeit die Beeinflussung irgendeiner anderen Stelle des Systems. Diese Wechselwirkungen umfassen zum Beispiel Wartezeiten und Feedback-Schleifen. Diese Interaktionen mögen in ein Spreadsheet-Modell wie in Abbildung 6.1 eingearbeitet sein, aber sie sind für den gelegentlichen Betrachter nicht sichtbar. Sie gleichen den Beziehungen zwischen den Zellen in einem Arbeitsblatt, wobei diese Beziehungen durch mathematische Formeln (»hinter« den einzelnen Zellen) ausgedrückt werden. Wenn wir eine solche Zelle in einem Arbeitsblatt anklicken, können wir die Formel sehen. Schauen wir aber auf das Spreadsheet als Ganzes, sind die Beziehungen zwischen den Zellen nicht zu erkennen.

Die Kombination verschiedener Wechselwirkungen zwischen Komponenten kann einen interessanten Effekt bewirken, etwa wie eine Wellenausbreitung nach einem Steinwurf ins Wasser. Betrachten Sie zunächst die beiden ersten Gegenstände in Abbildung 6.1, in der ein hypothetisches Software-Unternehmen hoch in so genannte CASE-Tools investiert, wobei aber von Quartal zu Quartal immer weniger Geld in das damit verknüpfte Training fließt. CASE-Tools erfordern eine formale, sichere Methodik, mit der das Team noch keine Erfahrung hat. Es wäre keine Überraschung, wenn die Produktivität der Entwickler bei der Einführung eines solchen Tools zunächst einmal sinkt.

Tatsächlich wird dies auch am unteren Rand von Abbildung 6.1 gezeigt. Wenn man eine Kombination aus sinkender Produktivität und erkennbarer Frustration bezüglich des neuen CASE-Tools wahrnimmt, verlieren die meisten Unternehmen den Mut. Moral ist als

Soft-Faktor in der Abbildung 6.1 nicht zu sehen, existiert aber ganz real. Wenn die Moral sinkt, erhöht sich die Fluktuation, das heißt, es werden mehr Mitarbeiter kündigen. Und jetzt wird's interessant. Welche Leute sind es, die in einem Software-Unternehmen als Erste kündigen? Antwort: Es sind diejenigen mit der höchsten Produktivität! Es sind die Mitarbeiter, die die besten Stellenangebote bekommen und deren Frustration durch die gegebene Situation am größten ist. Als Folge hiervon sinkt die mittlere Produktivität im Unternehmen noch weiter – und die Moral sinkt mit ... die Fluktuation steigt weiter und die nun besten und produktivsten Leute handeln wie ihre Vorgänger – sie suchen sich einen besseren Job. Dieser Teufelskreis setzt sich so weit fort, bis das Unternehmen nur noch aus Zombies besteht, die sich am besten als Komparsen für den Film »Nacht der lebenden Toten« bewerben würden.

Wenn Ihnen das zu erfunden klingt[4], schauen Sie sich doch einmal das Beispiel einer Projektschätzung an. Wenn man ein Projekt schätzt, fügen die meisten Manager einen Sicherheitsfaktor (auch Zufalls- oder Phantasiefaktor genannt) hinzu. In der Regel geschieht dies ohne eine gesonderte Betrachtung der Dynamik des Systems. Wie jedoch Abdel-Hamid und Madnick [6] bereits gezeigt haben, erzeugen verschiedene Sicherheitsfaktoren auch verschiedene Projekte. Wenn das Projektteam erkennt, dass sein Projektmanager einen offiziellen Projektzeitplan veröffentlicht hat, der keinerlei Sicherheitsfaktoren enthält, ändern die Teammitglieder unverzüglich ihr Verhalten, indem sie alles aus dem Projekt eliminieren, was nicht »essenziell« zu sein scheint. In Abhängigkeit von der Natur des Projektes kann dies die Dokumentation, das Testen, die Qualitätssicherung, die Anwesenheit bei wöchentlichen Meetings, die Beantwortung von E-Mails oder auch der Verzicht auf den Besuch der Schulveranstaltungen der eigenen Kinder sein. Wenn umgekehrt ein Projektzeitplan mit einem enormen Sicherheitsfaktor ausgestaltet ist, greift das Parkinsonsche Gesetz: Die Arbeit füllt die verfügbare Zeit aus.

Einigen IT-Unternehmen, die die Stufe 3, 4 oder 5 auf der SEI-Skala erreicht haben, ist inzwischen klar geworden, dass die Aspekte der Prozessdynamik tatsächlich wichtig sind. Selbst wenn wir die so genannten Soft-Faktoren einmal für einen Augenblick beiseite lassen, kann der Einfluss der Feedback-Schleifen und Wartezeiten im Rahmen eines Prozesses enorme Relevanz für den Erfolg eines Software-Projektes haben. Betrachten wir doch einmal das simple Beispiel von Analysefehlern zu Beginn eines klassischen Wasserfall-Projektes. Nehmen wir einmal an, die Fehler würden nicht vor der Programmier- oder Testphase entdeckt. In einem streng formalen Software-Prozess bedeutet dies, dass wir im Prinzip in den Analyseprozess zurück müssen, um den Entwurfsdefekt zu identifizieren. In der Folge müssen wir den ganzen Weg zwischen der Analyse und dem vorher erreichten Testschritt erneut gehen. Natürlich ist es möglich, dass die Korrektur erneut fehlerhaft war und unser Testprozess noch einen anderen Fehler identifiziert. Das bedeutet, dass verschiedene Wiederholungszyklen erforderlich sind, bevor man die Testphase hinter sich lassen kann. Das hat natürlich einen enormen Einfluss auf die gesamte Entwicklungszeit des Projektes. Viele Unternehmen arbeiten daran, diese Prozessabläufe zu verbessern.

6.2   Visuelle Modelle

Wenn die Dynamik eines Software-Prozesses so wichtig ist, wie können wir sie dann besser analysieren? Wie oben schon ausgeführt, sind Spreadsheets nicht so geeignet, da sie die Abhängigkeiten und die Feedback-Schleifen zwischen den Komponenten eines Prozesses nicht illustrieren. Gewöhnlich sind stattdessen visuelle Modelle besser geeignet, die holistische Natur eines Prozesses darzustellen. Solche Modelle motivieren zu Diskussionen, Kommentaren und den berüchtigten »ja ... aber«-Argumenten.

Dieses Argument für die visuellen Modelle sollte die Profis aus dem Softwarebereich nicht schocken, denn solche visuellen Modellierungstechniken für die Darstellung technischer Komponenten von Systemen, die wir für unsere Kunden erzeugen, sind eigentlich schon lange im Gebrauch. Und da ein Software-Prozess gewissermaßen als ein »System zum Aufbau von Systemen« betrachtet werden kann, macht das natürlich Sinn, vertraute Modellierwerkzeuge wie Datenflussdiagramme, Entity-Relationship-Diagramme, objektorientierte Darstellungen usw. als Basis für das Modellieren von Software-Prozessen zu verwenden.

Es gibt dabei nur ein Problem: Alle diese vertrauten grafischen Notationen sind hinsichtlich ihrer Visualität statisch. Mit wenigen Ausnahmen wurden diese Notationsverfahren vor der Einführung moderner CASE-Tools erfunden. Das heißt, wir müssen die Bilder auf einem Stück Papier oder in einem passiven Case-Display erzeugen. Wenn man die Wiedergabe eines Datenflussdiagramms mit einem typischen CASE-Tool darstellt, dann bewegt es sich nicht – das heißt, es zeigt nicht die Dynamik der zugrunde liegenden Prozesse, für die es als Modell dienen soll. Hierzu wäre Animation vonnöten, worüber die meisten CASE-Lieferanten noch nicht nachgedacht haben.

Folglich wenden sich die Software-Unternehmen, die ein tieferes Verständnis ihrer Software-Prozesse erarbeiten wollen, Simulationswerkzeugen zu, die einfache, aber mächtige Mechanismen für die Darstellung der Dynamik eines Systems liefern. Ein solches Produkt ist *iThink*.[5] Dieses Produkt benutzt eine Notation, die etwa Datenflussdiagrammen ähnelt. Ein Beispiel zeigt Abbildung 6.2.

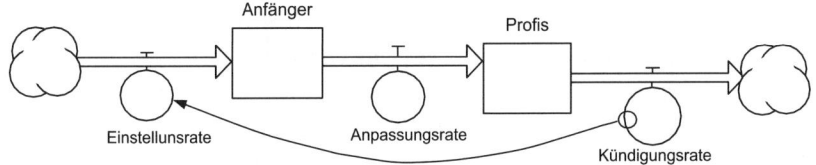

Abbildung 6.2: Ein typisches *iThink*-Modell

Offensichtlich sind auch diese Diagramme statisch, wenn man sie in einem Buch wie diesem betrachtet. Bei der Wiedergabe auf einem Computerbildschirm jedoch hat das Programm die Fähigkeit, eine dynamische Simulation des Prozesses durchzuführen. Zusätzlich zur Animation des Diagramms in Abbildung 6.2 können beide Software-Pakete Charts und Graphen zur Beschreibung der Schlüsselvariablen in Abhängigkeit von der Zeit erzeugen.

Die Syntax von *iThink* und ähnlichen Werkzeugen könnte ein eigenes Buch füllen und die Details des Aufbaus dynamischer Systemmodelle ergeben ebenso ein eigenes Buch. Während sich jedoch einige reale Modellierpojekte als äußerst ehrgeizig und kompliziert erwiesen haben, bedeutet es relativ wenig Arbeit, mit dieser Art von Technologie genügend vertraut zu werden, um mit dem Aufbau nützlicher Modelle von Software-Prozessen beginnen zu können. Schauen Sie sich im Folgenden ein kleines Beispiel an.

6.3 Ein Beispiel: Tarek Abdel-Hamid's Software-Prozessmodell

Das vielleicht bekannteste Beispiel eines Modells zur Systemdynamik eines Software-Entwicklungsprozesses stammt von Professor Tarek Abdel-Hamid und wurde als Lehrbuch von Abdel-Hamid und Madnick publiziert [1]. Es repräsentiert die Projektmanagementaktivitäten in einem mittelgroßen Software-Entwicklungsprojekt, wobei konventionelle Entwicklungstools und das klassische Wasserfallmodell für die Entwicklung des Prozesses eingesetzt wurden. Zwar gibt es heutige Entwicklungsprozesse mit *Rapid Prototyping, visuellen Entwicklungstools, Bibliotheken wiederverwendbarer Komponenten* usw. nicht präzise wieder. Nichtsdestotrotz liefert es aber eine wichtige Anfangsnäherung für ein Unternehmen, das ein besseres Verständnis der Wechselwirkungen zwischen den verschiedenen Komponenten seiner Software-Entwicklungsprozesse anstrebt.

Das Modell enthält Komponenten, die das Personalmanagement im Rahmen des Projektes beschreiben, ebenso wie die Software-Produktion selbst, das Testen, die Qualitätssicherung und die Projektplanung. Für eine vollständige Beschreibung des Modells inklusive seiner Implementierung in einer Simulationssprache (Dynamo) verweise ich auf das Lehrbuch von Abdel-Hamid und Madnick [1]. Zum Zweck der besseren Darstellung werde ich Teile der Personalmanagementkomponente des Modells beschreiben. Aus der Perspektive des Projektmanagers betrachtet kann man die Mitglieder des Teams grob in die Kategorien Anfänger und Erfahrene eintei-

len, wie in Abbildung 6.3 dargestellt.[6] Die Dynamik des Personal-
managementprozesses betrifft die Einstellung neuer Leute je nach
Bedarf, die Entwicklung der Anfänger zu Profis, wenn sie genügend
Erfahrung gesammelt haben, und das gelegentliche Verschwinden
der Profis, wenn sie kündigen oder an Altersschwäche sterben.

In der visuellen Darstellung von *iThink* bilden die Unschärfen die
Grenzen des Modells: Wir wissen nicht (oder es interessiert uns
auch nicht), wo die Anfänger herkommen. Wir achten auch nicht
darauf, wohin die Profis wieder verschwinden, wenn sie das Projekt
verlassen.

Die Projektmitglieder fließen quasi durch die Röhre, die in der Abbildung durch die Pfeile gekennzeichnet sind, und verbleiben für
einige Zeit in den »Speichern«, die durch die Rechtecke gekennzeichnet sind.

Die »Blasen« innerhalb der Pipelines können als Durchfluss-Regler
verstanden werden, die so ähnlich funktionieren wie der häusliche
Wasserhahn. Man steuert damit die Menge des Volumens (in diesem Fall die Zahl der Mitarbeiter), das die Röhren bzw. Pipelines
durchfließt.

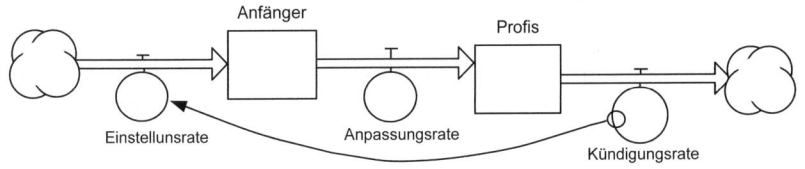

Abbildung 6.3: Teil 1 von Abdel-Hamid's und Madnick's
Personalmodell

Ein Vorteil der visuellen Modelle ist, dass sie uns den Stoff vermitteln, über den man diskutieren kann. Betrachten wir zum Beispiel
das Modell in der Abbildung 6.3, dann stellen wir einige Dinge
fest:

- Wir könnten danach fragen, warum Abbildung 6.3 grundsätzlich davon ausgeht, dass alle neu eingestellten Leute Anfänger

sind. Warum soll man nicht erlauben, Profis einzustellen? Abdel-Hamid und Madnick sprechen dieses Thema ausdrücklich an, indem sie sagen, dass alle neuen Projektmitglieder zunächst einmal Anfänger sind, selbst wenn sie schon 25 Jahre in der Software-Branche arbeiten. Während die Neulinge des Projektes prinzipiell durchaus Experten im Bereich von Hardware- und Software-Technologie sein können, sind sie normalerweise Neulinge, was die speziellen Angelegenheiten des Projektes selbst betrifft. Dies trifft sicherlich auf die firmenspezifischen Fachausdrücke und die Abkürzungen zu, ferner auf die politischen Randbedingungen und die Personalien des Unternehmens bzw. des Projektes. Darüber hinaus gibt es natürlich technische Details speziell des laufenden Projektes, die schon entstanden sind, bevor sie zu dem Projekt stießen. Nun, jemand mit 25 Jahren Erfahrung wird sich wahrscheinlich sehr schnell an das Projektteam anpassen, jedenfalls schneller als jemand, der gerade letzte Woche sein Examen gemacht hat. Wir sehen also, dass der »Durchflussregler« für die Anpassung in Abbildung 6.3 nicht konstant eingestellt werden kann.

- Warum nehmen wir nicht an, dass auch die Anfänger kündigen können? Abbildung 6.3 geht davon aus, dass Anfänger entweder immer Anfänger bleiben (wenn sie zum Beispiel im Anfängerreservoir gefangen bleiben) oder gelegentlich durch den Durchflussregler hindurch in den Status von Profis befördert werden. Das Modell zeigt eindeutig, dass nur Profis am Ende der Pipelines wieder heraustreten. Das ist möglicherweise nicht in allen Unternehmen eine besonders realistische Annahme. Vielleicht muss man das Modell zum Zweck größerer Realitätsnähe in diesem Punkt noch etwas anpassen.

Es scheint wichtig zu bemerken, dass der zweite Punkt ohne die Betrachtung der Dynamik diskutiert werden kann – mit anderen Worten, eine Darstellung wie ein Datenfluss-Diagramm in Abbildung 6.3 ist geeignet, alle Entscheidungsträger in Ihrem Unternehmen mit demselben Modellbild bezüglich der Mitarbeiterfluktuationen im Rahmen des Projektes zu versorgen. Die Realität des Personalmanagements ist in Wirklichkeit jedoch komplexer als in Abbildung 6.3 dargestellt. Eine Ebene der Verfeinerung wird in Abbildung 6.4 gezeigt:

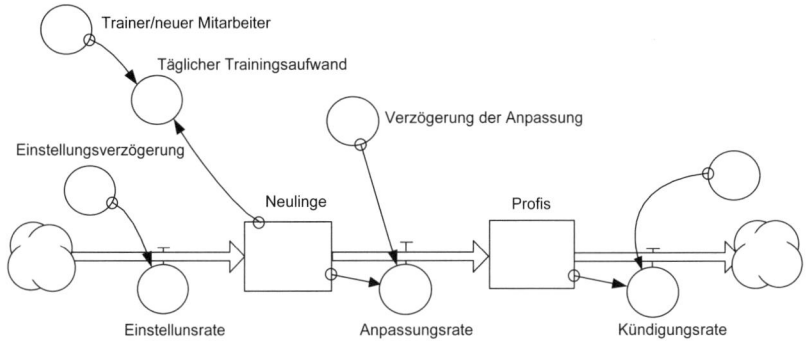

Abbildung 6.4: Abdel-Hamid und Madnicks
Personalmanagement-Modell, Teil 2

Diese Version des Modells zeigt drei Konverter, die das Verhalten der Regler auf den Pipelines beeinflussen. Nun kann man sich vorstellen, dass man die Anpassungsrate und die Kündigungsrate in der realen Welt etwa als »Normalverteilung« darstellen könnte. Das heißt, ein gewisser Prozentsatz der Profis kündigt unmittelbar nach ihrem Eintritt in die Profistufe, ein anderer Prozentsatz bleibt bis zur Pensionierung dabei. Wenn man die Darstellung einer Normalverteilung für diesen Zusammenhang akzeptieren mag, dann bietet sich wahrscheinlich als Parameter, den man variieren könnte, ein Faktor wie die »durchschnittliche Beschäftigungszeit« oder die »mittlere Kündigungsrate« an.

Die Blase mit der Bezeichnung »Einstellungsverzögerung« in Abbildung 6.4 zeigt jedoch etwas gänzlich anderes: eine Zeitverzögerung. Ohne zu beschreiben, wie es in iThink wirklich funktioniert, denken Sie doch einmal daran, was in Wirklichkeit in den meisten Unternehmen passiert, wenn der Projektleiter die Personalabteilung anruft und meldet: »Ich brauche zwei weitere Programmierer für mein Projekt!« Die typische Antwort ist dann: »Okay, das dauert drei Monate.« In der Zwischenzeit muss das Projekt weiter herumschlingern und der Projektleiter hat sich weiter Sorgen darüber zu machen, wie die Chancen stehen, den Termin zu halten.

Eine der Fragen der Systemdynamik, die in einen solchen Zusammenhang relevant werden – insbesondere dann, wenn man sich einem besonders aggressiven Termin in einem Himmelfahrtsprojekt gegenübersieht – ist »was wäre, wenn die derzeitige Wartezeit für die Einstellung neuer Leute nicht drei Monate, sondern nur ein Monat wäre? Was wäre, wenn man diese Verzögerung auf null reduzieren könnte?«

Zwei Blasen auf der linken Seite der Abbildung 6.3 beschreiben einen anderen Aspekt bezüglich der neu eingestellten Mitarbeiter: den Trainingsbedarf. In der Kombination mit anderen Teilen des Abdel-Hamid/Madnick-Modells erkennt man leicht einen Aspekt des Brookschen Gesetzes. Dieses argumentiert ja gerade, dass das Hinzufügen weiterer Mitarbeiter zu einer Verspätung des Software-Projekts führen muss. Er stützt dies auf das Argument, dass das Hinzufügen neuer Mitarbeiter die Ressourcen der bestehenden Mitglieder durch den Aufwand für Training und Einarbeitung beeinträchtigt.

Abbildung 6.5 zeigt eine weitere Detaillierung der Personalkomponente des Software-Prozessmodells. Nun betrachten wir die Möglichkeit, dass Teammitglieder aus dem Projekt hinaus in einen anderen Teil des Unternehmens wechseln können. Aus der Sicht des Projektmanagers, so könnte man meinen, ist ein solcher Transfer nichts anderes als eine Kündigung. In der Tat ist das Endergebnis eines solchen Transfers natürlich das Verschwinden des Mitarbeiters, und zwar ersatzlos. Da gibt es jedoch schon einen Unterschied, der in der Abbildung durch die Bezeichnung »Transferverzögerung« eines Flussreglers repräsentiert wird. Dies gilt gleichermaßen, wie die Abbildung zeigt, für den Regler »Anfänger« wie für den Regler »Profis«. Wenn ein Mitarbeiter kündigt, dann verschwindet er meist mit sofortiger Wirkung. Wenn aber jemand versucht, von außen ein Teammitglied aus einem Projekt abzuziehen, dann können Sie gewöhnlich diesen Transfer ein paar Wochen oder Monate hinauszögern und so sicherstellen, dass ihre Arbeit am Projekt noch weitestgehend vollendet werden kann.

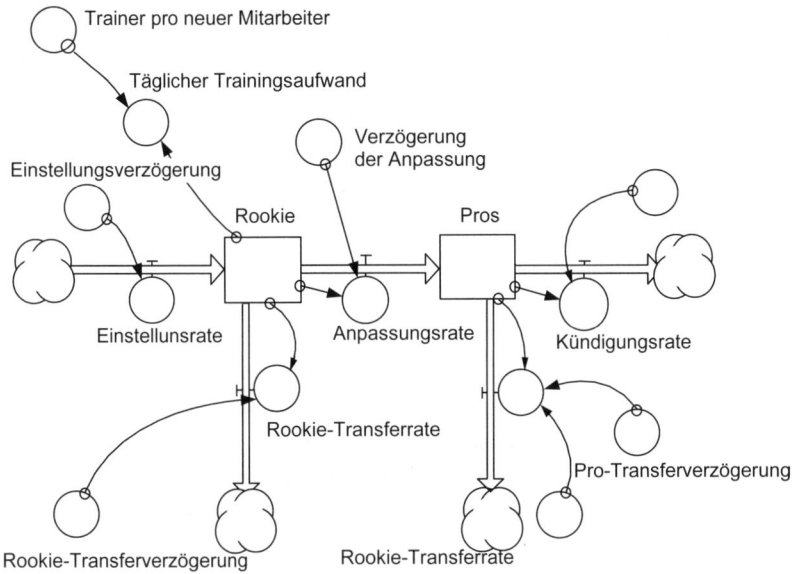

Abbildung 6.5: Abdel-Hamid und Madnicks
Personalressourcenmodell, Teil 3

Abbildung 6.6 zeigt schließlich die Personalkomponente des Abdel-Hamid/Madnick-Modells in kompletter Form. Die zusätzlichen Komponenten in der Abbildung beziehen sich auf eine wirklich fundamentale Frage, die sich ein Projektleiter quasi täglich stellen muss: Wie viele neue Leute sollte ich für mein Projekt engagieren? Dies schließt gewisse Kalkulationen in einem anderen Teil des Modells (das hier nicht gezeigt wird) ein, die dazu da sind, so etwas wie ein »Arbeitskraftniveau« zu definieren. Diese Berechnungen basieren auf der Produktivität der bestehenden Teammitglieder, der Nähe des Endtermins und verschiedenen anderen Faktoren, die die Bereitschaft des Managers beeinflussen, das Team zu vergrößern. Nun, die benötigte Arbeitskraft mag durch verschiedene Einschränkungen begrenzt sein. Oben rechts in Abbildung 6.6 sehen Sie eine Blase mit der Bezeichnung »Maximum neuer Einstellungen«. Diese Aufgabe betrifft einige Berechnungen bezüglich der Anzahl der neuen Einstellungen in Einheiten des so genannten »Vollzeitäquivalents«. Beachten Sie auch, dass die Blase mit der Bezeichnung »Arbeitskräfte-Mangel« als Input für die »Anfängertransferrate« und »Profitransferrate« dient. Dies spiegelt die Tatsache wider, dass der Projektleiter auch feststellen könnte, dass es einen gewissen Überfluss an Projektteammitgliedern geben könnte (etwa weil das Team produktiver ist als erwartet oder weniger Fehler zu korrigieren waren usw.) und dass er sogar Transfers wünscht, um seine Teamgröße zu optimieren.

Eine der üblichen Reaktionen auf das Modell in Abbildung 6.6 ist: »Nun, das ist alles sehr interessant, aber auch sehr kompliziert. Ich sehe aber nicht, was das Ganze zum Beispiel mit objektorientierter Technologie und den neuesten Programmiertools zu tun hat, die ich dazu einsetzen möchte, die Produktivität in meinem Team zu erhöhen.« Richtig – aber dieses Modell liefert einen besseren Einblick in die Dynamik der Mitarbeiterfluktuation bezüglich des Projekts. Diese können durchaus einen ebenso großen Einfluss auf den Projekterfolg haben wie die Wahl der richtigen Programmiersprache.[7] Obwohl die Abbildung 6.6 auf den ersten Blick etwas kompliziert aussieht, ist diese visuelle Darstellung linear genug, um das ganze Modell nach einem kurzen Studium leichter verarbeiten zu können. Berücksichtigen Sie schließlich die Folgen einer »Kopf in den Sand«-Strategie in diesem Zusammenhang: Wenn der Projektleiter meint, dass der Prozess, wie er in Abbildung 6.6 dargestellt wird, zu kompliziert ist, um sich darüber Gedanken zu machen, heißt dies noch lange nicht, dass diese Prozesse in der Realität nicht wirklich so ablaufen. Im Gegenteil! *Diese Dinge existieren in der realen Welt, ob wir dies nun wahrnehmen wollen oder nicht.*

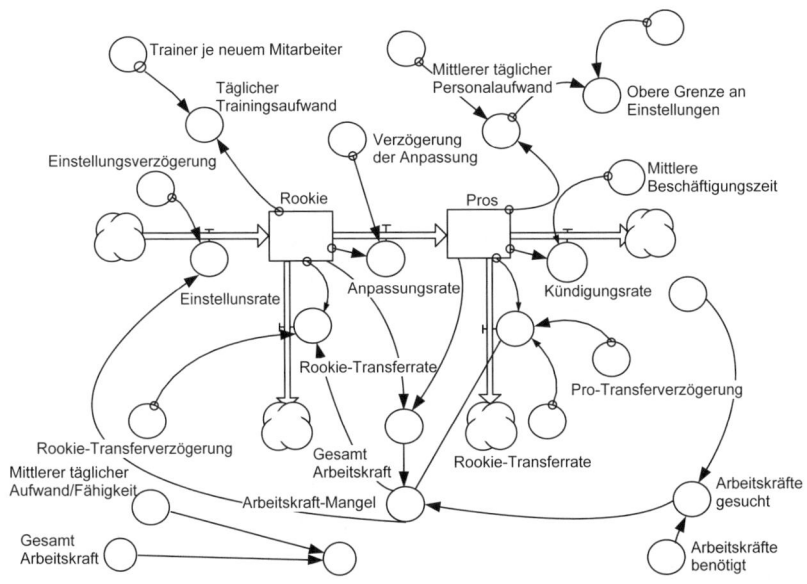

Abbildung 6.6: Abdel-Hamid und Madnicks
Personalressourcen-Modell, Teil 4

6.4 Zusammenfassung

In einer idealen Welt hätte der Projektleiter eines Himmelfahrts-kommandos die Zeit, das Geld, die Geduld und die technischen Ressourcen, ein Modell der Systemdynamik der Schlüsselelemente seines Projektes zu erzeugen. Mit anderen Worten, ein Modell, das so detailliert und durchdacht ist wie das in Abbildung 6.6, jedoch das gesamte Projekt und nicht nur die Personalressourcen, die wir im vergangenen Abschnitt diskutiert haben, berücksichtigt.

Der primäre Grund für die Konstruktion eines solchen Modells liegt darin, es für so genannte »was wäre wenn«-Experimente zu verwenden, insbesondere für die Suche nach »nichtlinearen« Verhaltensaspekten des Gesamtprojekts. In einigen Fällen mag es sich zum Beispiel herausstellen, dass ein starker Anstieg eines speziellen Parameters (wie etwa die Anzahl der Anfänger, die pro Monat eingestellt werden) kaum Einfluss auf einen Schlüsselparameter wie »erwarteter Zeitpunkt der Fertigstellung« hat. In anderen Fällen kann eine scheinbar geringe Änderung eines scheinbar weniger wichtigen Parameters (z.B. die Kündigungsrate älterer Mitarbeiter, siehe Abbildung 6.6 oben) einen enormen Einfluss entwickeln, den niemand vorhergesehen hat. Die Ursache für die nicht vorhersehbaren Konsequenzen liegt darin, dass wir Menschen Schwierigkeiten damit haben, den quantitativen Einfluss vieler Variablen, die untereinander auch noch durch Feedback-Schleifen und Zeitverzögerungen interagieren, zu durchschauen.

Unglücklicherweise pflegen die meisten von uns in einer idealen Welt – und nur ganz wenige Manager von Himmelfahrtskommandos haben die Zeit oder die Ressourcen – solche Modelle auf ihren realen Fall hin zu entwickeln. Aber selbst die Manager, die sich unter höchstem Druck befinden, haben einen Rest von Zeit und einen Bruchteil an Ressourcen – selbst wenn dies nur eine Person ist, die eine einzige Stunde zur Verfügung hat –, um Verzögerungzeiten und Feedback-Schleifen, die wahrscheinlich einen signifikanten Einfluss auf die Systemdynamik haben, zu identifizieren.

Andererseits liefert die visuelle Darstellung in diesem Kapitel eine geeignete, effektive Methode, wie sich jedermann eine gewisse geistige Struktur bzw. ein geistiges Modell für die Schlüsselfaktoren des laufenden Projektes aneignen kann. Wenn ein Manager eines Himmelfahrtskommandos beispielsweise sagt, »ein kritischer Erfolgsfaktor dieses Projektes ist die Verringerung des Zeitaufwands für Schlüsselentscheidungen von zwei Wochen auf einen Tag«, dann würde es jeder begrüßen – in diesem Fall bedeutet »jeder« das obere Management und andere wichtige Entscheidungsträger –, beobachten zu können, welchen Einfluss welcher Projektparameter auf die Dynamik des Projektes hat.

Aus meiner Erfahrung als Managementberater weiß ich, dass am Anfang eines Projektes jeder Beteiligte viel zu sehr im Stress ist, um sich mit diesen Dingen zu befassen. Leider wird der Einfluss der nichtlinearen Systemdynamik manchmal erst nach dem Scheitern des Projekts offensichtlich – und selbst dann werden die Faktoren der Systemdynamik oft vollständig ignoriert oder übersehen, während jeder danach sucht, einen Schuldigen zu finden. Es mag zwar politisch befriedigend sein, einen Sündenbock, eine einzelne Entscheidung oder einen einzelnen Fehler zu suchen, besser das Ganze den Laster verantwortlich sein soll. Aber selbst eine rudimentäre Post-Mortem-Analyse wird schnell zahlreiche Abhängigkeiten zusammen mit unterschwelligen Feedback-Schleifen und Zeitverzögerungen entlarven.

Zu dem Zeitpunkt einer solchen Post-Mortem-Analyse, das heißt, wenn das Projekt bereits gescheitert ist, ist der Projektleiter in der Regel schon gefeuert, die Teammitglieder und Enduser grasen schon wieder auf grüneren Weiden und die Anwälte und Auditoren sind schon beauftragt, Schuld und Verantwortung zu prüfen.

Man kann nur hoffen, dass der Projektmanager aus dieser Lektion etwas lernt – und beim nächsten Mal den relativ kleinen Zeitbetrag nutzt und die Ressourcen einsetzt, um wenigstens die Schlüsselelemente der Systemdynamik zu analysieren.

6.5 Anmerkungen

1. In Kapitel 2 wurden diese als »bösartige« Projekte charakterisiert. Das Projekt wird zwar erfolgreich abgeschlossen, aber der Boden wird zum Ende des Projekts blutgetränkt sein.

2. Wie mein Kollege Tim Lister gerne sagt, besteht das Training, das wir neuen Projektmanagern gewöhnlich anbieten, aus den beiden Worten: »Viel Glück!«

3. Wir könnten dem Spreadsheet offenbar mehr Spalten hinzufügen, wir würden aber den Rahmen dieser Arbeitsblätter sehr schnell sprengen. Wir könnten das Papier natürlich um 90 Grad drehen und aus den Spalten Zeilen machen, aber das ist eine ziemlich plumpe Lösung.

4. Das ist übrigens durchaus realistisch – ich habe das im Rahmen meiner Beratungen bei verschiedenen großen »Fortune 500«-Firmen und bei Regierungsbehörden selbst gesehen. Noch schlimmer: Das Management verschlechtert oft die Lage noch, indem es mehr und mehr Druck auf die bereits reduzierte Mannschaft ausübt. Man besteht dann einfach darauf, dass noch mehr Überstunden gemacht werden.

5. Zu finden bei »High Performance Systems«, Inc.; für nähere Einzelheiten siehe `www.hps-inc.com`.

6. Normalerweise ist eine solche Unterscheidung nützlich, da angenommen werden darf, dass die Anfänger eine andere Produktivität und andere Kosten (Gehalt, Bonus usw.) im Vergleich zu den Profis haben.

7. Bitte beachten Sie auch, dass ich hier nur einen kleinen Teil des Abdel-Hamid/Madnick-Modells zeige. Andere Teilsysteme befassen sich tatsächlich mit der Realisierung der Software, wobei der Projektmanager mit verschiedenen Annahmen über die Produktivität der neuesten CASE-Tools und Programmiersprachen herumexperimentieren kann. Andere Teile des Modells betreffen weitere Soft-Faktoren, zum Beispiel die Frage, was passiert, wenn der Projektmanager entdeckt, dass er hinter dem Zeitplan herhinkt und beschließt, das Team um Überstunden zu bitten.

6.6 Literatur

1. Tarek Abdel-Hamid und Stuart E. Madnick, *Software Project Dynamics: An Integrated Approach*, Englewood Cliffs, NJ: Prentice Hall, 1991

2. Jay Foster, *Industrial Dynamics*, Cambridge, MA: MIT Press, 1961

3. Tarek Abdel-Hamid Organizational: *the Key to Software Management Innovation*, American Programmer, June 1991.

4. G.P. Richardson and G.L. Pugh, III, *Introduction to Systems Dynamics Modelling with Dynamo*, Cambridge, MA: MIT Press, 1981

5. Tarek Abdel-Hamid and Stuart E. Madnick, *Impact of Schedule Estimation on Software Project Behavior*, IEEE Software, Mai 1986

6. Tarek Abdel-Hamid und S.E. Madnick, *Lessons Learned from Modelling the Dynamics of Software Project Management*, Communications of the ACM, December, 1989

7. Peter M. Senge, *Die fünfte Disziplin*, Stuttgart: Klett-Cotta, 2001

8. Tarek Abdel-Hamid, Thinking in Circles, American Programmer, Mai 1993

9. Brad Smith, Nghia Nguyen und Richard Vidale, *Death of a Software Manager: How to Avoid Career Suicide though Dynamic Software Process Modelling*, American Programmer, Mai 1993

10. Karim J. Chichakly, *The Bifocal Vantage Point: Managing Software Projects from a Systems Thinking Perspective*, American Programmer, Mai 1993

11. Ernst W. Diel, *The Analytical Lens: Strategy-Support Software to Enhance Executive Dialog and Debate, American Programmer*, Mai 1993.

12. Chi Y. Lin, Walking on Battlefields: Tools for Strategic Software Development. American Programmer, Mai 1993.

13. Kenneth G. Cooper und Thomas W. Mullen, *Swords and Plowshares: The Rework Cycles of Defense and Commercial Software Development Projects*, American Programmer, Mai 1993.

14. Rembert Aranda, Thomas Fiddaman and Rogelio Oliva, *Quality Microworlds: Modeling the Impact of Quality Initiatives over the Software Product Life Cycle*, American Programmer, Mai 1993

15. Tony Variale, Bob Rosetta, Mike Steffen, Howard Rubin and Ed Yourdon, *Modeling the Maintenance Process*, American Programmer, März 1994

Kapitel 7

»Kritische Pfade« und die »Theory of Constraints«

Das größte Hindernis auf dem Weg zu einer Entdeckung ist nicht die Ignoranz sondern die Illusion von Wissen.

Daniel Boorstin (Kongressbibliothek), Washington Post,
29.01.1984

7.1 Einführung

Eine implizite Voraussetzung im Rahmen dieses Buchs, zumindest in den letzten Kapiteln, ist die Annahme von Fehlverhalten durch Kunden, User, Berater und das gesamte Unternehmen, mit dem der Projektmanager leben und überleben muss und das er hoffentlich erfolgreich bewältigen wird. Welcher vernünftige, intelligente, ethische oder faire Mensch würde einen Projektmanager bitten, sich auf etwas einzulassen, das er in der Hälfte der Zeit, mit dem halben Budget oder mit der Hälfte der Personalressourcen, die er normalerweise benötigen würde, durchführen soll?

Erlauben Sie mir einen radikalen Gedanken: Was wäre, wenn der »doppelt so schnelle« Zeitplan in Wirklichkeit den Normalfall eines IT-Projektes darstellt, und es in Wirklichkeit das Fehlverhalten des Unternehmens ist, das ein Projekt daran hindert, in dieser beschleunigten Weise abzulaufen? Können wir nicht, anstatt verzweifelt nach Strategien zur Beschleunigung des Projektes auf die doppelte Geschwindigkeit zu suchen, versuchen, die durch Fehlverhalten entstehenden Hindernisse, die gewöhnlich unsere Projekte auf die Hälfte verlangsamen, zu finden und zu beseitigen? Solch ein Gedanke ist so radikal, dass viele Projektmanager ihn augenblicklich verwerfen und darauf bestehen, sofort in die reale Welt zurückzukehren, um einige praktische Strategien für die Bewältigung von Himmelfahrtskommandos zu entwickeln. Wenn Sie aber bereit sind, Ihre Skepsis für einen Augenblick beiseite zu legen und diesen radikalen Gedanken etwas näher zu betrachten, werden Sie wahrscheinlich folgende vier Fragen stellen:

- Welches Beispiel gibt es für das Fehlverhalten innerhalb von Unternehmen, dass gewöhnlich dazu führt, dass IT-Projekte (genauso wie viele andere Projekte außerhalb der Informationstechnik) doppelt so lange benötigen wie geplant?

- Wie können wir das Management und die Entscheider davon überzeugen, dass solches Verhalten schädlich ist – und, noch wichtiger, wie können wir eine Unternehmenskultur mit rationaleren Verhaltensweisen erzeugen?

- Angenommen, das Unternehmen pflege ein rationales Verhalten, welche Art von Strategie ergäbe dann die besten Ergebnisse bezüglich der Zeitplanung und den Aktivitäten im Rahmen eines Software-Entwicklungsprojekts?

- Wie können wir die Strategien so in die Tat umsetzen, dass wir spezifische, verständliche Prozeduren sowie Leitfäden und Checklisten für den Alltag der Projektmanager aufstellen könnten?

In den vergangenen 20 Jahren wurde eine Sammlung faszinierender Antworten auf diese Fragen – die so genannte »Theory of Constraints« und »Kritische Pfad Planung« – entwickelt, überwiegend durch seinen leidenschaftlichen und eloquenten Fürsprecher, Dr. Eliyahu Goldratt [2, 4]. Tatsächlich stoßen diese Ideen auf so breite Zustimmung und haben derart eindrucksvolle Ergebnisse gezeigt, dass man sich wundern muss, warum sie nicht zum Mittelpunkt jedes Projektmanagements gemacht wurden. Eine plausible Antwort hierauf ist die, dass viele Unternehmen Fehlfunktionen aufweisen und dass es sehr schwierig ist, dieses tief verwurzelte Fehlverhalten ohne einen dafür installierten Therapeuten zu verändern. Selbst ohne eine Krise bedroht dieser Umstand das Überleben des Unternehmens.

Eine wirklich umfassende Behandlung des »kritischen Pfades« und der »Theory of constraints« würde ein eigenes Buch füllen. Tatsächlich wurden einige exzellente Bücher hierzu schon publiziert. Eine Aufstellung findet man am Ende dieses Kapitels [2, 4]. Mein Ziel an dieser Stelle ist eine verständliche Einführung und ein Überblick. Zusammen mit ein paar praktischen Ratschlägen kann ein Projektmanager etwas damit anfangen. Ich möchte darüber hinaus dringend empfehlen, einige der aufgelisteten Bücher durchzuarbeiten – vielleicht sind Sie dann auch überzeugt, dass Ihr Unternehmen mit Fehlfunktionen behaftet ist und dass Sie dagegen etwas tun sollten.

7.2 Welches Unternehmensverhalten ist falsch?

In den Jahren nach der Veröffentlichung der ersten Ausgabe von »Himmelfahrtskommando« wurde die Öffentlichkeit mit einer Vielzahl von Geschichten über schädliches Unternehmensverhalten konfrontiert, das durch Habgier, Arroganz, Selbstüberschätzung und das völlige Fehlen ethischer Maßstäbe verursacht wurde. Aber das ist nicht Gegenstand dieses Kapitels. Unser Ziel ist es nicht, das Debakel von Enron oder Worldcom zu erklären, sondern die ausschließliche Konzentration auf das Fehlverhalten bezüglich Zeitplänen, Schätzungen und den täglichen Versuchen, den Projektplan einzuhalten. Im Extremfall kann dies bis zu Anklagen, Verhaftungen und Prozessen eskalieren. In den meisten Fällen führt es jedoch »lediglich« zu Projektverzögerungen, verärgerten Kunden und demoralisierten Mitarbeitern.

Viele dieser Fehlfunktionen werden durch die Konzepte der Systemdynamik, die im vorigen Kapitel diskutiert wurden, verständlich. Tatsächlich ist das unternehmerische »System zum Aufbau von Systemen« viel komplexer, mit weit mehr »Ursache-Wirkung«-Feedbackschleifen und Zeitverzögerungen verknüpft, als die meisten Manager bemerken. Und wie in Kapitel 6 betont, enthält das unternehmerische System eine ganze Anzahl von Softfaktoren wie etwa die Moral, die normalerweise nicht im Wahrnehmungsbereich eines typischen mittleren Managers liegt.

Stellen Sie sich zum Beispiel vor, was passiert, wenn eine unpopuläre Managemententscheidung wie das Streichen eines Bonus die Mitarbeitermoral im IT-Bereich sinken lässt. Eine der vielen möglichen Konsequenzen einer verringerten Moral ist der Anstieg der Fluktuation – vielleicht nicht sofort, aber im Verlauf der nächsten Monate, denn die Mitarbeiter brauchen eine gewisse Zeit, um nach neuen Jobs zu suchen. Aber wer sind die IT-Leute, die sich in einer solchen Situation wahrscheinlich davonmachen? Typischerweise die Leute mit der höchsten Produktivität und der besten Qualifikation. Sie sind diejenigen, die mit der größten Wahrscheinlichkeit anderswo Beschäftigung finden, selbst in Zeiten einer Rezession. Wenn aber die hochproduktiven Leute gehen, wie wirkt sich das auf die durchschnittliche Produktivität im Unternehmen aus? Und wenn die mittlere Produktivität absinkt, vielleicht mit der Folge von Zeitverzögerungen und gestoppten Projekten, wie wirkt sich das auf die Mitarbeitermoral aus? Was als einzelner Schritt begann mit einer einzelnen (vielleicht vorhersehbaren) Antwort, hat sich nun in einen Teufelskreis verwandelt, der sehr leicht außer Kontrolle geraten kann, bis das IT-Unternehmen mit Außenseitern und Unzufriedenen überbevölkert ist, die sonst nirgends einen Job finden.

Natürlich hat dieses Beispiel nicht sehr viel mit Planung und Projektmanagement an sich zu tun. Aber mit Vergütung und Belohnung! Im Allgemeinen strafen und belohnen, messen und beobachten Unternehmen ihre Mitarbeiter in ihrem jeweiligen lokalen Bereich, obwohl sie eigentlich am Erreichen globaler Ziele interessiert sind (oder sein sollten). Aus der Sicht der Systemdynamik kann dies zu einer ganzen Anzahl von falsch funktionierenden Szenarien führen, die keineswegs durch irgendeinen Manager oder Mitarbeiter beabsichtigt sind.

Das Unternehmen sollte zum Projektmanager sagen: »Alles, was wir wollen ist, dass das ganze Projekt pünktlich fertig gestellt ist. Es interessiert uns nicht, wie Sie das Projekt und die darin enthaltenen Aufgaben organisieren. Wenn das Projekt erfolgreich ist, werden wir einen Gesamtbonus für das Team liefern.« In fast jedem Unternehmen wird die Kultur dadurch geprägt, dass der Projektmanager das Projekt in sehr kleine Prozesse und Aufgaben zerlegen muss.

Die einzelnen Mitarbeiter müssen jede dieser Aufgaben pünktlich erledigen. Es stellt sich oft heraus, dass der Mitarbeiter, der seine Aufgaben in perfekter Weise pünktlich geliefert hat, auch dann dafür belohnt wird, wenn das Projekt nicht erfolgreich wird. Und der Mitarbeiter, der einige dieser Aufgaben hinter dem Zeitplan abliefert, wird bestraft, obwohl das Projekt vielleicht erfolgreich ist. Es ist natürlich möglich, dass nichts davon dokumentiert wurde.

Es ist sogar möglich, dass mittlere und obere Manager den Vorwurf kategorisch zurückweisen, eine solche Kultur existiere in ihrem Unternehmen. Für die Mitarbeiter spricht die Realität aber Bände. Da sie sehen, welche Aktionen zu welchen Ergebnissen führen, stellen sie ihr Verhalten darauf ein.

Da es ihnen zu peinlich wäre, das offen zu gestehen, werden sie, wenn sie sich zwischen dem persönlichen Erfolg und dem Erfolg des Projektes zu entscheiden haben, für die persönlichen Interessen entscheiden. Was heißt das in der Praxis? Das heißt, dass der Mitarbeiter eine »Worst Case«-Schätzung für seine eigenen Aufgaben abliefert, damit er möglichst sicher im Termin bleibt. In einigen Fällen wird er dies sogar offen sagen und seine Manager werden diese Strategie vielleicht sogar begrüßen. In den meisten Fällen aber wird er seinen Zeitpuffer gewissenhaft verbergen, da er befürchtet, dass sein Chef diesen Puffer dann sofort für unnötig erklärt und beseitigt. Wenn dies auch einigermaßen vernünftig erscheint, ja sogar rational (haben wir dies nicht alle seit dem Eintritt in die Arbeitswelt selber so gemacht?), betrachten wir doch einmal, was passiert, wenn der »Worst Case« nicht eintritt.

In einem »normalen« Szenario werden diese Reserven gar nicht benötigt. Murphies Gesetze kommen nicht zur Wirkung, es kommen keine unvorhergesehenen Probleme oder Krisen vor und die Aufgabe ist vor dem Termin erledigt. Aber wie viele Leute – ob sie nun Programmierer, Datenbankdesigner oder Fließbandarbeiter sind – werden ihren Chefs hiervon etwas sagen? Dem Mitarbeiter fallen 1000 Dinge ein, weshalb er die frühzeitige Fertigstellung verheimlicht. Nicht zuletzt, weil er Kritik durch seine Chefs befürchtet[1] (Aha! Sie haben sich also zu warm angezogen! Beim nächsten Mal werde ich Ihre Schätzung auf die Hälfte reduzieren!). Tatsächlich gibt es ein vertrautes Gesetz, mit dem man einen Aspekt dieses Phänomens beschreiben kann: Das Parkinsonsche Gesetz, das besagt, dass Arbeit die verfügbare Zeit immer ausfüllt. Das ist so vertraut, dass Sie es vielleicht nicht einmal als Fehlverhalten erkennen würden. Wenn wir das aber mit einem Verhalten vergleichen, wie es in einer rationalen Welt richtig wäre, werden wir erkennen (siehe spätere Abschnitte dieses Kapitels), dass dies ein Unterschied wie Tag und Nacht ist.

Bevor wir in der Diskussion der rationalen Welten fortschreiten, betrachten wir einmal ein anderes irrationales Verhalten im Rahmen der oben beschriebenen Situation. Wenn alle Mitarbeiter »Worst Case«-Schätzungen aller ihrer Aufgaben liefern und sich dann so verhalten, dass nichts anderes als diese Schätzung herauskommen kann, führt dies in der Regel dazu, dass der berechnete Termin eines solchen Projektes weit später liegt, als akzeptabel wäre. Und wenn der Projektmanager (oder derjenige, an den er berichtet) das bemerkt, ist die Reaktion vorhersehbar: Man wird den Zeitplan geradezu beliebig um denjenigen Prozentsatz verkürzen, der notwendig ist, um dem vorher bestimmten Endtermin zu erreichen. Diese Verkürzung, zunächst in der oberen Managementebene entschieden, wird sich dann bis in alle individuellen Prozesse fortpflanzen. Jedem beteiligten Mitarbeiter wird man sagen: »Ja, wir wissen schon, dass Ihre Schätzung für diese Aufgabe zehn Tage beträgt. Wir müssen trotzdem den Zeitplan um 20 Prozent verkürzen, damit wir den versprochenen Endtermin halten können. Okay, das ist nicht ganz fair, aber wir können Ihnen nur acht Tage für ihre Aufgaben zubilligen.« Nehmen wir im Rahmen dieser Diskussion einmal an, die ursprüngliche Schätzung des Mitarbeiters war sorgfältig berechnet, so dass er berechtigterweise seinem Vorgesetzten sagen konnte: »Wir haben eine Chance von 99 Prozent, dass ich meine Aufgaben nach zehn Tagen beendet habe. Mit einem Prozent Wahrscheinlichkeit können wir uns allerdings auch verspäten.« Es ist ziemlich unwahrscheinlich, dass der Mitarbeiter sich während seiner Schätzung den Kopf darüber zerbrochen hat, welche Erfolgswahrscheinlichkeit er bei dem 8-Tage-Plan hätte. Wenn ihm dieser neue Plan quasi willkürlich auferlegt wird, ist es ebenso unwahrscheinlich, dass er die Erfolgswahrscheinlichkeit jetzt noch berechnen wird. Warum sollte er sich auch Gedanken machen? So weit dieser Mitarbeiter betroffen ist, interessiert die Wahrscheinlichkeit ja auch nicht weiter, denn die Verkürzung des Zeitplans war ja nicht verhandelbar. Man hatte ihm einseitig mitgeteilt, der neue Termin liege eben zwei

Tage früher. Also zuckt er mit den Schultern und beginnt mit seiner Arbeit. Im Ergebnis ist es nun nicht möglich, die Verfügbarkeit des Mitarbeiters am achten, neunten und zehnten Tag exakt zu bestimmen. Der Projektleiter mag denken, der Mitarbeiter würde seine Arbeit am achten Tag beenden (weil er denkt »Ich habe das so angewiesen, also wird es auch so sein.«). Aber für eine solche Annahme fehlt ihm die vernünftige Basis. Der Mitarbeiter wiederum hat gedanklich seine Verantwortung und seine Einschätzung bezüglich des Endtermins beiseite gelegt. Aufgrund dieses fehlerhaften Ereignisses stochern nun Mitarbeiter und Manager im Nebel.

Hier ist noch ein Beispiel: In vielen Unternehmen werden die Mitarbeiter daran gemessen, wie beschäftigt sie sind, und die Manager daran, wie sie sich bemühen, ihre Mitarbeiter auf Trab zu halten. Man muss das vielleicht nicht ganz so ausdrücken, aber denken Sie doch einmal an all jene Situationen, in denen Sie sich schuldig (oder ehrlich geknickt) fühlten, wenn Sie einmal eine freie Stunde an Ihrem Schreibtisch hatten. Und denken Sie auch daran, wie schuldig und inkompetent Sie sich als junger Vorgesetzter fühlten, wenn einer Ihrer oberen Manager in Ihren Arbeitsbereich hineinstolperte und bemerkte, dass einer Ihrer Mitarbeiter gerade untätig an seinem Schreibtisch saß.[2]

Bei dem Versuch, beschäftigt zu bleiben (oder zumindest den äußeren Eindruck hiervon zu vermitteln), übertragen viele Manager ihren Mitarbeitern meist mehr als eine Aufgabe, was diese sogar meistens akzeptieren. Es mag Szenarien geben, in denen dieses Verhalten zu einem effektiveren Einsatz von Zeit und Energie des Mitarbeiters führt. Aber mit den Wechsel zwischen den Aufgaben ist auch immer ein gewisser »Overhead« verknüpft. Aufgrund des Phänomens, dass wir früher diskutierten, wird es der Mitarbeiter nicht wagen, auch nur eine dieser Aufgaben früher als unbedingt notwendig abzuschließen. Anstatt also jede einzelne Aufgabe nacheinander zu beginnen und abzuschließen, also erst mit der Aufgabe A zu beginnen und diese abzuschließen und dann mit Aufgabe B genauso zu verfahren und so weiter, wird er zwischen allen Aufgaben hin und her wechseln. Wenn nichts schief geht, wird er seine Aufgaben zum letztmöglichen Termin abliefern. Die anderen Mitarbeiter, die die Ergebnisse dieser Aufgaben benötigen, werden folglich mit ihrer Arbeit erst beginnen können, wenn dieser Endtermin erreicht ist. In einer rationaleren Welt würde die Aufgabe A zu einem viel früheren Zeitpunkt beendet. Wer auch immer auf die Fertigstellung dieser Aufgaben gewartet hat, könnte seine Aufgaben dann entsprechend früher beginnen.

Wieder führt uns die Reaktion auf diese Umstände in noch eine Ebene fehlerhaften Verhaltens. Da die Mitarbeiter, die auf die Vollendung der Aufgaben A, B und C warten, wahrscheinlich ungeduldig werden (u.a. auch, weil sie von ihren Chefs gedrängt werden), werden sie den Kollegen bei seiner Arbeit unterbrechen. »Hey! Warum arbeitest du an der Aufgabe B, während ich verzweifelt darauf warte, was du endlich mit Aufgabe A fertig wirst?«, wird sein Kollege fragen. Unser Mitarbeiter unterbricht die Aufgabe B und wechselt zu Aufgabe A ... bis er von einem anderen Kollegen unterbrochen wird: »Hey! Ich dachte, du arbeitest an Aufgabe B! Warum hast du damit aufgehört? Warum verschwendest du deine Zeit – und damit auch meine –, indem du an Aufgabe A arbeitest?« Nun, der Schaltmechanismus unseres »Multitasking«- Mitarbeiters arbeitet krisen- oder unterbrechungsgesteuert. Es ist sehr unwahrscheinlich, hiermit ein optimales Zeit- und Ressourcenmanagement zu erreichen.

7.3   Wie kann man unternehmerisches Fehlverhalten verändern?

Es ist nicht leicht, ein solches Fehlverhalten zu verändern. In manchen Unternehmen ist diese Kultur derart verwurzelt, dass eine Lösung scheinbar unmöglich ist. Wie bei den Bemühungen, mit Alkoholismus und Drogenmissbrauch fertig zu werden, muss dieser Veränderungsprozess mit der tief greifenden, ernst gemeinten und umfassenden Einsicht und Akzeptanz beginnen, dass das aktuelle Verhalten falsch ist. Dies ist insbesondere deshalb in unserer heutigen Gesellschaft schwierig, da man typischerweise schnelle Lösungen für ernste Probleme sucht. Das entspricht z.B. jener Mentalität, zu glauben, man könne allein durch die Einnahme einer Pille wieder schlank werden, ohne auf das Junk-Food zu verzichten.

Mein Kollege Tom DeMarco erzählt gerne die Geschichte, als ihn Klienten während einer Beratung fragten: »Wenn wir zur Verbesserung unseres Projektmanagements eine einzige Maßnahme ergreifen könnten, welche wäre dies?« Toms Antwort ist oft einfach die: »Hören Sie damit auf, den Leuten gleichzeitig sechs voneinander unabhängige Aufgaben zu geben. Geben Sie jedem Mitarbeiter genau eine Arbeit und lassen Sie ihn dann damit allein, bis das Teilprojekt fertig ist.« Die Antwort hierauf ist meistens gleich: »Nun ja, das klingt sehr vernünftig. In unserer Firma würde das aber nicht funktionieren, denn wir haben die Probleme A, B und C, und wir haben uns mit den politischen Problemen X, Y und Z auseinander zu setzen. Haben Sie nicht noch einen anderen Vorschlag, mit dem wir alle anderen Probleme des Projektmanagements beseitigen könnten?« Jeder Vorschlag, der das Fehlverhalten im Unternehmen aufgreift, wird fast sicher mit der Phrase »Nun, mag sein, dass dies in einer perfekten Welt funktionieren würde, aber in der realen Welt, in der wir leben, kann es wegen der Bedingungen X, Y und Z ... nicht funktionieren.« Das Unternehmen findet vielleicht sogar eine neue »Pille« – ein neues Entwicklungstool, eine neue Methode zur Systemanalyse, einen neuen Trendbegriff –, die vielleicht kurzfristig helfen, aber sehr selten die grundlegenden Probleme löst.

Selbst, wenn das Unternehmen akzeptiert, dass sein Verhalten im Zusammenhang mit dem Projektmanagement falsch ist, wird es in der Regel nicht im Detail begreifen, welche Ursachen und Wirkungen diesem Fehlverhalten zu Grunde liegen, damit man etwas dagegen tun kann. Das sollte uns nicht überraschen, da derselbe Zusammenhang auch für Individuen gilt: Leute mit Übergewicht oder Drogenproblemen werden die psychologischen, physiologischen und soziologischen Kräfte, die sie in diese Situation brachten, nicht verstehen. Es kann Monate oder sogar Jahre kosten, die Details hierzu aufzudecken. Nicht jeder hat die Geduld und die Ressourcen, eine solche Phase durchzuhalten. Das Gleiche bewahrheitet sich auch auf unternehmerischer Ebene – insbesondere deshalb, weil die Elemente der Systemdynamik, die dem Fehlverhalten zu Grunde liegen, subtil und kompliziert sind. Eines der Themen in Kapitel 6 ist, dass in der Tat bis vor kurzem noch nicht einmal eine Sprache existierte, in der man solche Gegenstände hätte diskutieren können. Erst recht kann man über eine solche Angelegenheit dann keine quantitative Diskussion führen. Die Basiskonzepte der Systemdynamik werden schon seit ungefähr dreißig Jahren diskutiert, aber erst in den letzten zehn Jahren kann man hier von ernsthaften Bemühungen reden – wie sie etwa die Pionierarbeiten von Tarek Abdel-Hamid darstellen. Im Zentrum dieser Anstrengungen stand und steht der Bereich der Software-Entwicklung. Leider haben die entsprechenden Werkzeuge und die zu Grunde liegenden Konzepte der Systemdynamik relativ wenig Beachtung gefunden, insbesondere im Vergleich zu den »Pillen«, die die Industrie so liebt: neue Programmiersprachen, neue visuelle Programmiertools, neue Schlagwörter und Abkürzungen (RAD, JAD, XP, OO, UML und vieles mehr). Tja, und die Funktionsstörungen im Projektmanagement gehen immer weiter.

Mein Ziel im Rahmen dieses Buches ist jedoch nicht, das gestörte Verhalten eines ganzen Unternehmens aufzulösen. Es ist auch nicht das typische Ziel eines Projektmanagers, seine gesamte Firma zu revolutionieren. Die unmittelbare Aufgabe ist es, zu überleben und dieses Himmelfahrtskommando zu beherrschen oder, wenn die störenden Kräfte zu stark erscheinen, sich tapfer zu entfernen. Auch die Gattin eines Alkoholikers mag sich wünschen, es gebe eine landesweite Lösung des Problems. Aber die oberste Priorität ist doch, ihrem Partner zu helfen - oder wenn sich dieses als unmöglich erweist, die Kraft zu finden, diese Beziehung zu beenden.[3]

Der Projektmanager, der sich einem Himmelfahrtskommando gegenübersieht, braucht zwei Dinge. Zunächst muss er feststellen, ob seine eigene Art, das Projekt zu managen, fehlerhaft ist. Wenn ja, was kann man ändern? Wenn Sie an diesem Punkt das Gefühl haben, die Diskussion in diesem Kapitel sei absurd, die Planungstechnik in der Firma, die Aufwandsschätzung und das Projektmanagement seien perfekt und sensibel, dann ist sie (die Firma) entweder a) sensibel, und ich bin der Verrückte oder b) Sie und Ihre Firma sind so funktionsgestört, dass Sie es nicht einmal mehr feststellen können. Genauso gut können Sie den Rest dieses Kapitels einfach überspringen und nachschauen, ob in den darauf folgenden Kapiteln etwas Nützliches für Sie dabei ist.

Wenn Ihr Gefühl Ihnen sagt: »Jawohl, ich sehe das auch so, das Projektmanagement in meiner Firma ist hoffnungslos gestört. Wenn sie mich alleine arbeiten ließen, würde ich die Dinge ganz anders machen, viel rationaler!« Nun haben Sie ein anderes Problem, das vielleicht einfacher zu lösen ist: Wie kriegt man sie dazu, einen alleine zu lassen? Unter »sie« verstehe ich alle organisatorischen und politischen Kräfte in der Firma, die dafür verantwortlich sind, dass auch die Teammitglieder sich unvernünftig und funktionsgestört verhalten. Das kann ihr unmittelbarer Vorgesetzter oder Manager darüber sein, die Methodenpolizei, die Personalabteilung, die Anwender und schließlich jeder in der IT-Abteilung.[4]

Der Trick liegt also darin, sich von den Ursachen des funktionsgestörten Verhaltens im Unternehmen abzusetzen. Das ist übrigens meiner Meinung nach ein Grund, warum der so genannte »Skunksarbeit«-Ansatz oft so erfolgreich ist: Das Projektteam entfernt sich aus der normalen Büroumgebung und igelt sich in irgendeinem Büro (z.B. einem alten Warenhaus) am Rande der Stadt ab. In unserer heutigen, vernetzten Realität könnte auch jeder zuhause arbeiten, wobei wöchentlich (oder täglich) Meetings im Restaurant um die Ecke stattfinden könnten. Eine andere Alternative wäre eine »Grabwächterschicht« von 10:00 abends bis 6:00 morgens für die Dauer des Projekts. Ist die Dauer sechs Monate oder kürzer, lädt man mit einer solchen Lösung den Leuten vielleicht keine so inakzeptable Last auf. Es wird jedenfalls lange dauern, bis die Bürokratie bemerkt, dass das komplette Team tatsächlich verschwunden ist.

Leider ist es so, dass, wann auch immer ich eine solche Strategie vorschlage, die meisten intelligenten, zielstrebigen, verdienten Projektmanager antworten: »Nun, äh, das klingt ja großartig – und in einer perfekten Welt würden wir so etwas natürlich sofort ausprobieren. In der realen Welt, in der ich jedoch lebe, können wir das wahrscheinlich nicht tun, da es den Vizepräsident der Abteilung 'Systementwicklung' wahrscheinlich um den Verstand bringen würde. Die Personalabteilung wird uns offiziell rügen und außerdem gibt es die politischen Probleme X, Y und Z ...«

Und die Fehlfunktionen laufen weiter und weiter ...

7.4 Das Leben in einer rationalen Welt

Lassen Sie uns für den Rest dieses Kapitels einmal annehmen, Sie hätten es geschafft, inmitten einer funktionsgestörten Umgebung eine Insel der Vernunft, eine kleine heile Welt, zu schaffen. Welche Strategie und welches Verhalten werden Sie nun in Ihr Projektmanagement einbauen? Wie sähe Ihre rationale Welt aus?

Bevor wir in die Details gehen, lassen Sie uns zunächst die philosophischen Grundlagen einer solchen rationalen Welt diskutieren. Robert Newbold [5] fasst diese Grundlagen wie folgt zusammen:

1. *Wir haben einen Planungsansatz und die Logistik, die uns vor den Auswirkungen des Gesetzes von Murphy bewahren.*

2. *Die Leute konzentrieren sich auf globale (also systemweite) Verbesserungen anstelle von lokalem Flickwerk.*

3. *Jeder versteht und akzeptiert die Politik, die Prozeduren und die Maßstäbe, die für ihn gelten.*

4. *Wir glauben, dass wir viele dramatische Verbesserungen erreichen können.*[5]

Sicherzustellen, dass jeder die Richtlinien und die Politik des Projekts versteht und akzeptiert und dass jeder an die Möglichkeit dramatischer Verbesserungen glaubt, ist bereits eine bedeutende Aufgabe für uns selbst. Wir müssen jedoch die Details dieser Aufgaben für eine andere Diskussion zunächst zurückstellen – und sei es nur, um Newbolds ausgezeichnetes Buch zu rekapitulieren.

Die ersten beiden Punkte in Newbolds Liste zeigen schon zwei wesentliche praktische Strategien: Anstatt jeden Mitarbeiter zu ermutigen, für sich selbst einen Zeitpuffer in die eigene Zeitplanung einzubauen (sich also »warm anzuziehen«) bitten wir ihn darum, stattdessen eine mittlere Schätzung durchzuführen – mit anderen Worten eine Aufgabenplanung mit der gleichen Wahrscheinlichkeit für eine zu späte oder zu frühe Fertigstellung der Aufgaben. In einem vereinfachten Projekt, das nur aus einer Kette sequenzieller Aufgaben besteht, kann man mit Recht hoffen, dass sich die Aufgaben, die zu spät fertig werden, mit denjenigen, die zu früh fertig werden, die Waage halten. Bei komplizierteren Projekten (also in der Realität) genügt das nicht – und wir neigen dazu, einen Zeitpuffer einzubauen, um uns vor der unvorhersehbaren Natur der Aufgaben und vor der globalen Wirkung von Murphys Gesetz (die kritischste und komplizierteste Aufgabe wird sich als diejenige herausstellen, die sich verspätet) zu schützen. Wie wir jedoch in Abschnitt 7.5 unten sehen werden, sollte der Puffer durch den Projektmanager auch richtig geplant, gepflegt und angelegt – und nur, falls nötig, sparsam freigegeben – werden.

Nun, einige spezielle Aufgaben mögen später als berechnet fertig gestellt werden, andere wiederum sind vorher fertig. Um das Ganze zum Laufen zu bringen, müssen wir die Mitarbeiter ermutigen, ihre geplante Arbeit so schnell wie möglich fertig zu stellen. Wir sollten jedoch daran erinnern, keine Arbeit zu erzeugen, wo keine ist. Im besten Falle vergeben wir eine neue Arbeit, wenn die alte beendet ist. Wer auch immer darauf gewartet hat, kann nun mit seiner Arbeit beginnen. In einer rationalen Welt kann es in Ordnung sein, wenn man auf Grund der unvorhersehbaren Dauer einer Arbeit einmal tatenlos dasitzt.

In unserer rationalen Welt benötigen wir ein ganz bestimmtes Verhalten: Wir müssen nämlich zugeben, wenn wir keine präzisen Antworten auf unpräzise, komplexe Fragen haben.

Wenn uns jemand bittet, die Dauer einer komplexen Aufgabe zu bestimmen, die wir nie zuvor durchgeführt haben, können wir nicht einfach sagen: »Ich schätze, das dauert drei Tage, eine Stunde und vier Minuten – und wir haben eine 50-Prozent-Chance, dass ich etwa eine Minute zu früh oder zu spät fertig bin.«

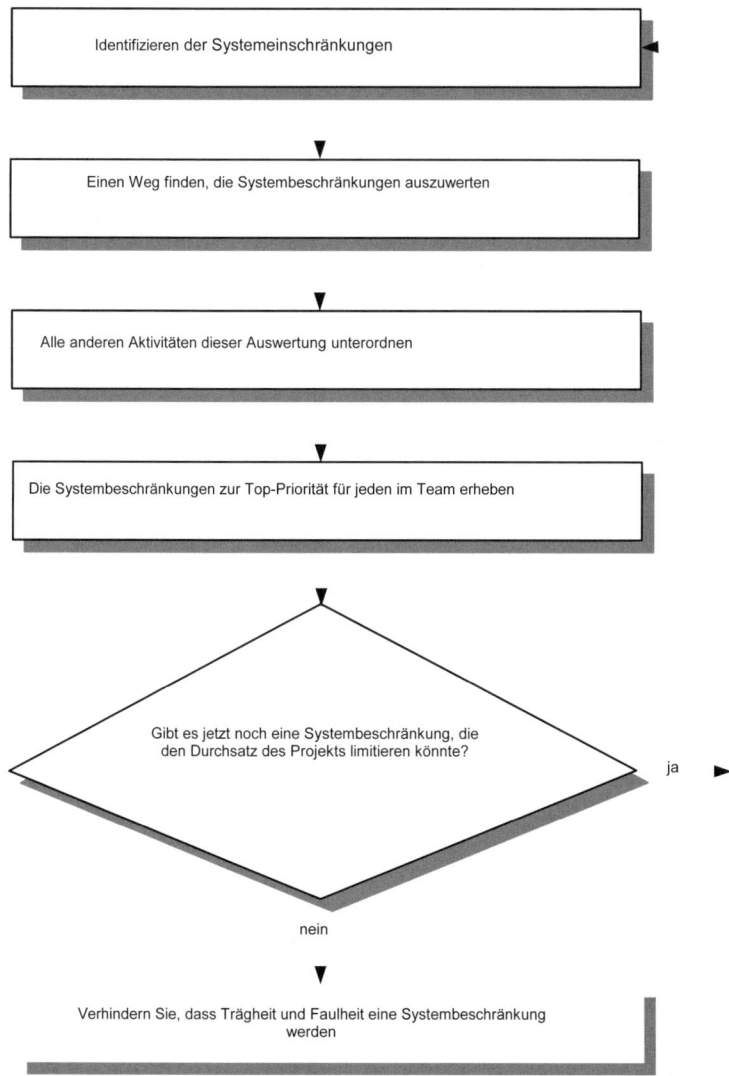

Abbildung 7.1: Die Schritte des TOC-Ansatzes

Abhängig davon, wie zuversichtlich Sie sind und wie ehrlich Sie zu sich selbst und zum Projektleiter sind, könnten Sie sagen: »Ich schätze, es wird ungefähr drei Tage brauchen – und wir haben eine 50-prozentige Chance, dass ich einen Tag früher oder später fertig bin«, oder sogar »Ich schätze, es wird über eine Woche dauern – und mit einer Chance von 50 Prozent bin ich eine Woche zu spät oder zu früh fertig.« (Die letztgenannte Möglichkeit bedeutet zum Beispiel, dass Sie daran glauben, dass es eine kleine, aber nicht verschwindende Chance gibt, dass Sie mit Beginn ihrer Arbeit an dieser Aufgabe eine brillante Idee zur Lösung des Problems finden.) Eliyahu Goldratt [2] vertritt die Auffassung, dass die Strategie des Projektmanagers auf der »Theory of Constraints« (TOC), wie sie in Abbildung 7.1 dargestellt ist, basieren sollte.

Es ist wichtig, zu erkennen, dass der »constraint«, der im ersten Kasten der Abbildung 7.1 gezeigt wird, eine ebenso offensichtliche und unmittelbare wie zeitraubende Aufgabe ist. Diese Beschränkung kann sich als Mangel oder gänzliches Fehlen einer bestimmten Ressource (z.B. ein Datenbankdesigner, ein neues Hardware-Teil oder einfach nur ein Besprechungsraum) erweisen.

Es könnte auch eine Reihe politischer, organisatorischer Einschränkungen geben, die zum Beispiel eine produktive Arbeit zu einer bestimmten Zeit verhindern und die Teammitglieder dazu bringt, ihre Zeit und ihre Energie weniger kritischen Aktivitäten zu widmen. All dies muss identifiziert, ausgewertet und dargestellt werden, und zwar nicht nur durch den Projektmanager, sondern durch alle Mitglieder des Teams.

7.5 Planung kritischer Pfade

Wenn das funktionsgestörte Verhalten eines Unternehmens einmal identifiziert und zugeordnet ist und wenn der Projektmanager die hauptsächlichen Einschränkungen identifiziert hat, die den Ausstoß seines Teams wahrscheinlich begrenzen werden, bleibt als letzter Schritt der Projektplan im Bereich des kritischen Pfades. Die wirkliche Planung und diese Berechnungen im Zusammenhang mit den

Planungsaktivitäten können sehr umfassend sein und man könnte erwarten, es gebe Software-Pakete, die diese ganze »Drecksarbeit« für einen erledigen könnten.

Beispiele solcher Software-Pakete sind *ProChain* (Lieferant: Pro-Chain Solutions, Inc., `www.prochain.com`) und *Concerto* (Lieferant: Realization Technologies, `www.realization.com`).

Die Algorithmen für die Planung des kritischen Pfades beginnen mit dem Identifizieren der erforderlichen Aufgaben, Ressourcen und Abhängigkeiten in traditioneller Weise, wie man etwa ein PERT-Diagramm erstellt. Wichtig ist hierbei die Identifizierung der kritischen Verkettung: der längste Pfad im Rahmen der Projektdauer. Dabei werden sowohl die Einschränkungen bezüglich der Ressourcen als auch die Aufwendungen für jede einzelne Aufgabe selbst in Betracht gezogen.

Gibt es nun irgendeinen Ressourcenkonflikt (wenn zum Beispiel dieselbe Ressource gleichzeitig durch mehr als eine Aufgabe benötigt wird), dann muss man diesen erst auflösen (durch eine Veränderung der Reihenfolge der Aufgaben z.B.), bevor der kritische Pfad eingerichtet werden kann.[6] Zu diesen Zeitpunkt kann ein Initialplan entwickelt werden, der auf einer so genannten 50-zu-50-Schätzung (siehe oben) basiert: anstatt jeden einzelnen Mitarbeiter darum zu bitten, eine »Worst Case«-Schätzung für seine einzelnen Aufgaben abzugeben, bitten wir ihn, eine Schätzung durchzuführen, bei der er die Wahrscheinlichkeit, zu früh oder zu spät fertig zu werden, gleich bewertet. Diese Schätzung wird durch einen Zeitpuffer ergänzt, der unvorhergesehene Ereignisse aufnehmen soll und der am Ende der Planung angehängt wird. Abbildung 7.2 zeigt den Anfang eines solchen kritischen Pfades mit drei Aufgaben (X, Y und Z sind die dazu gehörenden Ressourcen) und einem angehängten Projektpuffer.

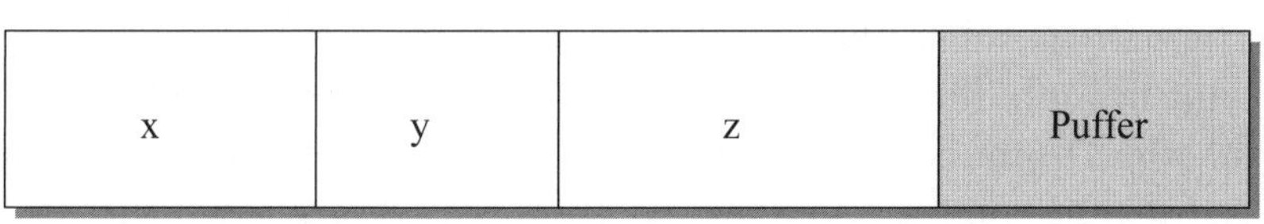

x	y	z	Puffer

Abbildung 7.2: Der Anfang eines kritischen Pfad-Plans

Natürlich gibt es selbst im einfachsten Projekt wahrscheinlich so genannte »Threads« (parallele Prozesse) außerhalb des kritischen Pfades. Ein vollständigeres Bild unseres Plans könnte deshalb so aussehen wie in Abbildung 7.3:

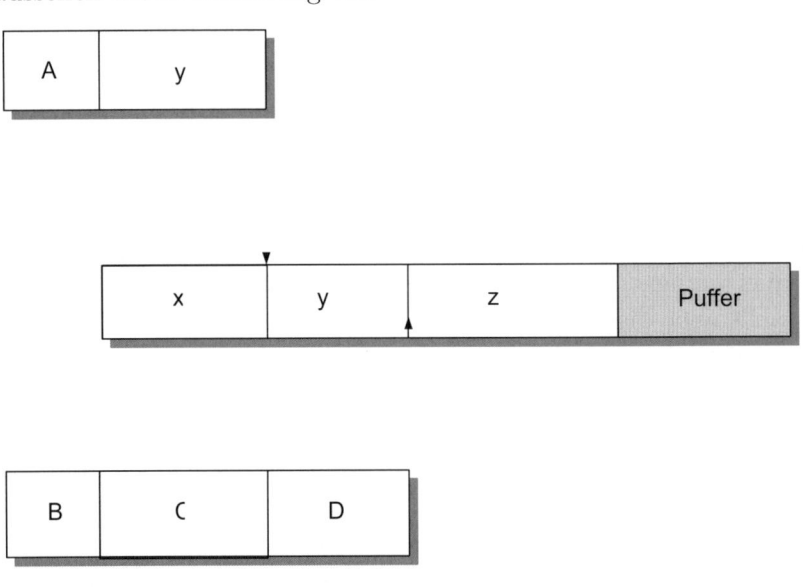

Abbildung 7.3: Ein realistischeres Projektnetzwerk

Abbildung 7.3 zeigt zwei Risiken für unseren kritischen Pfad. Vorausgesetzt, der kritische Pfad ist der hauptsächliche Engpass, von dem wir betroffen sind, müssen wir alles daransetzen, diesen Pfad zu schützen. Oben in Abbildung 7.3 z.B. sehen wir, dass die Ressource Y auf dem kritischen Pfad eine Aufgabe hat. Es ist sehr wichtig, dass Y für die Arbeit auf dem kritischen Pfad verfügbar ist, und zwar genau in dem Augenblick, wenn X fertig ist. Wir benötigen deshalb einen Ressourcenpuffer, um sicherzustellen, dass Ressource Y bei Bedarf tatsächlich zur Verfügung steht.

Ähnliches gilt für den Aufgabenvorgang unten in Abbildung 7.3. Aufgabe D mündet in den kritischen Pfad unmittelbar zu Beginn der Aufgabe von Ressource Z. Um das Risiko, dass Z verzögert wird, zu minimieren, benötigen wir einen Übergabepuffer am Ende des untersten Prozesses. Unser überarbeiteter Plan sieht nun folgendermaßen aus:

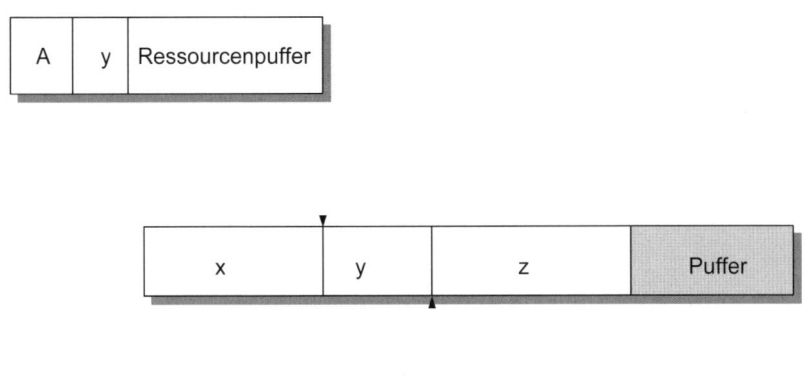

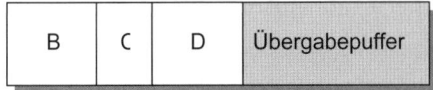

Abbildung 7.4: Plan mit Ressourcen- und Übergabepuffer

General Eisenhower sagte einmal: »Pläne sind wertlos, aber Planung ist alles.« Ein Plan, der so aussieht wie der in Abbildung 7.4, mag zu Beginn eines Projektes realistisch aussehen. Er muss jedoch im Verlauf des Projektes immer wieder korrigiert werden. Der Projektmanager kann den Projektpuffer und den Übergabepuffer als einen primären Mechanismus für die Erhaltung des Gesamtplans verwenden. Darüber hinaus liefern die Konzepte der »Triage« und des »gut genug«-Systems, die früher in diesem Buch vorgestellt wurden, Rückfalllinien, um das Projekt vor dem Absturz zu bewahren.

7.6 Zusammenfassung

Goldratts Arbeit über Strategien bei der Planung eines kritischen Pfads sind heute nicht mehr so neu und radikal wie in den späten 80er Jahren und noch in den 90ern. Tatsächlich wurden diese Ideen weitestgehend durch verschiedene große und angesehene Produktionsfirmen übernommen. Die Konzepte sind jedoch in der IT-Branche überwiegend unbekannt: Die Manager von Software-Projekten befassen sich kaum mit Microsoft Project und traditionellen Planungskonzepten.

Dies sollte nur ein kurzer Überblick über die »Theory of constraints« und den Kritischen-Pfad-Einsatz sein – es ist vielleicht sogar ein bisschen gefährlich, wenn Sie nun versuchen, dieses Wissen in Ihrem nächsten Projekt ohne zusätzliches Training einzusetzen. Nun, ich hoffe aber, dass es Ihren Appetit genug angeregt hat und Sie sich nun ernsthafte Gedanken darüber machen, ob das Projektmanagement und die Planungskultur in Ihrer Firma kontraproduktiv sind oder schlichtweg falsch. Wenn dem so ist, sollten Sie einige der Referenzen am Ende dieses Kapitels konsultieren.

Ich kann Ihnen auch ausgezeichnete Internetressourcen empfehlen, wie etwa

- Franck Patrick's »Focused Performance«-Website: `www.focusedperformance.com`
- `cmsig@lists.apics.org`
- `tocexperts@groups.yahoo.com`
- `criticalchain@groups.yahoo.com`

Wie wir in diesem Kapitel gesehen haben, ist es das Wichtigste zu erkennen, dass bestimmte Firmenkulturen und -verhaltensweisen viele Himmelfahrtskommandos zum Scheitern verurteilen, noch bevor sie beginnen. Die stellvertretenden Geschäftsführer der beteiligten Entscheider haben vielleicht durchaus Gründe, einer solchen Behauptung zuzustimmen, aber das ist keine grundlegende, innere Überzeugung. Trotz ihrer gedanklichen Zustimmung und ihres guten Willens bestehen sie oft auf den nicht funktionierenden Methoden. Es ist der Projektmanager des Himmelfahrtskommandos und seine Mannschaft, die dafür bezahlen müssen. Sie sind es, die dann 80 Stunden in der Woche arbeiten müssen und sie sind es auch, die an Magengeschwüren leiden, und sie sind es schließlich auch, deren Karrieren am meisten unter einem Scheitern des Projektes leiden werden. Sie haben als Projektmanager kaum eine Chance, die Unternehmenskultur als Ganzes zu verändern. Wenn Sie aber die

Fehlfunktionen des Unternehmens wahrnehmen können und wenn Sie in der Lage sind, sich selbst und Ihr Team von dieser Kultur zu isolieren (zumindest für die Dauer des Projektes) und wenn Sie darüber hinaus noch in der Lage sind, etwas Gewinn aus den in diesem Kapitel vorgestellten Strategien im Zusammenhang mit dem kritischen Pfad zu ziehen, dann haben Sie erheblich größere Chancen auf einen Erfolg.

7.7 Anmerkungen

1. Dieses Verhalten wird uns oft in jungen Jahren schon beigebracht. Eine meiner stärksten Kindheitserinnerungen ist die an einen Jungen in der direkten Nachbarschaft in Omaha in den fünfziger Jahren, der eines Nachmittags weinend von der Schule nach Hause kam. Er war im 4. Schuljahr, etwas jünger als ich, und so hatte ich nicht selbst sehen können, was seinen Stress in der Klasse verursacht hatte. Als ich ihn danach fragte, erzählte er mir, sein Mathematiklehrer habe der ganzen Klasse eine Aufgabe gestellt, an der sie arbeiten sollte. Der Lehrer erwartete offensichtlich, dass er die Klasse damit eine Zeit lang beschäftigt halten würde. Der Nachbarjunge, ein Mathematik-Wunderkind, das mich mit seinen Fähigkeiten schon mehr als einmal erstaunt hatte, löste den Test in zehn Minuten, ging nach vorne vor die Klasse und zeigte dem Lehrer seine Lösung. Der Lehrer warf einen Blick darauf, zerriss das Papier des Jungen mit einer theatralischen Geste in kleine Stücke und sagte: »Deine Antwort ist zwar richtig, aber du warst zu schnell. Geh zurück an deinen Platz und mach das noch einmal!« Der Junge war empört und erniedrigt, aber wie hätte er die Autorität des Lehrers in der Klasse in Frage stellen können? Seine Eltern, so erfuhr ich später wiederum von meinen Eltern, waren ebenso empört. Aber sie unternahmen nichts. Ich vermute, dass dieser Junge niemals wieder irgendeine Arbeit vorzeitig beendet hat, niemals mehr in den 50 Jahren nach diesem Ereignis.

2. Tatsächlich ist die Situation im IT-Beruf oder in anderen Berufen, die auf umfassender theoretischer Kenntnis beruhen, noch viel schlechter. Ein wesentlicher Teil des beruflichen Alltags besteht darin, über die Natur eines Problems oder dessen Lösung nachzudenken. Unglücklicherweise ist der optische Eindruck beim Nachdenken – z.B. gedankenverloren in die Ferne zu blicken – verdächtig ähnlich dem des Leerlaufs bei der Arbeit. Manchmal kommt es noch schlimmer: Der Chef sagt einem: »Wir bezahlen Sie nicht fürs Nachdenken, sondern dafür, dass Sie etwas tun!«

3. In einem gewissen Maß widerspricht dies den Aussagen zu Beginn des Kapitels: Wenn wir versuchen, ein globales Problem zu lösen, dann nicht, indem wir uns auf eine Teillösung konzentrieren. In einer gewöhnlichen Unternehmenssituation haben jedoch nur der Chef und andere Entscheidungsträger die Ressourcen und die Autorität für »globales« Führungsverhalten. Ich bin zwar für das alles, und die Bücher, die am Ende dieses Kapitels zu finden sind, enthalten auch solche globalen Ansätze. Aber mein Hauptaugenmerk gilt dem Projektmanager, der ein Himmelfahrtskommando vor sich hat.

4. Ich muss zugeben, es ist mir nicht ganz wohl dabei zu sagen: »Jeder hier ist verrückt und ich bin der einzig geistig Gesunde hier.« Andererseits wäre nichts passiert, wenn »sie« einen nicht geradezu in ein Himmelfahrtskommando hineingestoßen hätten, nicht wahr? An einem gewissen Punkt muss man seinem eigenen gesunden Menschenverstand vertrauen, auch wenn dies bedeutet, dass man der einzige intelligente, charakterfeste Mensch im Unternehmen ist, der sich zu sagen traut: »Der Kaiser hat keine Kleider!«

5. Robert Newbold, *Project Management in the Fast Lane* St. Lucie Press, 1998, Seite 46.

6. Wenn es bei den Ressourcen keine Einschränkungen gibt, dann ist die kritische Kette gleichbedeutend mit dem Kritischen-Pfad-Plan, den Projektmanager traditionell z.B. mit solchen Werkzeugen wie MS-Project anwenden.

7.8 Literatur

1. Eliyahu Goldratt, JeffCox *Das Ziel*, Frankfurt/New York, Campus, 2001, überarbeitete Auflage, 1992.

2. Eliyahu Goldratt. *Theory of Constraints*. North River Press, 1999.

3. Eliyahu Goldratt. *It's not Luck*. North River Press, 1997.

4. Eliyahu Goldratt. *Die kritische Kette*, Frankfurt/New York, Campus, 2002.

5. Robert C. Newbold. *Project Management in the Fast Lane: Applying the Theory of Constraints*. St. Lucie Press, 1998.

6. Lawrence P. Leach. *Critical Chain Project Management*. Artech House, 2000.

7. Peter Senge. *Die fünfte Disziplin*, Stuttgart, Klett-Cotta, 2001.

Kapitel 8

Zeitmanagement

Gestern gingen zwei goldene Stunden, gesetzt in einem Diamanten-kranz aus 60 Minuten, irgendwann zwischen Sonnenaufgang und -untergang verloren. Sie sind nun wertlos, denn sie sind für immer vorbei.

Horace Mann

In Himmelfahrtskommandos sind scheinbar alle kritischen Ressourcen – Zeit, Personal, Geld, Computer-Workstations und sogar Bürofläche – äußerst knapp. Viele dieser Ressourcen sind nur aufgrund politischer Entscheidungen so begrenzt. Diese Entscheidungen sind veränderbar. Wenn die Schlüsselpersonen entscheiden, dass es wichtig genug ist, dann können dem Projekt auch mehr Leute zugewiesen werden. Das finanzielle Budget kann erhöht und angemessene Arbeitsumgebungen können sicher gefunden werden.

Die Zeit aber kann man weder herstellen noch verlangsamen. Wie Horace Mann in seinen einleitenden Bemerkungen zu diesem Kapitel sagte: Wenn eine Stunde erst einmal verflogen ist, dann ist sie für immer verschwunden. Während in einem normalen Projekt der entsprechende Zeitplan genügend Luft enthält, um ab und zu auch einmal ein paar Stunden, vielleicht auch Tage oder sogar Wochen nutzlos zu verbringen, gibt es einen solchen Luxus in Himmelfahrtskommandos jedoch nicht. Das Hauptproblem des Projektmanagers in einem solchen Projekt ist deshalb das effektive und effiziente Nutzen der Zeit, die ihm oder seinen Teammitgliedern für das Projekt zur Verfügung steht.

Das hat noch nichts mit dem Thema Überstunden zu tun. Ungeachtet der Tatsache, ob die Teammitglieder 40 oder 80 Stunden pro Woche arbeiten, müssen sie ihre Zeit effizient und effektiv nutzen. Das heißt nun nicht, dass wir in hysterische Hektik verfallen sollten und dass die Mitarbeiter von Ort zu Ort sprinten sollten oder 200 Anschläge pro Minute auf ihren Computer-Keyboards eingeben müssten.

Die Vorschläge in diesem Kapitel sind einfach und geradlinig. Sie beruhen auf der Beobachtung vieler Himmelfahrtskommandos, in denen erhebliche Zeitbeträge verschwendet wurden, obwohl man eigentlich auf keine Minute verzichten konnte. Ich glaube, dass die Vorschläge in diesem Kapitel für einige Projektmanager genauso wichtig sind wie die Diskussionen über Software-Prozesse und Verhandlungen in den vorigen Kapiteln.

8.1 Der Einfluss der Unternehmenskultur auf das Zeitmanagement

Zum Teufel, in der Zeit, in der sich ein Mann am Hintern kratzt, sich räuspert und mir dabei erzählt, wie klug er ist, haben wir schon 15 Minuten verschwendet.

früherer U.S.-Präsident Lyndon B. Johnson

Unglücklicherweise nehmen viele Projektmanager den Betrag an Zeit, die er und seine Mannschaft verschwenden, überhaupt nicht wahr – genauso, wie sie den Gewohnheiten und Ritualen ihrer gesellschaftlichen und unternehmerischen Kultur mehr oder weniger blind folgen. Ein Himmelfahrtskommando ist bestimmt nicht die beste Entschuldigung, eine Kulturrevolution zu beginnen – aber es ist sicherlich der richtige Zeitpunkt für den Projektmanager, die verschwenderischen Vergnügungen des normalen Unternehmensalltags auszusetzen.

Ein sehr verbreitetes und offensichtliches Beispiel sind die Meetings. In vielen Unternehmen beginnen die Meetings fast 15 bis 30 Minuten nach dem geplanten Beginn, da jedermann erwartet, die ersten 15 bis 30 Minuten a) mit zwischenmenschlichem Smalltalk b) mit Kaffee und Erfrischungen oder mit dem Warten auf denjenigen zu verbringen, der das Meeting einberufen hat. Dieser hat sein Meeting davor seinerseits um 15 Minuten überschritten oder der Chef hat sich zu spät hinzugesellt und niemand wagt es, das Meeting ohne ihn zu beginnen.

Noch frustrierender ist ein Unternehmen, das ein Meeting ansetzt, dabei einen Tagesordnungspunkt diskutiert, um dann eine Stunde lang über Details zu reden, die von jedem Teilnehmer vor dem Meeting hätten geklärt werden können. Schließlich landet man beim Entscheidungsprozess, um in diesem Zusammenhang dieselbe Diskussion zu wiederholen und eine Woche später das ganze Meeting von vorne beginnen zu lassen. So etwas geschieht manchmal, weil die Gruppe viel zu unsicher ist. Lieber trifft sie vorläufige Entscheidungen, um den Freiheitsgrad zu besitzen, diese eine Woche später wieder zu verwerfen. Dies geschieht manchmal auch, weil ein oder zwei Teilnehmer am Meeting mit der getroffenen Entscheidung nicht glücklich sind und hoffen, durch ein Wiederaufwärmen der Diskussion vielleicht doch noch einen veränderten Beschluss zu erwirken.

Dies sind nur zwei Beispiele dafür, wie manchmal die Zeit durch ineffiziente und ineffektive Meetings vergeudet wird. Es gibt natürlich noch viel mehr solcher Ursachen. Wir reden hier aber nicht über Meetings mit trägen und inkompetenten oder unorganisierten Teilnehmern. Dieses Verhalten spiegelt vielmehr die Unternehmenskultur wider. Diese Kultur lässt sich während eines Himmelfahrtskommandos wahrscheinlich nicht ändern – es sei denn, das Projekt betrifft das gesamte Unternehmen und wird vom obersten Chef geleitet. Für die meisten Himmelfahrtskommandos ist die praktische Strategie folglich eher diplomatisch geprägt als auf Konfrontation ausgelegt. Das heißt, der Projektmanager eines Himmelfahrtskommandos sagt zum Beispiel zu seinem Team, »Nun, ich weiß schon, dass wir gewöhnlich unser Meeting mit einer Hymne auf das Unternehmen beginnen, mit einigen selbst gemachten Beiträgen der Projektmitglieder, wobei dann noch die neuesten Fotos von den Kindern rundgereicht werden – aber ich fürchte, bei diesem Projekt können wir uns einen solchen Luxus nicht erlauben.«

Ich beabsichtige in diesem Buch keine Abhandlungen über die Organisation und das Management von Meetings. Ein kurzer Blick auf die Webseiten von Amazon oder andere Buchhändler ergibt eine lange Liste von Büchern zu diesem Thema.[1] In den meisten Fällen genügt es, sich auf das Wesentliche zu konzentrieren: Man benötigt ein Ziel und eine Agenda für jedes Meeting. Starten Sie das Meeting pünktlich! Bewahren Sie die Diskussionen davor, vom Thema abzuweichen. Vermeiden Sie endlose Wiederholungen derselben Angelegenheiten und Argumente. Kristallisieren Sie zum Ende jedes Meetings Aktionen heraus und beenden Sie jedes Meeting pünktlich, damit die Teilnehmer zu ihren nächsten Meetings nicht zu spät kommen müssen.

8.2 Zeitverlust durch fehlende Übereinstimmung der Stakeholder

Wie schon im Rahmen der Diskussion von Politik und Verhandlungen in Kapitel 2 bemerkt, provozieren Druck und gestiegene Anforderungen im Rahmen eines Himmelfahrtskommandos manchmal Meinungsverschiedenheiten zwischen den Entscheidungsträgern. Offensichtlich ist das besonders während der Anfangsphase der Diskussionen über PCs, Termine und Ressourcenzuweisungen – aber das Phänomen tritt auch während des Projektes an verschiedenen Stellen auf, wenn zum Beispiel Anforderungen an die Funktion des Systems detailliert dokumentiert werden, wenn die Akzeptanzkriterien verhandelt werden und schließlich wenn die Details der Benutzerschnittstellen als Prototyp vorlegen.

Als Folge hiervon werden die Stakeholder, wie früher schon erwähnt, schlicht nur darin übereinstimmen, dass sie verschiedener Meinung sind. Sie nehmen dabei in Kauf, dass das Projekt weiter stolpert, ohne dass es eine dokumentierte Spezifikation der wichtigsten Eigenschaften gibt. Es gibt dann auch keine Dokumentation des Anforderungskatalogs, der Schnittstellen, der Akzeptanzkriterien. Viele Punkte bleiben dann so vage und abstrakt, dass die Programmierer sie gewissermaßen während des Programmierens selbst erfinden müssen. Ein ebenso übliches Szenario ist, dass die Stakeholder sich einfach weigern, irgendeiner Sache zuzustimmen. Dies ist das politische Äquivalent einer langen Belagerung, wobei jedes Lager sich in seinen Gräben verschanzt und ab und zu jemand eine Handgranate auf seine Gegner wirft.

Inzwischen findet der Projektmanager wahrscheinlich heraus, dass der Projektfortschritt irgendwie zum Stillstand gekommen ist. Bis endlich eine Entscheidung darüber gefallen ist, welche Lieferanten die Hardware des Systems liefern sollten, so lange gibt es dann auch keine Hardware. Wenn die Stakeholder nicht endlich in einem speziellen Aspekt der funktionalen Anforderungen einen Konsens erzielen, gibt es auch keinen Versuch, einen Prototyp zu entwickeln. Inzwischen läuft die Uhr natürlich weiter. Wenn es eine Sache gibt, auf die man sich in der politischen Realität verlassen kann, dann die, dass der Endtermin selbstverständlich völlig unbeweglich und fest bleibt.

Die beste Lösung dieses Problems ist, es zu Beginn des Projektes allen Stakeholdern gegenüber zu betonen. Diese nicken natürlich alle mit ihren Köpfen und stimmen darin überein, dass die Angelegenheit ach so wichtig ist und die Entscheidungen hierüber natürlich so bald wie möglich getroffen würden, um eine Lähmung des Projektes zu vermeiden. Sie können dann noch einmal nachhaken, indem Sie schriftlich die Freigabe der einzelnen Punkte innerhalb der nächsten 24 Stunden anfordern. Sie werden wahrscheinlich eine Menge verlegenes Räuspern zu hören bekommen, zusammen mit vielen frommen Entschuldigungen dafür, dass man trotz aller Bemühungen, die Entscheidungsfindung innerhalb der 24 Stunden abzuschließen, dieses natürlich nicht schaffen könne. Danach sind wieder alle sehr geschäftig. Manchmal sind die Leute dann in Urlaub, gehen auf Geschäftsreise oder befinden sich in anderen Meetings. Es gibt so viel zu tun und die Liste der Entschuldigungen wird immer länger ...

Wenn man keine formale, schriftliche, verbindliche Entscheidung innerhalb der 24-Stunden Frist erhalten kann, bleibt als einzige Alternative die Dokumentation aller daraus folgenden Terminverschiebungen – Tag für Tag. Wie oben schon erwähnt, werden es die Entscheidungsträger nicht zulassen, dass der offizielle Endtermin auf diese Weise verändert wird. Ihre schriftlichen Mitteilungen sollten deshalb folgende Form haben: »Unter Berücksichtigung der Tatsache, dass sich der offizielle Endtermin nicht verändert hat, bewirkt das Fehlen Ihrer Entscheidung innerhalb der geforderten 24 Stunden und meine Bitte um Freigabe des Projektstarts unvermeidlich eine Verzögerung des Projekts um einen Tag. Die Lieferung des Projekts kann deshalb nicht am 10. Oktober, wie von mir im letzten Statusbericht berechnet, erfolgen, sondern nach meinen neuen Berechnungen erst am 11. Oktober.«

Manchmal gibt es auch echte und legitime Gründe für das Ausbleiben einer Entscheidung – zum Beispiel das Warten auf eine externe gerichtliche Entscheidung oder eine Regulierung durch eine Behörde. Das ändert aber nichts an der Realität: Wenn der Projektplan davon abhängt, dass man alle Antworten und Entscheidungen in einem bestimmten Zeitintervall bekommt (und wenn dies zum Beispiel in einem PERT-Diagramm zum Projekt so dokumentiert ist), dann ist es ziemlich egal, wer an der Verzögerung schuld ist – die Folgen sind dieselben[2]. Nach meiner Erfahrung werden diese Verzögerungen aber nicht durch externe Ursachen hervorgerufen und sie liegen auch nicht außerhalb der Kontrolle der Entscheidungsträger. Meistens finden sich die Ursachen im politischen Gezerre zwischen den Entscheidungsträgern.

Natürlich wird man dem Projektmanager sehr schnell nahe legen, jene nervenden, täglichen Botschaften zu den Terminverschiebungen zu unterlassen – eine politische Antwort auf ein politisches Phänomen wird als solches selbstverständlich nicht akzeptiert. Der Projektmanager muss aber schließlich doch die Verzögerungen klar identifizieren, denn wenn das Projekt tatsächlich scheitert, kann man schwere Gedächtnisverluste bei den Entscheidungsträgern bestaunen. Dass sie es waren, die von Anfang an für die Verschiebungen gesorgt haben, haben sie dann komplett vergessen.

Wenn es in diesem Bereich schwerwiegende Probleme gibt, sollte der Projektmanager noch einmal darüber nachdenken, ob er an diesem Projekt überhaupt teilnehmen möchte. Sind die Entscheidungsträger nicht verbindlich genug oder nicht dazu in der Lage, ihre anderen Aktivitäten zugunsten des Projekts zurückzustellen, warum sollte man den ganzen Stress und die enorme Anstrengung dann auf sich nehmen? In vielen Fällen kann man das Verhalten der Geschäftsleitung und der wichtigsten Entscheidungsträger vorhersehen: Wie früher schon erwähnt, geht es hier um träge Unternehmenskulturen, die über einen langen Zeitraum konstant bleiben.

Wenn der Projektmanager den Verdacht hat, dass hier tatsächlich ein Problem vorliegt, empfehlen sich ein paar einfache Experimente, bevor man offiziell »Kapitän auf der Titanic« wird. Senden Sie zum Beispiel eine E-Mail an die Entscheidungsträger mit folgendem Inhalt: »Bevor ich die Vereinbarung akzeptiere, möchte ich wissen, ob ich ein Vetorecht bei der Zuweisung von technischem Personal aus anderen Abteilungen zu meinem Projekt anwenden darf.« Wenn alle Stakeholder begeistert »Ja« oder innerhalb von 24 Stunden definitiv »Nein« antworten, dann ist das in Ordnung. Aber wenn die Hälfte der Stakeholder nicht einmal auf diese E-Mail antwortet, und die andere Hälfte dieses Thema in einem der nächsten Management-Meetings im nächsten Monat klären will, braucht man sich bezüglich der Zeitnähe künftiger Entscheidungen zum Projekt keine Illusionen mehr zu machen.

8.3 Wie man dem Projektteam hilft, mit der Zeit geschickter umzugehen

In Ergänzung zu obigen Gedankengängen glaube ich, dass der Projektmanager eine Menge dafür tun kann, das Projekt zum Erfolg zu führen, indem er die Projektmitglieder täglich zu einem geschickten Umgang mit dem Zeitmanagement anleitet.

Mittlerweile beherrschen die Manager die traditionellen Ideen aus Stephen Coveys »First Things First« (Fireside Books, 1996). Covey empfiehlt die Priorisierung der Aufgaben in einem zweidimensionalen Gitter, dessen Achsen die Dringlichkeit und die Wichtigkeit der Aufgabe bemessen. Er teilt das Gitter in vier Quadranten: Q1 (hohe Wichtigkeit und hohe Dringlichkeit) – hier befinden sich die Aufgaben für den »Herzanfall«. Q2 (hohe Wichtigkeit, niedrige Dringlichkeit) – hier befinden sich Aufgaben wie das regelmäßige Training zur Vermeidung des Herzanfalls. Q3 (geringe Wichtigkeit, hohe Dringlichkeit) – das sind zum Beispiel die typischen Unterbrechungen im Büro, E-Mails und Telefonanrufe. Q4 (geringe Wichtigkeit, niedrige Dringlichkeit) – hier sind wir im Bereich der Zeitverschwendung.

In den letzten zehn Jahren sind wir so effizient geworden, dass man die Q4-Aktivitäten hoffentlich weitestgehend im normalen Arbeitsalltag vergessen kann. Meistens verschieben wir diese Dinge auf den Abend beim Fernsehen und einem Glas Wein ...

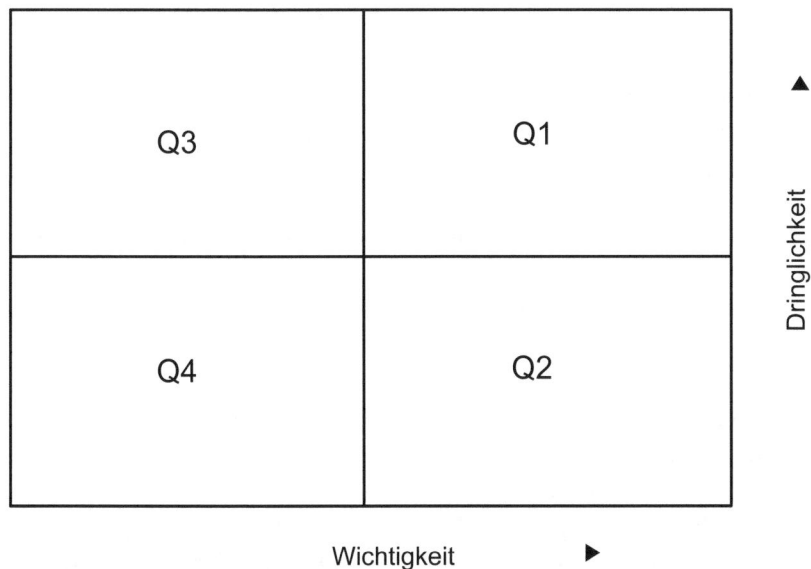

Abbildung 8.1: Priorisierung der Aufgaben nach Dringlichkeit
und Wichtigkeit

Der typische Arbeitstag ist jedoch leider voll von Q3-Jobs, wobei die Q2-Tätigkeiten oft verdrängt werden. Dagegen können Q1-Aufgaben überhaupt nicht ignoriert werden, denn das wäre »tödlich« für das Projekt – ein Projektinfarkt sozusagen. Das äußert sich dann in einem Stopp des Projekts oder im völligen Versagen des Projektergebnisses. Leider wertet kaum jemand die Q2-Aktivitäten wie Planung, Denken, Analyse und Organisation entsprechend ihrer wirklichen Bedeutung. Da diese Tätigkeiten nach außen wie Leerlauf aussehen, werden sie sogar oft missbilligt.

Wie umfangreich sind nun die Q3-Unterbrechungen? Ein »NandO-Times«-Artikel berichtete, dass ein typischer Manager der dot.com-Branche täglich etwa 80 bis 100 E-Mails bekommt, 100 bis 150 Telefonanrufe, 20 bis 25 Voice-Mails, zwei oder drei Aktennotizen sowie Besprechungen mit 10 bis 20 Leuten. Das sind fast 300 Unterbrechungen pro Tag! Ein Zehnstundentag ohne Mittagspause vorausgesetzt heißt das: alle zwei Minuten eine Störung! Es würde mich wundern, wenn jemand bei diesem Ansturm von Störungen noch produktiv sein könnte. Glauben Sie, dass da noch irgendwelche Zeit übrig bleibt für solche altmodischen Dinge wie »Denken« oder »Planen«?

IT-Projektteams haben oft eine ganz ähnliche Arbeitsumgebung, so dass die Projektmanager ihren Teams durchaus dadurch helfen können, dass sie ihnen den Unterschied zwischen dringlich und wichtig vermitteln. Dabei ist es zum Beispiel eine gute Übung, E-Mails zu filtern, da E-Mails die beherrschende Kommunikationsform in der heutigen High-Tech-Branche sind. Ich betreibe in meinem E-Mail-System vier Ordner, die ich Q1 bis Q4 benannt habe. Dabei habe ich allmählich an die 1000 Filter angehäuft, die die ankommenden E-Mails nach ihrer Zuordnung zu diesen Ordnern umleiten. Nun verschwinden nicht nur die Junkmails, auch fremde oder notorische E-Mail-Sender verschwinden zunächst in Q3 oder gar Q4. Weniger als 10% landen schließlich in Q1 und erfordern damit sofortige Aufmerksamkeit.

Hier noch eine leicht »schräge«, aber trotzdem praktische und kaltblütige Strategie zur Vermeidung der Unterbrechungen durch E-Mails. Man antworte einfach nicht auf alle! Jeder weiß doch, dass Sie beschäftigt sind und mindestens 100 E-Mails pro Tag bekommen. Nicht zu antworten wird deshalb von den meisten in Ihrer Umgebung nicht als beleidigend aufgefasst. Und wenn der Absender jener »dringenden« E-Mail nicht nach einiger Zeit nachfragt, warum man auf diese oder jene E-Mail nicht geantwortet habe, dann war jene »dringende« E-Mail wohl doch nicht so »wichtig«.[3]

Manager können ihren Teammitarbeitern auch dabei helfen, ihre Woche vorab zu planen. Idealerweise folgt man dabei dem Rat aus Tom DeMarcos neuem Buch *Slack*[4] und plant etwas Pausenzeit in den Verlauf der folgenden Woche. Wir könnten sogar die Teammitglieder dazu ermutigen, etwas Zeit dafür einzuplanen, die Füße einfach auf den Tisch zu legen und darüber nachzudenken, was sie gerade tun. Ansonsten können wir die Entwickler auch dazu ermutigen, sicherzustellen, dass Q2-Aufgaben grundsätzlich die Zeit bekommen, die sie benötigen, anstatt durch spontane Aufgaben aus dem Quadranten Q3 verdrängt zu werden. Ein wichtiger Grund hierfür ist der, dass die Q2-orientierten Aufgaben des Planens und der Analyse oft dazu notwendig sind, Q1-Aufgaben mit ihren Krisen und Notfällen zu vermeiden. Jene Q1-Krisen sind gewöhnlich außerordentlich teuer, gemessen in Zeit, Geld, Ressourcen und emotionaler Energie. Wie wir aus alten Lebensweisheiten wie »ein Nadelstich zur rechten Zeit spart neun weitere« ableiten können, ist es wesentlich kostenwirksamer, einen geringen Betrag in Q2 zu investieren, um eine Q1-Situation zu vermeiden.

Diese Überlegungen mögen vielleicht etwas optimistisch erscheinen. Die Natur eines Himmelfahrtskommandos ist ja gerade die ständige Dringlichkeit und Hetze, sich mit all den Aufgaben, die bewältigt werden müssen, im Rahmen eines stark komprimierten Zeitplans zu befassen. Wahrscheinlich ist es das Wichtigste, was ein Manager tun kann, seine Mitarbeiter ständig daran zu erinnern, jedes Mal, wenn eine E-Mail von einem Stakeholder oder Anwender kommt, eine kleine Pause einzulegen. Diese Pause ist notwendig, damit wir uns immer wieder darüber klar werden, ob eine E-Mail nur dringend oder wirklich wichtig ist. Hätte es Auswirkungen auf die Termine, Aufgaben und Prioritäten, wenn ich diese »dringende« Unterbrechung für eine Stunde, einen Tag oder gar einer Woche einfach liegen lassen würde?

8.4 Anmerkungen

1. Für Anfänger sei empfohlen: *Managing Meetings* von Tim Hindle, DK Pub Merchandise, April 1999. Ein Einstieg auf gerade einmal 72 Seiten.

2. Natürlich ist es auch möglich, dass die Entscheidungen sich nicht auf dem kritischen Pfad des Projektes befinden. In diesem Falle wäre die Wartezeit tolerierbar. Aber in der Mehrzahl aller Fälle ist es leider eine Tatsache, dass die erforderlichen Entscheidungen durch Konflikte der Entscheidungsträger untereinander verzögert werden. Das alleine ist eigentlich schon ein Indiz dafür, dass sich das Projekt bereits auf dem kritischen Pfad befindet.

3. Eine Variante hiervon ist, eine solche Q3-Nachricht in einen Ordner zu übertragen, der eine Woche später gecheckt wird. Dann kann man immer noch entscheiden, ob diese Nachrichten überhaupt einer weiteren Behandlung bedürfen. Ferner hilft es, die Antwortzeit auf solche Nachrichten grundsätzlich zu verlangsamen: Wenn man eine dringende, aber ziemlich unwichtige Q3-Nachricht sofort beantwortet, bekommt man wahrscheinlich von jenem »Gschaftelhuber« eine neue Nachricht, da er gerade nichts anderes zu tun hat, als mit E-Mails um sich zu werfen.

4. Tom DeMarco, *Slack: Getting Past Burnout, Busywork, and the Myth of total Efficiency*, Bantam Books, 2001.

Kapitel 9

Management und Steuerung des Projektfortschritts

Der vernünftige Mensch passt sich der Welt an. Der unvernünftige besteht darauf, dass sich die ganze Welt ihm anpasst. Jeglicher Fortschritt stützt sich daher auf unvernünftige Menschen.

George Bernard Shaw, »Mensch und Supermensch« (1903)

Es ist schon schwierig genug, realistische Zeitpläne und Budgets mit fordernden Kunden auszuhandeln, um schließlich das Projektteam zu bilden, die geeigneten Prozesse zu identifizieren und Vorgehensweisen für die eigene Projektarbeit zu entwickeln. Unglücklicherweise glauben einige Projektmanager, dass, wenn sie erst einmal diese schwierigen Anfangsschritte bewältigt haben, alles weitere relativ problemlos und glatt ablaufen würde. Eigentlich verständlich, da es scheint, dass der schwierigste Teil des Projekts ganz am Anfang stattfindet: heftige Verhandlungen zur Einstellung des Personals, zur Vereinbarung des Budgets, Überzeugungsarbeit gegenüber den skeptischen Entscheidungsträgern über die Realitätsnähe und die Durchführbarkeit des Zeit- und Budgetplans. Unglücklicherweise gibt es zwei Phänomene, die mit der gleichen Sicherheit auftreten wie der Tod oder die Steuer: Als Erstes stellt sich heraus, dass sich trotz der harten Verhandlungen und der skeptischen Prüfung durch die Stakeholder Budget, Zeitplan und Personalisierung als zu optimistisch herausstellen. Nicht nur im Bereich von 10%, sondern gleich irgendwo bei 50%, 100% oder gar 1000%. Die Gründe hierfür wurden schon in den vorangehenden Kapiteln diskutiert – Naivität, fehlende Erfahrung, Verhandlungen mit Entscheidern, die an Tyrannei und Zwang grenzen usw. Die Wirklichkeit der spektakulär optimistischen Verhandlung wird leider meistens erst in der Mitte des Projektverlaufs wahrnehmbar.

Zweitens gehen Dinge nun mal schief! Die übelsten Sachen passieren gerade den besten Leuten – trotz all ihrer Anstrengungen. Oder wie Tom Hanks Figur »Forrest Gump« im gleichnamigen Film sagt (während er durch ganz Amerika läuft): »Shit happens!« Das Management und die Steuerung eines Himmelfahrtskommandos sind keine Dinge, die man mal so nebenbei machen kann oder nicht. Sie bilden einen Fulltimejob, immer dringend und herausfordernd. Das ist es, was die Existenz eines Projektmanagers nach all den harten Verhandlungen in den ersten Tagen des Projekts rechtfertigt. Um hierbei erfolgreich zu sein, muss der Projektmanager zwischen echten und scheinbaren Fortschritten im Rahmen des Projekts unterscheiden können. Die meisten Projektmanager wissen schon lange, dass das »90% sind erledigt«-Syndrom eine gefährliche Illusion sein kann. In einem Himmelfahrtskommando machen sie jedoch oft auch die Erfahrung, dass es genauso gefährlich ist, zu sagen, »wir haben die Analyse und das Design zu 100% erledigt, aber wir sind noch nicht mit der Codierung und dem Test fertig.« Das Konzept der täglichen Versionsbildung (Daily Build) ist eine praktische und effektive Alternative zu obigem klassischen Dilemma.

9.1 Das Konzept der »Tagesversion«

In der Diskussion über Prototyping, Meilensteine und Minimeilensteine wurde die Annahme unterstellt, dass der wachsende Ausstoß, der durch das Projektteam produziert wird, in Abständen von Monaten oder Wochen erkennbar wird. Daran sind die meisten von uns auf Grund der früheren Erfahrung mit normalen Projekten gewöhnt und es stimmt auch mit dem normalen Ablauf im Geschäftsleben überein – z.B. wöchentliche Personalmeetings, monatliche Statusberichte, vierteljährliche Präsentationen an das obere Management usw.

Himmelfahrtskommandos erfordern jedoch, wie wir in diesem Buch gesehen haben, in der Regel eine andere Lösung. Wenn wir Prototyping und inkrementelle Entwicklung haben, macht es Sinn, das ganze Projekt um so etwas wie den Begriff der »Tagesversion« herum zu organisieren. Damit meine ich: Kompilieren, binden, installieren und testen Sie die gesamte entwickelte Software täglich, als ob es der letzte Tag vor dem Endtermin wäre und Sie morgen früh das liefern müssten, was gerade vorhanden ist.

Realistisch betrachtet kann man die Strategie der Tagesversion nicht vom ersten Tag des Projektes an anwenden. Zwar erscheint es realistisch, eine »hallo Welt«-Prozedur am zweiten Tag des Projektes schon fertig zu haben, aber das wird niemanden beeindrucken, es sei denn, das ganze Projekt ist vollständig mit neuer Technologie (Java, .NET usw.) verbunden. Gewöhnlich gibt es jedoch einen Punkt vor der ersten Demonstration oder dem ersten Prototyp des Systems, an dem die Software-Entwickler eine vernünftige Sammlung von Kom-

ponenten, Unterprogrammen oder Modulen zur Verfügung haben
– also mindestens ein paar hundert Codezeilen bzw. ein paar 1000
allgemeine Zeilen (inklusive Kommentare) –, so dass wirklich echter Input angenommen wird, reale Kalkulationen ausgeführt werden und echter Output produziert wird. Das ist der Zeitpunkt, an
dem die Strategie der Tagesversion beginnen kann, und eine neue
(hoffentlich bessere) Version des Systems entsteht an jedem Tag.
Warum ist das so wichtig? Wie Jim McCarthy, Microsofts Visual-
C++-Produktmanager und Autor von *Dynamics of Software Development* [9] gerne sagt: »Die Tagesversion ist der Herzschlag des
Projektes. Sie zeigt Ihnen, dass Sie noch am Leben sind.« Es kann
kaum eine wichtigere Priorität für den Manager eines Himmelfahrtskommandos geben. Wenn eine Woche vorübergeht, in der jeder an
seinen Rädern dreht und niemand sich so ganz traut, dem Projektmanager zu erzählen, dass sie es noch nicht hingekriegt haben, die
neue, objektorientierte Datenbank sauber mit der Client/Server-
Applikation, an der sie arbeiten, kommunizieren zu lassen, dann
kann das Projekt schon hoffnungslos hinter den Zeitplan zurückgefallen sein. Solange der Projektmanager Statusberichte verbal oder
in Form von Memos (oder mit Datenflussdiagramm) geliefert bekommt, kann leicht Bewegung mit Fortschritt und Anstrengung
mit Resultaten verwechselt werden. Wenn aber der Projektmanager darauf besteht, das Verhalten der täglichen Version mit eigenen
Augen sehen zu wollen, ist es viel schwerer, zu verstecken, was auch
immer das Problem des Projektes wäre.

Einige Projektmanager werden nun mit dem Kopf nicken und bestätigen, dass sie das immer so praktiziert haben. Die meisten aber
werden zugeben, dass sie mindestens wöchentliche, monatliche oder
halbjährliche Versionen praktiziert haben. Während niemand die
Erfindung dieses Konzeptes für sich beanspruchen kann, meinen
viele, dass Dave Cutter der Dank dafür gebührt, diese Strategie
während der Entwicklung des Betriebssystems Windows NT populär gemacht zu haben (hierzu findet man eine interessante Diskussion in Greg Zachary's *Show Stopper!* [10]). Es ist interessant,
zu bemerken, dass Microsofts Windows-95-Entwicklung auch das

Tagesversionskonzept anwendete. Die letzte Betaversion vor dem Produktionssystem wurde als »Version 951« bekannt.

Es ist wichtig, zu sehen, dass ein Ansatz wie dieser Teil des Prozesses der Systementwicklung wird. Man stelle sich vor, wie das ist, in einem Team zu sein, das an 151 aufeinander folgenden Tagen eine funktionierende Version seiner Software zeigen muss![1] Um effektiv zu sein, müssen darüber hinaus Tagesversionen automatisch erzeugt werden und das bedienungsfrei mitten in der Nacht, wenn alle Programmierer schon nach Hause gegangen oder in ihre Schlafsäcke unter dem Schreibtisch geklettert sind. Das setzt die Existenz automatischen Konfigurationsmanagements ebenso voraus wie einen Quellcode-Kontrollmechanismus und automatisierte Skripte, die das Kompilieren und Linken durchführen können. Das Wichtigste aber ist ein automatisiertes Testmanagementsystem, das die ganze Nacht über laufen kann, indem es die neue Version des Codes daraufhin überprüft, ob sie die Testfälle von gestern noch sauber verarbeiten kann. Damit das Konzept der Tagesversion funktioniert, benötigt es fast sicher einen sinnvollen, fertig verfügbaren Satz an Tools und Technologien. Dies ist ein Gegenstand von Kapitel 10.

Ein paar kleine Tricks können den Nutzen des Konzepts der Tagesversion sogar noch erhöhen:

- Der Projektmanager sollte sein Büro dorthin verlegen, wo die Tests durchgeführt werden, oder gleich in das Betriebszentrum, wenn der Prozess der Aufeinanderfolge von Tagesversionen begonnen hat. Dave Cutler bei Microsoft hat das genauso gemacht und es gibt die verrücktesten Geschichten über das Theater, das er machte, wenn er ins Büro kam und feststellen musste, dass die Erzeugung der Tagesversion mitten in der Nacht abgestürzt war. Theater oder nicht, der eigentliche Grund ist, dass der Projektmanager im Prozess der Tagesversion sehr sichtbar und sehr präsent sein muss, mehr noch als ein kommandierender General hinter der Armee, der täglich Berichte über eine Schlacht bekommt, die viele Kilometer entfernt stattfindet.

- Da die Erzeugung der Tagesversion sehr wahrscheinlich einen bestimmten, geringen Betrag manueller Kontrolle benötigt, wenn sie mitten in der Nacht abläuft, könnte es hilfreich sein, folgende Regel aufzustellen: Jeder Programmierer, dessen fehlerhafter Code den Absturz der Tagesversion in der Nacht verursacht, erhält die Ehre, diesen nächtlichen Prozess so lange persönlich zu kontrollieren, bis das nächste Opfer einen Absturz verursacht. Es gibt offensichtlich Vor- und Nachteile dieser Regel. Zumindest aber bewirkt sie, dass das Konzept der Tagesversion viel mehr als »Realität« im Projektteam empfunden wird.

- Weisen Sie einem Programmierer, der gewöhnlich frühmorgens schon ins Büro kommt, die Aufgabe zu, den Erfolg der nächtlichen Systemintegration bzw. die Erzeugung der Tagesversion zu prüfen und die Ergebnisse an gut sichtbarer Stelle zu veröffentlichen. Wenn niemand bereit oder in der Lage ist, so früh zu kommen, dann stellen Sie einen Werkstudenten ein. Eine Firma ließ einmal einen Studenten eine grüne oder rote Fahne vor das Gebäude stellen, je nachdem, ob der Nachtlauf der Tagesversion erfolgreich war oder nicht. Eine grüne Fahne bedeutete, dass die Erzeugung der Tagesversion gelungen war, während die rote deren Scheitern signalisierte.

9.2   Risiko-Management

Während die Methode der Tagesversion (IT-Jargon: »Daily Build«), also der täglichen Versionsintegration, im Bereich der Leistungsmessung und der Ergebniskontrolle im Rahmen eines Himmelfahrtskommandos außerordentlich effektiv sein kann, kann sie indes keinen wirklichen Rat dafür liefern, wie man die in einem Himmelfahrtskommando unvermeidlich auftretenden Probleme lösen könnte. Dabei ist es nun wichtig, eine begriffliche Unterscheidung zwischen dem Problembegriff, wie er vom Projektmanager verwendet wird (dies sind für mich nur Moskitostiche), und den Risiken, die den Bissen der Klapperschlange entsprechen. Moskitostiche sind nervend, verursachen aber nur in seltenen Fällen ernste gesundheitliche Probleme. Die Probleme, die mit dem Risiko des Bisses einer Klapperschlange verbunden sind, wirken dagegen sehr unmittelbar. Ihnen müsste vorgebeugt werden, sie erfordern unmittelbares »proaktives« Management und eine ständige Kontrolle – und wenn trotz aller Bemühungen dennoch ein solcher Biss vorkommt, muss unmittelbar und dringend gehandelt werden.

Wenn das »Risiko« nicht so ein kritischer Faktor wäre, würden wir den Begriff Himmelfahrtskommando nicht für ein Projekt verwenden. Es ist interessant zu bemerken, dass eine der Alcotester-Fragen des Airlie-Rats sich auf die Identifizierung von Projektrisiken bezieht. Während diese Frage den Gesichtsausdruck eines Managers eines normalen Projekts völlig unverändert ließe, auch wenn dieses normale Projekt in schreckliche Schwierigkeiten geraten sein sollte, wird der Manager eines Himmelfahrtskommandos eher lebhaft antworten. Der Manager wäre ein Narr, der ein Himmelfahrtskommando ins Leben ruft, ohne ernsthaft die Hauptrisiken zu hinterfragen und über deren Verringerung nachzudenken.

Manchmal geraten die Dinge in einem Himmelfahrtskommando einfach außer Kontrolle. Das heißt, da die Aktivitäten des Risikomanagements eher durch Emotion und Instinkt getrieben werden als in einem formalen Prozess, versäumt es der Manager oft, die Dringlichkeit neu auftretender Risiken des Projekts zu erkennen. Im günstigen Fall werden diejenigen Risiken, die zu Beginn des Projektes erkennbar sind, beseitigt. Normalerweise bleiben sie jedoch lästige Risiken über das ganze Projekt hinweg (zum Beispiel das Risiko, dass ein Teammitglied kündigt). Es können jedoch ganz plötzlich vollkommen neue Risiken – also Dinge, die niemand vorhergesehen hat – auftreten. Weil das Team aber typischerweise keine Reserven im Zeitplan, Budget und den Ressourcen hat, können diese Risiken regelrechte Killer sein.

Wenn Sie diese ganze Diskussion über Software-Risiken als übertrieben oder gar irrelevant stört, fühlen Sie sich frei, direkt in das nächste Kapitel zu springen. Meine größte Sorge gilt dem Projektmanager, der einige »normale« Projekte hinter sich hat, die eher mit einem intuitiven Ad-hoc-Risikomanagement geführt wurden, was normalerweise in einem Himmelfahrtskommando nicht funktioniert. Tatsächlich ist es so, dass die Existenz eines effektiven, methodischen Software-Risikomanagements IndexSRM(SRM) die Bereitschaft einiger Unternehmen erhöht, sich etwas aus dem Fenster zu hängen und ein Projekt der Art »Himmelfahrtskommando«, das andernfalls ein Selbstmordprojekt wäre, durchzuführen.

Es gibt umfangreiche Literatur zum Risikomanagement. Den Rahmen dieses Buches würde eine Diskussion dieses Themas jedoch sprengen. Die Literaturreferenzen am Ende dieses Kapitels [2, 3, 6, 8] liefern Ihnen die erwünschten Details. Aber es ist auch wichtig, ein überbordendes Risikomanagement mit Unmengen von Formularen, Berichten und anderen Faktoren der Bürokratie zu vermeiden. Einige Projektmanager gehen zum Beispiel nach der einfachen Methode vor, das Team die wichtigsten zehn Risiken überwachen zu lassen. Diese können auf einer einzigen Seite zusammengefasst und wöchentlich überprüft werden.

Selbstverständlich funktionieren auch noch andere Ansätze. Die Hauptsache jedoch ist, sicherzustellen, dass es eine Methode ist, die klar verstanden, akzeptiert und von jedermann im Projektteam angewendet wird – denn es sind die Mitarbeiter der untersten Hierarchieebene, die gewöhnlich die Dringlichkeit neuer Risiken als erste erkennen können. In einem Himmelfahrtskommando haben wir nicht die Zeit dazu, die Information einmal in das Topmanagement hinaufwandern zu lassen, auf welche Weise diese antiquierte Kommunikation zur Verbreitung politischer Informationen auch geschieht. Die Risiken müssen beherzt aufgegriffen und von Team als Ganzes bekämpft werden, um zu vermeiden, dass sie außer Kontrolle geraten.

Das Wort Kontrolle ist hier von entscheidender Bedeutung, da das Projekt zwischen Risikoabschätzung, Risikokontrolle und Risikovermeidung unterscheiden muss. Im Grenzfall reagiert das Projektteam auf die Risiken, wie sie gerade auftreten – zum Beispiel durch Zuweisung zusätzlicher Ressourcen für den zusätzlichen Test zur Milderung der Konsequenzen eines Bugs. Dieser Ansatz »Lösen bei Auftreten«, bei dem die Risiken bearbeitet werden, nachdem sie eingetreten sind, führt oft zu einer Krisensituation der Form »Brandbekämpfung«, die den Zusammenbruch des Projekts bedeuten kann. Risiken vorzubeugen ist gewöhnlich der weitaus bessere Weg, und es bedeutet, dass das Team sich darauf verständigt hat, einem formalen Prozess mit Einschätzungen und Kontrollmechanismen zu folgen, der dazu dient, potenzielle Risiken vorab auszuschließen.

Eine noch proaktivere Form des Risikomanagements besteht darin, die Kernprobleme von Fehlersituationen und Risiken zu eliminieren. Das ist oft der Fokus des Qualitätsmanagements in größeren Unternehmen. Diese Methode besteht darin, den Wirkungsbereich des Risikomanagements auf eine breitere Basis zu stellen, die Vorwegnahme von Risiken zu erlauben, und führt zu einer sehr aggressiven Managementkultur einschließlich einer Ethik der Risikoakzeptanz, bei der ein gewisser Grad von Risiko definiert wird, den das Unternehmen noch tolerieren könnte. Mir gefällt eine solche Lösung, aber sie ist mehr eine strategische Aufgabe als dass sie in ein Himmelfahrtskommando eingebaut werden könnte. Das Projektteam in einem Himmelfahrtskommando hat eine sehr taktische Perspektive: Es versucht gar nicht, die Kultur eines Unternehmens zu verändern, sondern das Projekt schlicht zu überleben.

Allerdings kann dies einige Kulturprobleme im Unternehmen verursachen, insbesondere dann, wenn die Annahme vorherrscht, dass andere Projekte nicht so riskant waren und dieses das erste, letzte und einzige seiner Art ist, das im Unternehmen vorkommen wird. Das Problem ist, dass das Projektteam keine einsame Insel bevölkert. Wenn es so wäre, dann könnte es sich einfach auf das kulturelle Problem »töte den Boten« beschränken, wenn die Probleme an höhere Hierarchieebenen berichtet werden.

Wie Rob Charette [2] aber beobachtete, finden sich die wesentlichen Ursachen von Projektabstürzen oft in der Unternehmensumwelt und/oder in der geschäftlichen Umgebung, die das Projekt umgibt. Das wird in Abbildung 9.1 dargestellt. Die Unternehmens- und Geschäftsumwelt befindet sich meistens außerhalb der Zuständigkeit und der politischen Kontrolle des Projektmanagers. Ebenso wichtig ist es, dass der Projektmanager oftmals die externen Risiken nicht einmal kennt, bis sie in seinem Projekt aufschlagen.

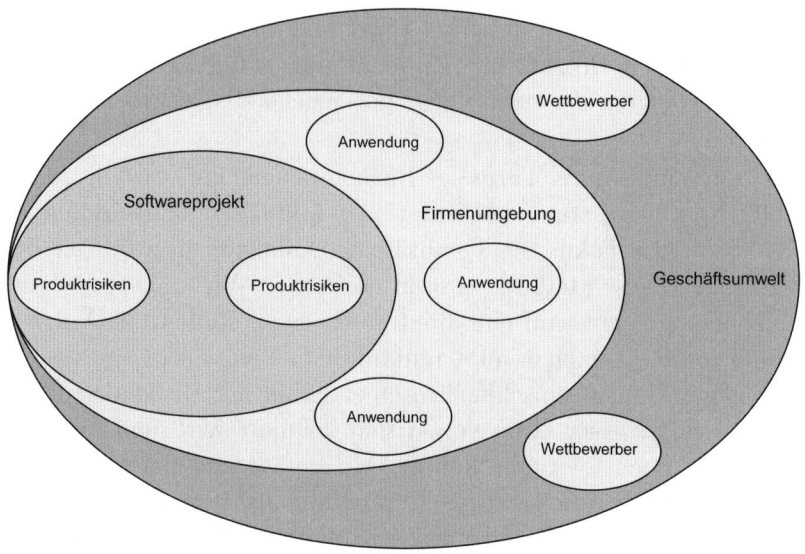

Abbildung 9.1: Der Anwendungsbereich von Projektrisiken

Natürlich kann auch das Gegenteil richtig sein: Das Projekt könnte Risiken erzeugen, die das Unternehmen und die externe Geschäftswelt betreffen. Jeder weiß das! Zwar kann der Projektmanager erwarten, dass man ihn darauf aufmerksam macht, wenn das ganze Unternehmen – wenn nicht die Zivilisation und das ganze Universum – durch das Himmelfahrtskommando gefährdet wird. Aber dieselben Manager, die jammern und sich beklagen, dass das Projektteam nur 127 Stunden pro Woche arbeitet, um das Projekt zu beenden, sind oft vollkommen blind gegenüber den Dingen, die in ihrer Umgebung vor sich gehen und das Himmelfahrtskommando betreffen könnten.

Das ist der Grund, warum es so wichtig ist, eine Methode des Risikomanagements zu besitzen, die in der Lage ist, die Projektrisiken aus den verschiedenen Blickrichtungen des Unternehmens ein-

316

zuschätzen und sie geeignet auszugleichen. Immerhin könnte alles, was das Software-Engineering und die Software-Entwickler als Risiko ansehen könnten, auch als eine Gelegenheit für die Marketingabteilung betrachtet werden. Diese Art »globale« Sicht des Risikomanagements ist sehr wichtig, aber ich erlebe sie nicht so oft, wie ich mir das wünsche, wenn ich mit Himmelfahrtskommandos in Berührung komme. Und wie oben schon erwähnt, hat das Projektteam nicht die Zeit, Energie oder die politische Schlagkraft, die Unternehmenskultur durch die Installation eines globalen Risikomanagements zu verändern. Folglich wird das Fehlen eines solchen Unternehmensprozesses ein Risiko an sich sein, das das Team in Betracht ziehen muss.

Eine Risikoabschätzung wird üblicherweise so durchgeführt, dass man man die Komplexität eines Systems oder Produkts, das entwickelt werden soll, ebenso evaluiert wie den Kunden und die Randbedingungen für das Projektteam. Die Komplexität des Produkts kann durch die Größe (z.B. die Zahl der Function Points), Leistungsbeschränkungen, technische Komplexität usw. ausgedrückt werden. Risiken, die mit der Umgebung des Auftraggebers verknüpft sind, sind in der Regel abhängig von der Anzahl der beteiligten Anwender, dem Niveau der Anwender, der angenommenen Bedeutung des Systems innerhalb des Geschäftsbereichs der Anwender und der Wahrscheinlichkeit einer Reorganisation oder eines Downsizings usw., wenn das System installiert ist. Ferner schließen die Risiken, die mit dem Team selbst bzw. dessen Randbedingungen verknüpft sind, die Fähigkeiten, die Erfahrung, die Moral und die physisch/emotionale Gesundheit des Projektteams ein.

Normalerweise gibt es Hunderte von Risikofaktoren, die in einem Gesamtrisikomodell berücksichtigt werden könnten. Wie schon erwähnt, konzentrieren sich einige Projektteams bewusst auf die zehn wichtigsten Risiken in ihrem Projekt. Einige dieser Risiken können objektiv kodifiziert werden – z.B. die Anforderungen aus dem Bereich der Performance oder die Anzahl der Function Points des Systems. Aber andere Faktoren – wie zum Beispiel den Grad der Kooperationsbereitschaft der Anwender oder deren Feindseligkeit

– müssen auf einer qualitativen Basis eingeschätzt werden. Ein geeigneter pragmatischer Managementansatz ist es gewöhnlich, solche Risiken zum Beispiel mit den Werten »hoch«, »niedrig« oder »mittel« zur kategorisieren und sich darauf zu konzentrieren, einen Konsens über den Zustand, das Niveau oder den Risikobeitrag jedes Beteiligten zu erzielen.

Sind die Risiken erst einmal identifiziert und bewertet, können der Manager und sein Team manchmal geeignete Strategien identifizieren, so viele Risiken wie möglich zu minimieren oder gar zu beseitigen. Das ist natürlich vernünftig, aber es sollte daran erinnert werden, dass ein Himmelfahrtskommando von seiner Natur her mehr Risiken enthält, als dies gewöhnlich der Fall ist, und dass diese Risiken ernsterer Natur sind. Sie können auch gewöhnlich nicht durch einfache Maßnahmen beseitigt werden. Andererseits, wenn die Risiken schon zu außergewöhnlich sind, dann sind es die Lösungen auch: Während das Projektteam sich sonst niemals trauen würde, die Geschäftsleitung oder den stellvertretenden Geschäftsführer zu bitten, durch einen außergewöhnlichen finanziellen Beitrag oder das Beseitigen bürokratischer Hindernisse Risiken aus dem Weg zu räumen, so liegt dies bei einem Himmelfahrtskommando durchaus im Bereich des Möglichen. Wenn Sie nicht fragen – vielleicht weil dies oft die Umgehung bestimmter Dienstwege und verschiedener Ebenen hirntoter Mittelmanager erfordert –, dann erfahren Sie nie, ob Sie nicht die Lösung Ihrer Probleme auf diese Weise hätten erwerben können.

Wie auch immer, wenn es Risikofaktoren gibt, die nicht ganz beseitigt werden können – was in Himmelfahrtskommandos in der Regel der Fall ist –, dann sollten diese in einem »Risikomemorandum« dokumentiert werden, das die Wirkung der Risiken, die möglichen Aktionen auf höherer Ebene, die eventuell einzusetzenden Pläne usw. zusammenfasst. Das ist nicht nur ein politischer Akt nach dem Motto »Rette deinen Arsch«. Wenn die Risiken nämlich tatsächlich eintreten und wenn sie dazu führen, dass das Projekt scheitert, dann hat das gewöhnlich schreckliche Konsequenzen für alle Beteiligten. Dies ist im Allgemeinen ein Teil der Realität eines

Himmelfahrtskommandos. Sich der Realität zu verschließen ist auch ein allgemein verbreitetes Phänomen in Himmelfahrtskommandos. Das gilt sowohl für die Mitglieder des Projektservices als auch für die verschiedenen Ebenen von Benutzern und Managern, die das Team umgeben und es dazu bringen, Scheuklappen anzulegen und stur die Existenz ernsterer Risiken für das Projekt zu ignorieren. Es ist vernünftig, zu erwarten, dass sich der Projektmanager und das Team auf die internen Risiken und ihren extremen Fleiß konzentrieren. Aber wie schon früher erwähnt, können die externen Risiken nur selten von den Teammitgliedern kontrolliert werden, weil die unternehmerischen oder geschäftlichen Angelegenheiten außerhalb ihrer Zuständigkeit liegen. Deshalb ist ein Risikomemorandum eine wichtige praktische Maßnahme, die Benutzer und das Management zur Kenntnis nehmen zu lassen, was sie am liebsten übersehen oder ignorieren würden.

Während wir uns in dieser Diskussion hauptsächlich auf das Risikomanagement konzentrieren, dürfen wir die Bedeutung des Problemmanagements nicht aus den Augen verlieren. Obwohl nicht alle Risiken unmittelbar tödlich sind, und nicht alle Risiken mit hoher Wahrscheinlichkeit eintreten, ist es doch nützlich, an Risiken zu denken, die den Charakter eines Klapperschlangenbisses haben: etwas, das man unbedingt vermeiden möchte, und wenn es dann doch passiert, kann es ohne Gegenmaßnahmen zu einer ernsten Verletzung oder sogar zum Tod führen. Ein Problem in diesem Sinn ist eher wie ein Moskitostich: etwas lästig und ablenkend, aber wahrscheinlich nicht lebensbedrohlich. Wenn man aber von einem ganzen Schwarm von Moskitos gestochen wird und wenn einige dieser Moskitosstiche sich entzünden, dann kann das schon sehr unangenehm werden.

Alles in allem hat der Manager eines Himmelfahrtskommandos sehr wahrscheinlich nicht die Zeit, die Energie oder die Ressourcen, viel zur Vermeidung des Auftretens solcher Probleme zu tun. Diese Angelegenheiten müssen jedoch identifiziert und bemerkt werden. Und sie müssen verfolgt und gewissermaßen abgeschlossen werden. Schließlich sollten Sie natürlich gemanagt werden, damit das Problem von heute nicht zum Risiko von morgen werden kann. So könnte z.B. zu einem sehr frühen Zeitpunkt im Projekt einer der Entwickler gelegentlich beobachten: »Hm, ich dachte es hätte jemand das Test-Tool für das Projekt bestellt, bis jetzt ist aber noch nichts angekommen. In ein paar Monaten müssen wir aber, wenn wir so weit sind, mit dem ernsthaften Test anfangen.« Aus offensichtlichen Gründen sollte so etwas in einer Art Problem-Logbuch eingetragen und anschließend verfolgt werden. Wenn das Test-Tool nach ein paar Monaten immer noch nicht angekommen ist und das Team steht schon bereit zum Testen, das Projekt besitzt aber keine Luft mehr, dann ist das Fehlen dieses Tools fast ein Desaster.

Es gibt kommerzielle Tools zur Problemverfolgung, komplett ausgestattet mit Mechanismen zur Benachrichtigung und zur Bestimmung des Erhöhungsfaktors. Dieses Tool könnte ausgerechnet ein solches sein, das Sie unter der Kategorie »Dienstprogramme« in ihrem Werkzeugkasten einordnen wollten, den wir in Kapitel 10 diskutieren werden. Für viele kleine und mittlere Projekte genügt ein Arbeitsblatt (z. B. Excel) oder eine kleine Access-Datenbank. Die Technologie ist normalerweise weniger wichtig als die Disziplin beim Management und bei der Erzeugung der Daten sowie der anschließenden regelmäßigen Kontrolle.

9.3 Die Kontrolle des Projektfortschritts: Meilenstein-Reviews

Projektmanager benutzen meistens PERT- oder Gantt-Diagramme, um das Fortschreiten ihrer Projekte zu planen. Sie versuchen, das Projekt in kleinere Aufgaben zu unterteilen, von denen man leichter sagen kann, sie seien fertig oder nicht. Sie fügen so genannte Qualitätssicherungsschwellen hinzu, um sicherzustellen, dass die von den Mitgliedern gelieferten Arbeiten die Qualität besitzen, um in das bestehende System integriert werden zu können. Wie wir oben gesehen haben, hilft das Konzept der Tagesversion hierbei auf eine sehr plakative Weise: Die gelieferten Arbeiten funktionieren mit dem System in einer akzeptablen Form zusammen oder eben nicht. Es ist unvermeidlich, dass der Projektmanager den Status des Projekts prüfen will, indem er so genannte »Status-Meetings« abhält, um einen Überblick über den Projektfortschritt zu bekommen, Rückstände im Projektfortschritt festzustellen, sowie Risiken und Probleme zu behandeln (im Zusammenhang mit dem Risikomanagement im zweiten Abschnitt dieses Kapitels wird dieses diskutiert). All das ist im Prinzip zweitrangig. Was der Projektmanager wirklich anstrebt, ist eine präzise, realistische Einschätzung der Zukunft. »Auf der Grundlage des heutigen Projektstatus«, möchte der Projektmanager sein Team eigentlich fragen, »wann können wir vernünftigerweise erwarten, das System an den Kunden ausliefern zu können, und welche Probleme sollten wir zwischen heute und dann noch erwarten?«

Diese Diskussion ist schwierig genug, vor allem dann, wenn die Besprechung ausschließlich zwischen dem Projektmanager und den Beteiligten Teammitgliedern stattfindet. Falls an dem Meeting auch Mitarbeiter der Qualitätssicherung, Auditoren, das obere Management, Enduser und andere Entscheidungsträger teilnehmen, entwickeln sich solche Projektmeetings oft zu politischen Ereignissen, in deren Verlauf die wahren Probleme und der wirkliche Zustand des Projekts gerne verborgen werden, um politische Auswirkungen zu vermeiden. Neben der Arbeitsunterbrechung, die durch solche Meetings verursacht werden, können solche politisch orientierten Bestandsaufnahmen echte Zeitverschwendung sein – sie verbrauchen manchmal einen ganzen Tag, zumindest für einen Teil der Projekt-Teammitglieder, die diese Zeit dringend für Analyse, Entwurf, Kodierung und Test (also echte, produktive Arbeit) benötigen. In einer idealen Welt würde der Projektmanager wahrscheinlich versuchen, solche Meetings unter allen Umständen zu vermeiden. Weil das aber gewöhnlich nicht möglich ist, sollte er versuchen, das Projektteam aus diesen Meetings auszuklammern, damit es währenddessen an der eigentlichen Entwicklung weitermachen kann.

Gleichzeitig sollte der Projektmanager aber wissen, dass solche Veranstaltungen schon wichtig sind. Sie können dann besonders effektiv sein, wenn Problemlösungen und Aktivitäten für die Zukunft geplant werden. Der Trick dabei ist, so weit wie möglich formlos und hierarchisch gleichrangige Meetings zu betonen, bei denen Ideen und Vorschläge zwischen den Mitarbeitern, die aktiv in das Projekt eingebunden sind, ausgetauscht werden. Zu diesem Thema gibt es eine Reihe ausgezeichneter Bücher. Die Bücher von Gilb et al [7] und Norm Kerth [8], die am Ende dieses Kapitels aufgelistet sind, ein guter Einstieg.

Das Wichtigste: Vermeiden Sie die bürokratische Tendenz großer Unternehmen, all dies für ein späteres »Post Mortem« aufzuheben, bei dem die wichtigsten Mitglieder des Projektteams zusammen mit den Vertretern der verschiedenen Abteilungen wie der Finanzabteilung, Qualitätssicherung, Prozessoptimierung und Training, darüber befinden, ob das Projekt wirklich den Nutzen liefert, den man versprochen hatte und ob es im Budget geblieben ist. Ein Post Mortem identifiziert auch neuere Erkenntnisse aus dem Projekt, die dem Topmanagement dabei helfen können, an einer Personalisierung und Budgetierung zukünftiger IT-Projekte professioneller arbeiten zu können. Den Projektleitern und Entwicklern könnte es helfen, das tägliche Projektmanagement zu optimieren.

Man kann darüber streiten, ob Post Mortems dem oberen Management wirklich helfen. Viele Fehler in Himmelfahrtskommandos werden gewöhnlich unter den Teppich gekehrt. Es kommt hinzu, dass ein schneller Wechsel in der Geschäftsleitungsebene die Chance reduziert, aus den Erfahrungen der durchgeführten Projekte langfristig lernen zu können. Unglücklicherweise nutzen Post Mortems dem Projektleiter und auch den Entwicklern selten etwas – in den meisten Unternehmen sind nämlich diejenigen Mitarbeiter, die die Schlüsselentscheidungen im Zusammenhang mit dem Erfolg oder Misserfolg des Projekts getroffen haben, am Ende des Projektes nicht mehr da. Während sie einerseits zwar meistens dokumentiert haben, was sie entschieden haben, dokumentieren sie selten, warum sie gerade so entschieden haben. Alternativen mögen zwar in Betracht gezogen worden sein, vielleicht wurden auch Kompromisse geschlossen und Risiken abgewogen. Im Rahmen eines Post Mortems, das vielleicht ein oder zwei Jahre später stattfindet, stehen solche Informationen gewöhnlich nicht zur Verfügung.Die Lösung des Dilemmas –und damit die Möglichkeit, für das schon laufende Himmelfahrtskommando einen echten Nutzen zu liefern – ist ganz einfach: Mini-Post-Mortems am Ende jeder Projektphase oder im Rahmen eines Prototyps oder einer internen Version des Systems, das an den Kunden geliefert wird. In Abhängigkeit vom Projekt bedeutet dies die Betrachtung eines Arbeitsabschnitts von wenigen Wochen Länge. Die meisten der wichtigsten Beteiligten sind wahrscheinlich noch da und erinnern sich wahrscheinlich auch noch, was und warum sie es getan haben. Das Mini-Post-Mortem kann gewöhnlich auf ein Meeting von wenigen Stunden beschränkt bleiben – im Gegensatz zu einem Post Mortem am Ende des Projekts, das sich über mehrere Tage oder gar Wochen erstrecken kann. Viele Projektteams sind der Auffassung, die Präsentation eines neuen Prototyps oder einer neuen Version des Systems gegenüber dem Anwender plane man am besten für einen Freitagvormittag. Man begebe sich dann in ein nahe gelegenes Restaurant, zelebriere ein Mittagessen mit dem Anwender und nutze den Nachmittag für ein Mini-Post-Mortem. Man verbringe dann ein Regenerationswochenende und beginne in der Woche darauf mit der Entwicklung der nächsten Version.

Idealerweise helfen die Vorteile eines Mini-Post-Mortems – also quasi die gelernten Lektionen – den realen Teammitgliedern mehr als den noch nicht einmal definierten oder bekannten Mitarbeitern eines zukünftigen IT-Projekts. Post Mortems am Ende eines Projektes erzeugen solche unscharfen Aussagen wie »man sollte sicherstellen, dass sich die Anwender am gesamten Projekt beteiligen«. Mini-Post Mortems produzieren Erkenntnisse wie: »fast hätten wir mit dieser Version des Systems ein Desaster erlebt, da wir vergessen hatten, Maria in die Spezifikationsarbeit mit einzubeziehen. Fred aus der Buchhaltung hat uns fantastisch dabei geholfen, die Daten für den Akzeptanztest zu erzeugen. Wir sollten ihn in der nächsten Version noch früher einbinden.«

9.4 Anmerkungen

1. Um ehrlich zu sein, weiß ich gar nicht, ob Microsoft dieses in aller Strenge täglich durchgeführt hat. Es ist sicherlich möglich, dass mehr als eine Version an einem Tag erzeugt wurde. Schließlich ist es natürlich auch möglich, dass das Team mal ein oder zwei Tage während dieses Marathon-Himmelfahrtskommandos Pause gemacht hat.

9.5 Literatur

1. Robert N. Charette, *Application Strategies for Risk Analysis*, McGraw-Hill, 1990.

2. Robert N. Charette, *Software Engineering Risk Analysis and Management*, McGraw-Hill, 1989.

3. Tom DeMarco und Tim Lister, *Bärentango. Mit Risikomanagement Projekte zum Erfolg führen* München, Hanser, 2003

4. Capers Jones, *Assessment and Control of Software Risks*, Prentice Hall, 1994.

5. Elaine Hall, *Managing Risk: Methods for Software Systems Development*, Addison Wesley, 1998.

6. Carole Edrich, *Risk Management for e-business*, Cutter consortium Distributed Computing and Architecture/e-business Advisory Service, Executive Report, Vol. 3, No. 12, Dec. 2000.

7. Tom Gilb, Dorothy Graham and Suzannah Finzi, *Software Inspection*, Addison Wesley, 1993.

8. Norm Kerth, *Post Mortem. Projekte erfolgreich auswerten*, Bonn, vmi-Buch, 2003.

9. Jim McCarthy, *Dynamics of Sytems Development*, MS-Press, 1995.

10. Greg Zachary, *Show Stopper!*, Free Press, 1994.

Kapitel 10

Tools und Technologie im Himmelfahrtskommando

3 Bleistifte und ein Block kariertes Schreibpapier

> Seymour Cray (1925-1996), auf die Frage, welche CAD-Tools er für den Entwurf des Supercomputers Cray I verwendet habe. Er empfahl außerdem, die Rückseite des Papiers zu verwenden, damit die Linien nicht so dominieren.

Ich habe gerade einen Mac gekauft, um die nächste Cray zu entwerfen

> Seymour Cray (1925-1996), als er darüber informiert wurde, dass Apple gerade einen Cray-Supercomputer gekauft hatte, um damit den nächsten Mac zu entwerfen.

Im Sommer 1992 hatte ich einmal ein Abendessen mit einer sehr netten Gruppe mittlerer Microsoft-Manager. Im Verlauf der Diskussion fragte ich, ob es bei Microsoft üblich sei, Methoden wie strukturierte Analyse oder objektorientiertes Design anzuwenden. Die Antworten reichten von »manchmal« bis »hmm, ich denke schon« oder auch »nicht immer« und »was ist das denn?«. Und als ich nach dem Gebrauch von CASE-Tools fragte (die zu jener Zeit in der gesamten Industrie ziemlich populär waren), da sagte man mir, die generelle Meinung der Microsofties sei, dass viele Tools etwas für die »Leute von der Straße« seien. Diesen Ausdruck hatte ich zuvor noch nicht gehört, aber die ungefähre Übersetzung dieser Formulierung ist »ignorante Wilde, die gerade aus dem Urwald gekommen sind und angefangen haben, programmieren zu lernen, anders als echte Programmierer, die solche Wischi-Waschi Tools nicht benötigen.«

Etwas geknickt fragte ich, ob die Projektteams überhaupt irgendwelche Tools einsetzen und man sagte mir, dass jedes Microsoftteam nach Belieben Tools auswählen kann, von denen es meint, sie seien hilfreich für das Projekt. Ich fragte, welches denn typischerweise das wichtigste Tool für ein Softwareprojekt sei.

»Dieselbe Frage wurde gestern noch in einem Projekt gestellt«, antwortete einer der Manager. Und wissen Sie, welches die Antwort war? »Ein high speed C++-Compiler?« fragte ich. »Ein Assembler? Ein mächtiges Debugging Tool für alle eure bugs, ha ha ha?« »Nichts dergleichen,« antwortete der Manager, wobei er meinen abfälligen Witz ignorierte. »Die Antwort war: E-Mail.« Der durchschnittliche Microsoft-Programmierer kriegt Hunderte von E-Mails pro Tag. Er lebt von E-Mails. Nimm die E-Mails weg und das Projekt bricht zusammen.

Es gibt einen Grund dafür, warum ich diese Anekdote mit Angabe des Datums 1992 begann. Es war vor dem explosiven Wachstum des Internets und bevor das World Wide Web verfügbar wurde. Mir wurde schwindelig bei dem Gedanken, dass jeder Hunderte von E-Mails pro Tag bekommt – 1992! – ich wäre überglücklich gewesen, zwei oder drei E-Mails pro Tag zu bekommen. Aber wie Sie sich vorstellen können war die Antwort 1996, als die Frage nach den wichtigsten Tools noch einmal gestellt wurde, eher das »World Wide Web« als das E-Mail.

1987 hätte die Antwort »Fax« lauten können,1983 »PC-Workstation« , »Online Terminal« 1976 und »mein eigenes Telefon«, als ich meine Programmierkarriere 1964 begann. Offensichtlich erwarten wir nicht, dass ein Himmelfahrtskommando-Team mit nur einem Tool überleben wird. Die meisten Teams – sogar in normalen Projekten – haben eine ganze Palette von Tools und ein Sortiment von Technik, um ihre alltägliche Arbeit zu tun. Manchmal haben sie zu viel, manchmal haben sie Technik, die zu neu ist, und manchmal haben sie Tools, die Sie eigentlich von den Dilbertschen Managern nicht aufgehalst bekommen wollen.

In einigen Fällen verhindern finanzielle, politische oder kulturelle Gründe, dass sie das Tool bekommen, das sie für die Erreichung ihrer Ziele glauben zu benötigen.

Wenn Sie jetzt etwas besorgt sind, möchte ich Sie gleich beruhigen, denn ich werde Ihnen nicht zu irgendwelchen esoterischen, neumodischen Software-Tools raten, die irgendwie telepathisch mit dem Programmierer kommunizieren, um gut strukturierten Code aus chaotischen Gedanken zu erzeugen. Aber ich möchte schon so etwas wie ein »minimales Toolset« für ein Himmelfahrtskommando diskutieren. Ich möchte aber auch die etwas kritische Beziehung zwischen Tools und Vorgehensmodellen bzw. Verfahren betonen, insbesondere da die Verfahren in einem Himmelfahrtskommando sich wahrscheinlich von denjenigen im übrigen Unternehmen unterscheiden. Schließlich möchte ich noch eindringlich vor der Einführung vollständig neuer Tools in Himmelfahrtskommandos warnen.

10.1   Das minimale Toolset

Im vorigen Kapitel habe ich die Triage als eine Priorisierungsstrategie zur Behandlung von Benutzeranforderungen sehr empfohlen. Der gleiche Begriff ist aber auch auf Werkzeuge und Technologie im Rahmen des Projektes anwendbar. Es gibt Werkzeuge, die das

Projekt Team »haben muss«, welche, die es »haben sollte« und eine verwirrende Vielfalt von Tools die es »haben könnte«. Und es gibt gute Gründe dafür, die Triage-Priorisierung ganz bewusst in einer ruhigen Anfangsphase des Projektes anzuwenden.

Der offensichtliche Grund hierfür ist die Ökonomie. Auch wenn die Werkzeuge funktionieren und jeder mit ihnen vertraut ist, kostet es viel Geld, sie zu erwerben und es würde auch viel zu lange dauern, Sie zu bestellen – in der Zeit, in der der Beschaffungsprozess in einem normalen Unternehmen von der Bürokratie durchgeführt wird, ist meistens auch das Projekt beendet. In vielen Himmelfahrtskommandos ist es sehr wichtig, sich auf einige wenige kritische Tools zu konzentrieren und das Seniormanagement sowie die Werkzeugpolizei davon zu überzeugen, diese Tools zu beschaffen.

Aber nehmen wir einmal an, das Team operiere in großen Umgebungen, die schon Hunderte verschiedener Tools im Verlauf von Jahren angeschafft hat. Sollten diese alle verwendet werden? Offensichtlich nicht! Sogar, wenn sie alle funktionieren, übersteigt die geistige Anstrengung, alles im Kopf zu behalten oder die Mühe, sicherzustellen, dass diese Tools auch zusammenwirken, den möglichen Nutzen. Betrachten Sie in Analogie hierzu ein Team von Bergsteigern, das versucht, eine Entscheidung zu treffen, welche Ausrüstung es für den Angriff auf dem Gipfel mitnehmen sollte. Da gibt es sicher unverzichtbares wie Zelte und Trinkwasser, sie könnten aber auch einige dieser neumodischen Ausrüstungsgegenstände mitnehmen, über die Sie in ihrem Lieblingsmagazin für Bergsteiger gelesen haben. Wenn Sie planen, auf den Mt. Everest zu steigen, ohne sich durch Sherpas beim Tragen der Ausrüstung unterstützen zu lassen, könnten Sie es sich dann leisten, 300 Pfund Ersatzteile pro Person mit hinaufzuschleppen?

Welche Tools kritisch sind und welche zurückgelassen werden könnten, das ist genau die Entscheidung, die man den Beteiligten an einem Himmelfahrtskommando überlassen sollte. Ich bin erstaunt über die große Anzahl von Unternehmen, in denen mir der Projektleiter eines Himmelfahrtskommandos bedauernd erzählen musste, es gebe eine Unternehmensrichtlinie, dass alle Projekte in COBOL (in anderen Unternehmen Visual Basic oder Oracle usw.) durchzuführen seien, ohne Rücksicht darauf, ob die Technologie für sein Projekt geeignet sei oder nicht. Unfug! Verwerfen sie das alles! Verwenden Sie Werkzeuge und Technologien, die sinnvoll sind! Andernfalls wären Sie vergleichbar mit jemandem, der dem Leiter der Mt. Everest Expedition sagt, »unsere Kommission hat beschlossen, dass sie eine Karte des New Yorker City U-Bahn-Systems mitnehmen, da die meisten Projekte das bisher als sehr hilfreich empfanden.«[1]

Ich glaube, es ist sehr wichtig, dass die Teammitglieder sich selbst über die gemeinsamen Werkzeuge im Rahmen des Projektes einigen. Sonst entsteht Chaos. Das muss offensichtlich mit einem gewissen Einvernehmen geschehen. Es ist wahrscheinlich nicht so wichtig, welches Textsystem die Teammitglieder für das Schreiben der Dokumentation verwenden, aber es ist sehr wichtig, dass alle denselben Compiler für ihren C++-Code verwenden. Eines der Probleme in einem Himmelfahrtskommando ist, das die Softwareentwickler glauben, ein solches Projekt erzeuge quasi die Lizenz für vollständige Anarchie auf individueller Ebene (z.B. wenn einzelne Teammitglieder einen obskuren Open-Source-C++-Compiler, den sie von einer Universitäts-Website heruntergeladen haben, anwenden wollen, weil sie es für ihr unveräußerliches Recht halten) Nein: Das *Team* hat das Recht hierzu, und der Projektmanager hat dieses Recht strengstens zu sichern, wenn inkompatible Tools eine wesentliche Abweichung hiervon bedeuten würden. D.h., dass sich das Team auf ein minimales Toolset einigen muss, es sei denn, die Teammitglieder haben bereits bisher in Himmelfahrtskommandos zusammengearbeitet. Und wieder taucht die Triage auf: Das Toolset, dass man haben muss, ist auch dasjenige, das verwendet werden muss. Wenn erst einmal ein Konsens bezüglich dieses Toolsets erzielt ist, dann kann sich das Team über die »soll« Tools unterhalten, wobei die Probleme wahrscheinlich eine Kombination aus der Bildung des Konsenses und der Freigabe des Einkaufs dieser Tools durch das Management ist. Darüber hinaus ist vielleicht noch genügend Zeit und Energie vorhanden, eine Vielzahl von »könnte«-Tools, an denen verschiedene Mitglieder des Teams interessiert sind, zu diskutieren.

Ich habe schon angedeutet, dass der Projektmanager diesen Konsens erzwingen muss. Tatsächlich könnte dies eines der Kriterien sein, nach denen der Manager potenzielle Mitglieder des Teams aussuchen kann. Beachten Sie, dass man dasselbe natürlich auch über die Software-Entwicklungsverfahren, die wir in Kapitel 5 diskutiert haben, sagen könnte. Wie wir weiter unten sehen, ist das noch wichtiger, da Tools und Verfahren eng miteinander verknüpft sind.

Mit all diesen Faktoren im Kopf ist es für einen Außenseiter wie mich unmöglich, die empfehlenswerten Tools für ein Himmelfahrtskommando ungezwungen aufzuzählen. Wenn ich diese Frage gestellt bekomme, ist meine Antwort – »hängt davon ab ...« – gewöhnlich verwirrend für einen Berater, der ohnehin dazu neigt, konkrete Antworten auf jede Frage zu vermeiden. Nun, unter Berücksichtigung meines oben gegebenen Ratschlags ist hier nun eine Liste von Tools, nach denen ich normalerweise Ausschau halten würde:

- *E-Mail, Groupware, Internet/Web Tools* – gemäß der Anekdote aus dem Hause Microsoft befinden sich diese Tools an der Spitze meiner Tabelle. Diese Tools gestatten nicht nur eine weitaus effizientere Kommunikation als durch Memos und Faxe, sondern sie ermöglichen auch Koordination und Zusammenarbeit. E-Mail und der Zugriff auf das Internet sind Dinge, auf denen ich als Projekt Manager[2] bestehen würde, wobei ich allerdings noch gerne über das entsprechende Produkt oder den Lieferanten verhandeln würde. Es wäre weniger wichtig für mich, ob es Microsoft E-Mail, Netscape oder Lotus Notes wäre, sondern ob die ganze Mannschaft vernetzt sein kann und das komplette Projektgedächtnis im Netz aufbewahrt wird. Darüber hinaus gibt es einige tolle neue Werkzeuge, aber diese gehören eher in die Kategorie »könnte« als nach »muss«.

- *Prototyping/RAD-Entwicklungswerkzeuge* – wie früher schon erwähnt, verwenden fast alle Himmelfahrtskommandos irgendeine Art von Prototyping oder inkrementeller Entwicklung. Folglich sind in dieser Umgebung Werkzeuge genau zu diesem Zweck nützlich. Es ist heute schwierig, eine verbreitete Entwicklungsumgebung zu finden, die von sich nicht behauptet, eine RAD-Umgebung zu sein und die Mehrzahl solcher Werkzeuge hat heute eine visuelle, drag&drop Benutzerschnittstelle, um dem Programmierer zu helfen, mehr Code in kürzerer Zeit zu entwickeln. Ob dieses Tool auf Delphi, C++, Visual-Basic oder Smalltalk (oder einem Dutzend anderer Möglichkeiten) basieren sollte, ist etwas, wofür ich keine allgemeine Empfehlung aussprechen kann. Erinnern Sie sich an meine obigen Bemerkungen: es reicht nicht aus, nur einen Konsens darüber zu haben, eine Sprache wie C++ oder Smalltalk zu verwenden, sondern wir haben uns auf ein allgemeines Toolset von einem verbreiteten Lieferanten zu einigen. Dass ein Teil des Teams Suns's Java-Umgebung verwendet während andere Micosofts Visual J++ anwenden, mag zwar technisch machbar sein, ist aber trotzdem schwachsinnig.

- *Konfigurationsmanagement (CM)/Versionskontrolle* – einige meiner Kollegen glauben,dieses sollte die Liste anführen. John Boddie, Autor von *Crunch Mode* schrieb mir unlängst in einer E-Mail[3]:

  Ich würde sagen, ein Tool für Konfigurationsmanagement ist ein echtes »muss«. Es gibt gewöhnlich eine Menge Durcheinander bezüglich der Bestandteile des Projektes. Der Projektmanager und sein Team benötigen dringend eine Möglichkeit, Systemversionen festzuhalten und zu verfolgen, wie sich das System der Fertigstellung, seinem Ende oder welchem Meilenstein auch immer nähert.

Ein CM-Tool, dass mit den anderen primären Entwicklungstools gut zusammenarbeitet, ist offensicvhtlich sehr nützlich. MS-Source-Safe mag die beste Software zur Versionskontrolle sein oder nicht, aber, dass es mit VisualBasic sehr gut zusammenarbeitet ist ein schlagendes Argument und ein wesentlicher Vorzug. Ganz ähnlich sind viele andere Entwicklungstools mit vergleichbaren CM-Tools integriert (z.B. Intersolv's PVCS und IBM's ENVY/Developer)

- *Test- und Debugging Tools* – viele würden automatisch solche Tools als grundlegende Entwicklungstools mit einbeziehen, weil sie es gestatten, Code zu erzeugen, ihn zu kompilieren und ablaufen zu lassen. Als wir aber von Mainframe-Online Anwendungen zu GUI-orientierten Client/Serversystemen wechselten, bemerken wir allmählich, dass eine gänzlich neue Testumgebung nicht nur geeignet, sondern unverzichtbar wichtig wurde. Tools von Lieferanten wie SQA und Mercury Interactive sind noch immer nicht verbreitet genug, zumindest nicht in den Unternehmen, die ich aufgesucht habe. Ganz ähnlich benötigen Teams, die sich in die Welt des Internet und dessen grundlegenden Anwendungen einarbeiten, ebenso wahrscheinlich einen ganz neuen Werkzeugkasten mit Test- und Debugging Tools.

- *Projektmanagement (Schätzung, PERT/GANTT, usw.)* – viele neigen dazu, diese Werkzeuge für Manager Tools zur halten. Vielleicht ist das so. Vielleicht muss nur der Projektmanager den kritischen Pfad des Projektes täglich berechnen. Aber in dieselbe Kategorie fallen meiner Meinung nach auch Tools wie ESTIMACS (entwickelt von Howard Rubin und geliefert von Computer Associates), CHECKPOINT (von Software Productivity Research) und SLIM (von Quantitative Software Management). Dieses sind meiner Meinung nach essenzielle Tools, da sie die dynamische Neuberechnung von Zeitplänen und ernsten Mienen im Verlauf des Projektes ermöglichen.

- *Sammlungen von wiederverwendbaren Komponenten* – wenn das Projektteam mit dem Konzept wiederverwendbarer Software vertraut ist, und wenn es Wiederverwendbarkeit als eine strategische Waffe für das Erreichen höchster Produktivität betrachtet, dann sind wiederverwendbare Komponenten-Tools ein »Muss«. Das könnte eine Sammlung von VBX-Komponenten für VisualBasic sein, die Klassenbibliothek von Smalltalk oder Microsofts MFC-Bibliothek für C++. Es ist klar, dass hier auch firmenspezifische Komponenten sinnvoll sein können, die vielleicht durch andere Projektteams innerhalb des Unternehmens entwickelt wurden. Die Wahl solcher Komponenten ist gewöhnlich sprachabhängig. Und es ist ein weiter

Bereich, der von jedem im Projektteam gleichermaßen und konsistent verwendet werden muss.

- *CASE-Tools für Analyse und Design* – einige Projektteams betrachten CASE-Tools als eine Art Krücke für Programmieranfänger. Andere wiederum sehen Sie genauso wichtig wie ein Textsystem. Ich ziehe CASE-Tools vor, die einfach, preiswert und flexibel sind. Darüber hinaus möchte ich kein spezielles Produkt oder einen Lieferanten empfehlen, da die wirkliche Antwort auf die Frage, welches CASE-Tool anzuwenden wäre, wieder lauten muss »hängt davon ab...«. Doug Scott schlug mir in einem E-Mail[4] vor, überhaupt keine Technologie einzusetzen:

Das beste Hilfsmittel ist ein großes Diagramm, dass man an die Wand heftet. Es könnte die (teilweise vollständigen) ER-Diagramme für das System enthalten sowie Flussdiagramme o.ä.. Aber es gibt den Leuten einen Fokus, den Entwurf zu diskutieren und es kostet fast nichts.

Wie ich unten ausführen werde, ist es das größte Problem bei CASE-Tools, dass sie eine Methode fördern (manchmal sogar erzwingen), die das Projektteam nicht versteht und teilweise auch nicht anwenden will.

10.2 Tools und Methoden

Der Gegenstand »CASE-Tools« ist wahrscheinlich das offensichtlichste Beispiel einer Binsenweisheit: Tools und Verfahren sind untrennbar miteinander verknüpft. Es geht nicht, CASE-Tools für strukturierte Analyse zu verwenden, wenn sie noch nie etwas von DFD und ERD gehört haben. Solch ein CASE-Tool ist nicht nur nutzlos, sondern eine unglaubliche Belastung, wenn das Projektteam aufrichtig glaubt, es handele sich bei ERD's und DFD's um bedeutungslose Formulare bürokratischer Dokumentation zu den einzigen Zweck, die Methodenpolizei zu aktivieren.

Die Situation ist nicht immer nur schwarz oder weiß. Das Projektteam könnte zum Beispiel der Meinung sein, Datenflussdiagramme seien nützlich, aber nur als informelles Modell. Ein flexibles CASE-Tool wird vielleicht als nützlich angesehen, während ein starres CASE-Tool abgelehnt wird. Betrachten Sie die offensichtliche Analogie zu einem Textprozessor: wir begrüßen alle die Vorzüge der Rechtschreibprüfung, aber wir wollen nicht gezwungen sein, sie zu benutzen. Es ist sogar ziemlich wahrscheinlich, dass wir die Grammatik-Prüfung niemals benutzen, weil sie zu langsam und ungeschickt arbeitet (zumindest ist es meine Entschuldigung dafür, sie in Microsoft Word nicht anzuwenden). Wir wären sogar noch verärgerter, wenn das Textsystem das Wort »Software« stur abweisen würde oder die Verwendung rassistischer oder sexistischer Phrasen durch ein Komitee zur Prüfung politischer Korrektheit freigegeben werden müsste. Noch ein paar solcher »Leistungsmerkmale«, und wir würden auf Bleistift und Papier zurückgreifen.

Das bedeutet, dass das Projektteam in einem Himmelfahrtskommando zunächst den Verfahren und Methoden, denen es im Verlauf des Projektes folgen soll, zustimmen muss. Und es muss entscheiden, welchem dieser Verfahren unbedingt zu folgen ist und welches Verfahren zwar in Ehren gehalten, aber nicht ganz treu befolgt wird. Wenn dies einmal entschieden ist, dann können die Tools und die Technologie gewählt – oder entsprechend abgelehnt – werden. Auf dieselbe Weise kann der Projektmanager den Einsatz eines bestimmten Tools beschließen und ein Verfahren erzwingen, dem zwar jedermann intellektuell zustimmt, das er aber wahrscheinlich nur nachlässig durchführt. Zwei gute Beispiele hierfür sind Versionskontrolle und Konfigurationsmanagement.

Einer der größten Mythen über Software Tools in irgendeinem Softwareprojekt – und eine spezielle Gefahr in einem Himmelfahrtskommando – ist, dass das Tool irgendwie Wunder vollbringen wird. Wunder, dass ist natürlich genau das, wonach der Seniormanager sucht. Sogar der Projektmanager könnte versucht sein, den Marketingversprechungen, dass die Programmierung, der Test und andere verschiedene Aktivitäten um den Faktor 10 verbessert werden, zu glauben – allein durch die genialen Tools.

Neben dem Problem, dass solche Werkzeuge üblicherweise brandneu sind, und dass niemand so richtig weiß, wie man sie benutzt (was ich unten besprechen werde), muss noch ein weiterer fundamentaler Aspekt beachtet werden. Die einzige Möglichkeit, warum solch ein Tool Wunder vollbringen könnte, wäre, wenn es erlaubt oder gar erzwungen würde, dass die Entwickler ihre Vorgehensweise änderten. Wenn ich zum Beispiel ein Programm schreibe und es dann übersetze, dann folge ich dabei einer bestimmten Prozedur. Vielleicht leite ich einen »walkthrough« vor der Übersetzung, oder vielleicht bereite ich die Programmiereraktivitäten durch einen formalen, detaillierten Entwurfsprozess vor. Nun, wenn Sie mir einen Compiler geben, der zehn Prozent schneller ist als der, den ich bisher eingesetzt habe, werde ich ein wenig glücklicher und irgendwie effizienter sein. Mag sein, dass die Produktivität des Gesamtprojektes um irgendeinen Betrag verbessert wird. Aber ich werde meine Vorgehensweise nicht ändern.

Wenn Sie mir andererseits einen Compiler geben, der um ein Vielfaches schneller ist, dann wird dies meine Vorgehensweise definitiv verändern. Das ist genau das, was passierte, als wir von den alten Batch-Compiler-Nachtläufen zu einer online-Kompilation in den siebziger Jahren übergingen. Dann kamen die Kompilierung auf der eigenen PC/Workstation in den 80er Jahren und dann verschiedene Kombinationen inkrementeller Übersetzung (wie etwa Delphi) und Interpreter wie Visual Basic. Viele Entwickler haben deshalb ein detailliertes Design vor der Codierung weggelassen und eher die Theorie umgesetzt, Programme spontan nach Bedarf zusammenzusetzen. Sie nehmen an, der Programmierer könne seine eigenen Fehler effizienter finden und verbessern.

Kaum jemand befasst sich mit der Möglichkeit, verbesserte Technologie einzusetzen, die es gestattet, Verfahren zu eliminieren, die als langweilig und lästig empfunden werden. Es ist jedoch schwieriger, neue Technologien einzuführen, die von uns das Hinzufügen von Prozessen, oder die Modifikation von Verfahren verlangt, mit denen wir vertraut sind. Ein gutes Beispiel hierfür ist die Vorgehensweise der Wiederverwendung oder die damit verknüpfte Technologie von

Bibliotheken, Browsern und den dazugehörigen Tools. Das Projekt-team, welches diese Technologie anwendet, kann seinen Grad der Wiederverwendbarkeit von ungefähr 20 Prozent (bei dem ich noch von zufälliger oder spontaner Wiederverwendung spreche) auf 60 Prozent oder mehr anheben. Wenn diese Technologie tatsächlich zu den unternehmensweiten Wiederverwendungs-Verfahren passt, dann kann die Wiederverwendbarkeit 80 bis 90% oder mehr erreichen.

Der Unterschied zwischen 20 und 80 Prozent der Wiederverwendbarkeit entspricht einer Vervierfachung der Produktivität. Paul Basset stellte in seinem Buch über wiederverwendbare Software [2] heraus, dass ein steigender Grad der Wiederverwendbarkeit größeren Nutzen bietet, als man annehmen könnte. Steigt der Grad der Wiederverwendbarkeit von 80% auf 90%, dann bedeutet dies eine Senkung der Softwareentwicklung von 20% auf 10%. Ihre Arbeitslast wird also schlicht halbiert.

Das alles ist sehr aufregend – man könnte es tatsächlich fast magisch nennen – aber es ist ausgesprochen unbedeutend, wenn das Projektteam (und schließlich das gesamte Unternehmen) nicht dazu in der Lage oder willens ist, im Hinblick auf die Wiederverwendbarkeit seine Vorgehensweise zu verändern. Die Ironie hierbei ist, dass die meisten Unternehmen ihr Versagen der Technologie selbst zur Last legen: sie mögen eine teure Klassenbibliothek kaufen oder ihre alte Softwareentwicklungsmethode durch objektorientierte Techniken, die sie für ein Synonym der Wiederverwendbarkeit halten, ersetzen. Wenn sie dann gelegentlich feststellen, dass sie keine messbare Verbesserung der Wiederverwendbarkeit erreicht haben, dann schieben Sie das auf die Objekte an sich oder den Lieferanten der Klassenbibliothek oder irgend eine andere Technologie, von der sie abhängig waren.

Inzwischen ist dann deren Vorgehensweise genau wieder dieselbe wie zuvor. Die Kultur eines solchen Unternehmens drückt sich auch in der folgenden Phrase aus: »Nur Feiglinge verwenden den Code anderer Leute. Echte Programmierer schreiben ihren eigenen Quellcode«.

Aus der Perspektive eines Himmelfahrtskommandos gibt es eine einfache Regel: Wenn die Einführung neuer Tools es erfordert, dass das Team die gewohnten Vorgehensweisen drastisch verändern, dann erhöhen sie signifikant die Projektrisiken und tragen wahrscheinlich zum Scheitern des Projektes bei. Dieser Aspekt wird manchmal mit dem Faktor Training oder Weiterbildung für die Nutzung und das Verwenden neuer Tools verwechselt. Das grundlegendere Problem ist gewöhnlich die verhaltensänderung selbst, was quasi für alle Vorgehensweisen im Rahmen einer Softwareentwicklung gilt. Es ist schon unter normalen Umständen schwer genug, uns an ein neues Vorgehen zu gewöhnen, wenn wir das Gefühl haben, eine Menge Zeit zu haben sowie eine förderliche Umgebung. Aus offensichtlichen Gründen ist das aber eine Katastrophe bei einem Himmelfahrtskommando, in dem wir weder genug Zeit noch eine förderliche Umgebung haben.

10.3   Das Risiko neuer Tools

Wie oben schon erwähnt, greift man in Himmelfahrtskommandos begierig nach neuen Tools und Technologie wie nach einem Wundermittel für Grade an Produktivität. Nehmen wir einmal für einen Moment an, dass wir eine Möglichkeit gefunden haben, die kulturellen und politischen Probleme unserer Vorgehensweise zu ändern. Was sollte und sonst noch kümmern?

Die beiden wahrscheinlichsten Risiken sind Technologie und Training. In vielen Fällen ist das Wunder-Tool so neu, das es nicht einmal in einer kommerziellen Ausstattung verfügbar ist. Typischerweise lädt sich dann irgendein Projektmitglied die Betaversion dieses Tools aus dem Internet. Oder das Tool kann mit den anderen Tools, die vom Projektteam verwendet werden, nicht integriert werden. Der Lieferant hat vage Versprechungen gemacht, aber die Import/Exportfähigkeiten sind noch immer mit Fehlern gespickt. Oder das Tool hat noch keinen Support – es wurde vielleicht von einem Diplomand in Usbekistan entwickelt oder (noch schlimmer!) im eigenen Haus von einem der Softwareentwickler, der es nicht komisch findet, wenn eine Bank ein eigenes CASE-Tool oder eine Versicherung ihr eigenes DBMS (Datenbank Management System) entwickelt.

Nehmen wir für den Augenblick einmal an, das Werkzeug sei solide, zuverlässig und stamme von einem zuverlässigen Lieferanten, der hervorragenden Support zur Verfügung stellt. In diesem Fall reduziert sich das Problem auf das Training – denn wenn das Tool im Unternehmen schon häufig verwendet wird, bezeichnet es in der Regel niemand mehr als Wundermittel, welches das Himmelfahrtskommando in wundersamer Weise vor dem Desaster bewahren könnte. Gelegentlich kommt es vor, dass ein Projektteam um die Erlaubnis bittet, ein mächtiges Tool anwenden zu können, das einige Projekt Mitglieder schon in ihrem vorherigen Job benutzt haben. Das ist in Wirklichkeit aber selten. In den meisten Fällen hat weder das Projektteam noch irgendjemand sonst im Unternehmen das Tool jemals vorher gesehen oder benutzt.

Wie schon erwähnt hat jedes nicht triviale Tool für gewöhnlich einen starken Einfluss auf den entsprechenden Softwareentwicklungsprozess. Folglich impliziert ein neues Werkzeug oft auch einen neuen Entwicklungsprozess. Obwohl eine solche Entsprechung offensichtlich sein sollte, ist es bemerkenswert, wie oft der für das Training zuständige Mitarbeiter des Lieferanten die Hälfte des Trainings damit verbringt, die Benutzung der Werkzeuge selbst zu lehren, bevor er feststellt, dass seine Teilnehmer keinerlei Ahnung davon haben, wie der Entwicklungsprozess durch dieses Tool unterstützt wird. Inzwischen sind die Manager schon in Panik verfallen, weil sie die fünf Tage Training als Ursache für die Verschiebung des Projektes ausgemacht haben. Es demoralisiert z.B. ungeheuer, widerwilligen Lehrgangsteilnehmern zwei Tage lang beizubringen, wie man ein ERD zeichnet, um dann von ihm die Frage zu hören: »Nebenbei, was ist eigentlich eine Entität? Ich programmiere ja doch alles in C++, wozu brauche ich dann das ganze Zeug?«

Lassen Sie uns aber einmal annehmen, das Projektteam akzeptiere und verstehe den durch das Tool unterstützten und automatisierten Prozess und stimme begeistert zu, es in seiner Projekt-Praxis umzusetzen. Aus 20 Jahren Training im Bereich strukturierter Analyse und objektorientierter Methoden weiß ich, dass das eine naive Annahme ist, aber wir können nicht anderes tun als weiterzumachen. Wenn wir also annehmen, es gäbe keine technischen Probleme mit dem Werkzeug und dass die entsprechenden Softwareentwicklungsprozesse kein Problem verursachen, dann ist alles, was übrig bleibt, das Training und die praktische Arbeit mit dem Tool.

Wie lange dies dauert? Das hängt offensichtlich von der Natur und der Komplexität des Tools ab – genauso wie von seiner Benutzeroberfläche, seinen Online Hilfsfunktionen und den übrigen Eigenschaften. Im günstigsten Fall werden die Entwickler in der Lage sein, herauszubekommen, wie sie das Tool ohne jedes Training anwenden könnten. Das ist genau das, was der Projektmanager und verschiedene andere Manager außerhalb des Projektes verzweifelt glauben wollen, denn sie betrachten jedes Training als Zeitverschwendung und Ablenkung von der »wirklichen Arbeit« am Projekt. Die realistische Einschätzung ist aber die, dass wir eine Stunde, einen Tag oder eine Woche brauchen, um den Gebrauch des Werkzeugs zu erlernen. Ob das in Form einer normalen Lehrveranstaltung, durch Lesen eines Buchs oder nur durch das Spielen mit dem Werkzeug geschieht, alles kostet Zeit.

Eine solche Ausbildung bringt auch keinen gründlich geschulten, ungeheuer erfahrenen Anwender des Werkzeugs hervor. Training ist kein digitales Phänomen. Die Mitglieder des Projektes gehen nicht von einem Zustand völligen Nichtwissens nach einer Woche Training in einem Zustand der Meisterschaft in der Anwendung des Werkzeugs über. Das sollte eigentlich klar sein, aber irgendwie hat das Seniormanagement damit ein Verständnisproblem. Vielmehr klagt es: »Okay, wir haben all das Geld für diese teuren Trainer ausgegeben und diese Menge Zeit in einem Schulungsraum verschwendet, während diese nutzlosen Programmierer weiter hätten kodieren können. Jetzt möchte ich aber eine echte Steigerung der Produktivität auf Grund dieses Wundertools sehen, das ihr unbedingt haben wolltet!« Vielleicht ist es gar nicht so überraschend, dass das Seniormanagement so naiv ist, aber dieses Management würde ein

Software-Tool nicht einmal erkennen, wenn es darüber stolperte. Traurigerweise habe ich aber auch viele technisch orientierte Projektmanager gesehen, die die gleiche Reaktion zeigten.

In einem herrlichen Artikel [4] behauptet mein Kollege Meilir Page-Jones, es gebe sieben Stufen der Beherrschung des Softwareengineering. Sein Artikel hat die Methoden zum Gegenstand, aber ich glaube, dass er sich ebenso auf Werkzeuge und Technologie beziehen könnte. In der unten stehenden Liste habe ich meine eigenen Einschätzungen darüber aufgezeichnet, wie lange es bei einem durchschnittlichen Softwareentwickler dauert, die verschiedenen Entwicklungsstufen zu erreichen, wobei Tools von durchschnittlicher Raffinesse und Komplexität angenommen wurden.

PAGE-JONES »Sieben Stufen der Beherrschung des Softwareengineering«

1. *Unschuldiger* (hat noch nie etwas über die Technologie X gehört) – Diese Stufe erfordert überhaupt keine Zeit.

2. *Beobachter* (hat schon einmal etwas über die Technologie X gelesen) – Nach ungefähr eine Stunde ist ein Softwareentwickler in den meisten Fällen in der Lage seine Meinung über die Vor- und Nachteile eines Tools mit gewichtigen Statements zu äußern, selbst, wenn er es noch nie gesehen oder angewendet hat.

3. *Lehrling* (hat einen fünf Tage-Workshop besucht) – Eine Woche, vielleicht auch zwei Tage, wenn es um ein Himmelfahrtskommando geht. Aber beachten Sie, dass der Entwickler bis zu diesem Punkt wahrscheinlich nicht mehr getan hat, als mit den Tutorials zu spielen, die vom Lieferanten zur Verfügung gestellt wurden. Oder er hat mit einem kleinen Übungsbeispiel herumgebastelt, das die Leistungsmerkmale des Werkzeugs zeigen soll. Er hat die Fehlerquellen, Tricks und Highlights nicht kennen gelernt. Er hat außerdem nicht gesehen, wie man das Tool für große, komplexe Projekte aufbereitet und schon gar nicht versucht, es mit anderen Tools in seiner Umgebung zu integrieren.

4. *Praktiker* (bereit, die Technologie X in einem Projekt einzusetzen) – Es braucht wahrscheinlich einen Monat, die Details des Tools zu erforschen und genügend vertraut mit dem Tool zu werden, um es in einem realen Projekt einzusetzen.

5. *Profi* (Wendet die Technologie X natürlich in seinem Beruf an; wird sauer, wenn man ihm das Werkzeug wegnimmt) – Bis dahin braucht man 6-12 Monate, und wenn das Tool wirklich eine Wunderwaffe wäre, dann wird der Entwickler ein Missionar, der alles tut, jeden davon zu überzeugen, dass es das wunderbarste Tool der Welt ist.

6. *Meister* (hat die Details von Technologie X verinnerlicht; weiß sogar, wann man von der Regel abweichen muss) – Gewöhnlich zwei oder drei Jahre, was auch heißt, dass der Entwickler schon zwei oder drei Produktversionen überlebt hat. Er hat schon alle Support-und Diskussionsforen im Internet gefunden und kennt alle inoffiziellen Telefonnummern der technischen Supportgurus im Unternehmen des Lieferanten.

7. *Experte* (schreibt Bücher, hält Vorträge und Konferenzen, sucht Wege, die Technologie X in neue Galaxien zu exportieren) – Page-Jones konzentrierte sich in seinem Papier auf Methoden und es ist nicht sicher, ob das auch auf Tools und Technologien anwendbar wäre.

10.4 Zusammenfassung

Bedeutet die finstere Diskussion in diesem Kapitel, dass wir überhaupt keine Tools verwenden sollten? Sollten wir gar keine Technologie verwenden und zu den Lochkarten zurückkehren? Sollten wir von der Annahme ausgehen, dass Technologie uns niemals vor Unheil bewahren kann?

Die rhetorische Natur dieser Fragen soll sie daran erinnern, dass diese Art von Diskussion unbedingt vernünftig bleiben sollte. Wenn die Sterne und Planeten das so wollen, dann mag Technologie die

Rettung für uns sein, mindestens bei einem oder zwei Himmelfahrts-kommandos. Wir sollten die Vorteile der Technologien nutzen, wo wir können, weil es unsere geistigen Möglichkeiten erweitern kann und uns von Zeit verbrauchenden, lästigen Aufgaben bei der Softwareentwicklung befreien könnte.

In der besten aller Welten hat der Softwareentwickler die Chance zu lernen, zu experimentieren und leistungsfähige Tools in einer weniger riskanten Umgebung anzuwenden. Im günstigsten Fall sind die Tools bereits über das ganze Unternehmen verteilt und Teil der Unternehmenskultur und der Infrastruktur. In diesen Fällen weichen wir keinerlei Diskussion über Tools und Technologie. Wir nehmen unsere Tools einfach aus dem Regal, gingen an unsere Arbeit, mitten hinein in das Himmelfahrtskommando.

Der Grund für die Diskussion in diesem Kapitel – er ist für alle Himmelfahrtskommandos relevant – ist der, dass das Unternehmen mittelmäßige Tools anwendet oder irgendjemand glaubt, dass eine vollständig neue Technologie, gerade erst lautstark durch einen neu-gegründeten Lieferanten vorige Woche angekündigt, den Tag noch retten wird. Das erste Szenario ist deprimierend, aber allzu verbreitet. Das letzte ist genauso verbreitet, und zwar aus dem einfachen Grund, dass die Technologie sich in unserem Bereich erbarmungslos und schnell ausbreitet.

Wenn neue Technologie ohne den entsprechenden Einfluss auf auf unsere Softwareentwicklungsprozesse eingeführt werden könnte, und wenn sie keinerlei Training und praktische Erfahrung bei den Entwicklern erforderte, dann hätten wir eine lupenreine Kosten/Nutzen Entscheidung vor uns. Da ferner der natürliche Instinkt vieler Topmanager dahin geht, man könne ein Problem einfach dadurch lösen, dass man es mit Geld zudeckt, wird es immer mehr brandneue Technologie in Himmelfahrtskommandos geben als in normalen Projekten. Wie ich in diesem Kapitel versucht hatte zu erklären, ist etwas Ironie dabei, wenn ich sage, dass das neue Tool der Tropfen sein kann, der das Fass zum Überlaufen bringt. Als Folge davon wird das Scheitern des Projekts dem Tool angelastet. Sharon Marsh Roberts sagte hierzu[6]:

Wenn man von einem Team erwartet, es solle bis zu 60 Stunden in der Woche einen klaren Kopf behalten, dann kann man nicht auch noch komplexe Logik hinzufügen. Alles, was weiterer Anstrengungen oder eines komplizierteren Denkens bedarf, ist ein Problem.

Etwas Neues zu tun, erfordert die Flexibilität, nach der ersten gescheiterten Iteration weiterzumachen, ohne zu verzweifeln.

Nun, benutzen Sie ruhig die Tools, die für Ihr Himmelfahrtskommando einen Sinn ergeben, ungeachtet dessen, was der Rest der Welt über diese Tools denkt. Und, wenn sie tatsächlich neue Tools verwenden, denken Sie daran, dass sie einen Einfluss auf die Menschen und die Vorgänge innerhalb des Himmelfahrtskommandos haben. Thoreau drückte das vor 150 Jahren so eloquent aus:

Sieh an! Die Menschen werden Werkzeuge ihrer Werkzeuge.

Henry David Thoreau, Walden, »Ökonomie« (1854).

10.5 Anmerkungen

1. Manchmal kann die Politik ziemlich unangenehm werden. Ich habe während der neunziger Jahre, kurz nach der Akquisition von Lotus, eine ganze Reihe von IBM-Angestellten erlebt, die Lotus Freelance anstelle von PowerPoint und Lotus 123 anstelle von Excel benutzten, weil es ihnen die politischen Grabenkämpfe nicht wert gewesen wäre, die ihnen andernfalls bevorgestanden hätten. Ich bin in ähnlicher Weise unsicher, ob ich selbst wünschen würde, Teil eines Projektteams bei Microsoft zu sein, dass ungefähr im August 1996 beschloss, den Netscape Navigator anstelle des Internet Explorer zu verwenden. Offensichtlich sind Grabenkämpfe dieser Art die ernstesten im Bereich der Software-Produkthersteller. Sie können aber mindestens so ernst in anderen Branchen werden. »Wir sind ein X-Laden! Wir gestatten hier keine stinkenden 'Ohne-X'-Produkte! – X kann ein Compiler, ein Testprodukt oder ein Werkzeug zur Zusammenarbeit sein«.

2. Dies ist in der Tat etwas, was wir alle heutzutage als sicher voraussetzen. Wenn das Himmelfahrtskommando aus verteilten, voneinander abhängigen Einzelteams besteht, die rund um die Welt verstreut sind, oder wenn die Mitarbeiter einen Teil ihrer Arbeit zuhause oder während der Reise in einem Hotel durchführen, dann sind solche Tools obligatorisch.

3. Von: John Boddie, 73757, 3311
An: Edward Yourdon, 71250, 2322
Datum: Freitag, 16. Aug., 1996, 10:32 PM
Ed,
hier meine Kapitel 6-Kommentare:
1.Welches Werkzeug oder welche Technologie würdest du in deinem Team unterstützen, wenn es nur ein einziges zur Wahl hätte? Ich nehme hier an, dass jedes Projekt ein Minimum an Dingen wie Compiler und Debugger hat. Aber es gibt eine ganze Reihe, die (a) dem Projektteam nicht sofort zur Verfügung steht, (b) dem Senior Management als zu teuer erscheint und(c), zu dem ein oder mehrere Manager oder Schnüffler in Hintergrund sagen würden »Oh, ihr braucht doch *DIESES* Tool nicht!«.
Ich würde sagen, ein Tool für das Konfigurationsmanagement ist ein Muss. Es gibt eine Menge Verwirrung bezüglich der Teile eines Projektes und sowohl der Manager als auch das Team benötigen irgend eine Möglichkeit, die Versionen des Systems zu definieren und zu verfolgen, ob sie sich der Fertigstellung, dem Ende des Projekts oder wem auch immer nähern.
2. Wie wichtig sind CASE-Tools für ein Himmelfahrtskommando?Ich nehme einmal an, wir meinen in diesem Zusammenhang qualitativ hoch stehende Tools in die uns auf Analyse- und Entwurfebene unterstützen. Abhängig davon, wieviel Geld Du investieren kannst, kann man auch noch Code generieren, die Festplatte putzen und andere nützliche Dienste leisten. Ich finde sie sehr nützlich -- auf dieselbe Weise wie Textsysteme. Sie ermöglichen dem Team einen Kommunikationsstandard. Ich finde, dass preisgünstige CASE-Tools durchaus ansprechend funktionieren.
3. Wie wichtig sind visuelle Entwicklungsumgebungen bei Himmelfahrtskommandos? Ich möchte hier nicht zu sprachspezifisch sein, da es visuelle Versionen für die

meisten Hochsprachen gibt. Aber der Gegenstand der Frage
ist hier, ob man »drag and drop«-Development-Tools für
die Entwicklung von Programmen einsetzt im Gegensatz zu
den reinen Texteditoren, bei denen der Code direkt
eingegeben wird, danach kompiliert, gelinkt, getestet
usw. Wenn ich diese visuellen Umgebungen gesehen habe,
war ich einigermaßen beeindruckt. Sie scheinen eine Menge
organisatorisches, das normalerweise den Programmierer
und Systemanalytiker Zeit kostet, einzusparen. Ein
Projekt, das diese Tools einsetzt, habe ich bis jetzt
noch nicht geleitet. Aber ich hoffe, das kommt noch.
4. Für wie wichtig hältst Du Groupware-Tools in
Himmelfahrtskommandos? in diesem Punkt möchte ich hier
nicht zu spezifisch werden, da hier jeder eine leicht
verschiedene Definition hat -- aber ich denke an Tools
wie Lotus Notes zur Organisation der parallelen Prozesse,
Diskussionen, der Zusammenarbeit, der Koordination und
der Kommunikation. Ich würde gerne wissen, ob irgendjemand eine andere exotische Groupware angewendet hat?
Wenn Du Beispiele haben willst, lies Michael Schrages
Buch »No More Teams!«. (Wenn Sie noch nie von diesem Buch
gehört hast, werfen Sie ein Auge auf meine Rezension
dieses Buchs im Abschnitt »Articles« auf meiner Webseite
www.yourdon.com) E-Mail ist kritisch, Dokument-
und Code-Bibliotheken sind ein Muss. Der Nutzen anderer
Groupware-Funktionalität lässt sich nicht so leicht
erkennen. In einem Crashprojekt hat die direkte
Kommunikation viel empfehlenswertes.
5. Gibt es irgendwelche Tools oder technische Lösungen,
die Du als hochriskant oder gefährlich für Himmelfahrtskommandos betrachtest? Kannst irgend einen Tipp geben,
welches spezielle Tool oder welche Technologie ein
Projektmanager unbedingt in einem Himmelfahrtskommando
vermeiden sollte? Hier gelten die Standardregeln. Man
wählt sich keine Technologie, die für die Aufgabe
ungeeignet scheint. Objektorientierte Programmierung und
das Web als grundlegende Komponenten für das
Abrechnungssystem einer Telefongesellschaft klingen
reizvoll, aber die Natur der Aufgabe ist ein Batchjob und
Du wärst wahrscheinlich besser mit COBOL dran. -JB

4. Von: Doug Scott, 100072,1276
An: Ed Yourdon, 71250,2322
Betrifft: Fragen zu Kapitel 6
Abschnitt: The Cutter Edge [14], Forum CASE - DCI
Datum: Dienstag, 13. August, 1996, 4:41:06 PM
Ed,
> 1. Welches Werkzeug oder welche Technologie würdest Du
in deinem Team unterstützen, wenn es nur einen einziges
als Option hätte?
Ich würde ein CASE-Tool nehmen, dass die Anforderungen
durch die Modul/Objekt-Definitionen ausdrückt. Die
Codegenerierung ist nicht unbedingt ein Problem, aber die
Korrelation zwischen Modellen und Anforderungen. Und dann
gibt es auch noch jene, die meinen, man könne ein
OLTP-System in Assembler entwickeln. Wenn ein CASE-Tool
fehlt, dann nimm ein integriertes System wie SmartSuite
oder Office, sodass wir schnell und billig etwas
vorweisen können. Und wir benötigen das Spreadsheet. Wie
auch immer, das beste Hilfsmittel ist ein großes
Diagramm, das man an der Wand befestigt. Es könnte die
(teilweise vollständigen) E/R Diagramme des Systems,
Flussdiagramme oder Ähnliches zeigen. Aber es gibt den
Leuten einen Fokus, anhand dessen man den Entwurf
diskutieren kann und das kostet fast nichts.
> 2. Wie wichtig ist ein CASE-Tool für Himmelfahrtskommandos?
Wichtig, wenn es mit entsprechender Ausbildung am Anfang
des Projektes eingeführt wird. Eine Katastrophe, wenn
nicht so vorgegangen wird.
> 3. Wie wichtig sind »visuelle« Entwicklungsumgebungen in
Himmelfahrtskommandos? Ich beginne zu glauben, dass die
Visuelle Revolution etwas mit der rechten und linken
Gehirnhälfte zu tun hat, und da Programmierer angeblich
die linke Gehirnhälfte betonen (oder ist es die Rechte?),
wären Sie auch glücklich mit Tools auf Kommandoebene.
Analysespezialisten und Systemarchitekten müssen in der
Lage sein, Dinge zu visualisieren, und wenn das Tool
hierzu Möglichkeiten bietet (leider helfen deren resultierende
Diagramme oft nicht weiter), dann ist es sehr nützlich.
Das Wandplakat hilft jedenfalls.

> 5. Gibt es irgendwelche Tools oder technische Lösungen, die Du als hochriskant oder gefährlich für Himmelfahrts-kommandos betrachtest? Die meisten Projektmanage-ment-Tools sind Schrott. PERT reicht völlig aus, um den kritischen Pfad zu finden, aber viele Tools bestehen darauf, dass man die Ressourcenzuweisung ausfüllt, bevor das Projekt gestartet werden kann. Ich verwende einen Spreadsheet, aber ich liebe einen altmodischen PERT-Designer, in dem ich Ressourcen noch während des Projekts eintragen kann (wenn ich weiß, was wirklich auf mich zukommt) und nicht Monate zuvor. - Doug

5. Von: S. Marsh Roberts [ICCA], 70007, 4251
An: Ed Yourdon, 71250,2322
Betrifft: Fragen zu Kapitel 6
Abschnitt: The Cutter Edge [14], Forum CASE - DCI
Datum: Mittw., 14. Aug., 1996, 7:58:27 AM
Ed,
» 1. Welches Werkzeug oder welche Technologie würdest Du in deinem Team unterstützen, wenn es nur einen einziges zur Wahl hätte? Ich nehme hier einmal an, dass zu jedem Projekt ein absolutes Minimum an Dingen erforderlich wie Compiler und Debugger, aber es gibt auch noch schrecklich viel, welches (a) dem Projektteam nicht unmittelbar zur Verfügung steht, (b) vom oberen Management als zu teuer angesehen wird und (c), welches von einigen Managern und Zaungästen mit dem Kommentar »Ach, das braucht Ihr doch nicht« versehen wird. Ich würde *Infomodeler* oder etwas ähnliches wählen. Ein preiswertes Werkzeug, das funktioniert und einige einfache Dinge zuverlässig erledigt. Nimm es als Zeichenprogramm zur Kommunikation mit den Anwendern.
»2. Wie wichtig sind CASE-Tools für ein Himmelfahrts-kommando? Ich nehme einmal an, wir meinen in diesem Zusammenhang qualitativ hochstehende Tools, die uns auf Analyse- und Entwurfsebene unterstützen. Abhängig davon, wieviel Geld Du investieren kannst, können Sie auch noch Code generieren, die Festplatte putzen und andere nützliche Dienste leisten. Nimm eines, das High- level Design und Kommunikation unterstützt. Wenn es dann auch

noch Code generieren kann, umso besser. Wenn nicht, auch okay. Nimm nur nicht eines, das Dir auch noch den Tisch deckt, das ist zu schwer zu erlernen und man gibt dann dem Designer alle Schuld...

≫3. Wie wichtig sind visuelle Entwicklungsumgebungen in Himmelfahrtskommandos? Ich möchte hier nicht zu sprach-spezifisch sein, da es Visuelle Versionen für die meisten Hochsprachen gibt. Aber der Gegenstand der Frage ist hier, ob man ≫drag and drop≪-Development-Tools für die Entwicklung von Programmen einsetzt im Gegensatz zu den reinen Texteditoren, bei denen der Code direkt eingegeben wird, danach kompiliert, gelinkt, getestet usw. Wichtig ist, dass es für zum Programmierteam passt. Wenn das Team an COBOL Text-Code gewöhnt ist, wer bin ich, dass ich das kritisieren könnte. In dieser Situation befinden sich zum Beispiel auch viele VB-Programmierer. ≫4. Für wie wichtig hältst Du Groupware-Tools in Himmelfahrtskommandos? In diesem Punkt möchte ich hier nicht zu spezifisch werden, da hier jeder eine etwas andere Definition hat -- aber ich denke an Tools wie Lotus Notes zur Organisation der parallelen Prozesse, der Diskussionen, der Zusammen-arbeit, der Koordination und der Kommunikation. Ich würde gerne wissen, ob irgend- jemand eine andere exotische Groupware angewendet hat? Wenn Du Beispiele haben willst, lies Michael Schrages Buch ≫No More Teams!≪. (Wenn Du noch nie von diesem Buch gehört hast, wirf ein Auge auf meine Rezension dieses Buchs im Abschnitt ≫Articles≪ auf meiner Webseite www.yourdon.com) Ich werde auf Deine Website gehen und deinem Artikel lesen. Komme später darauf zurück.

≫5. Gibt es irgendwelche Tools oder technische Lösungen, die Du als hochriskant oder gefährlich für Himmelfahrts-kommandos betrachtest? Kannst Du irgendeinen Tipp geben, welches spezielle Tool oder welche Technologie ein Projektmanager unbedingt in einem Himmelfahrtskommando vermeiden sollte? Wähle eines der folgenden Tools, je nachdem, auf welche Erfahrung Du zurückblickst:

a. C oder C++
b. Smalltalk
c. AI

d. ein neues lifecycle-CASE Tool

e. UNIX oder ein anderes Betriebssystem, das neu für die Mannschaft ist.

Wenn man fordert, dass die Mannschaft mehr als 60 Stunden pro Woche klaren Kopf behalten soll, sollte man nicht noch etwas logisch Komplexes hinzuzufügen. Alles, was zusätzliche Anstrengungen oder komplizierteres Denken erfordert, ist ein Problem. Etwas Neues anzufangen, erfordert die Flexibilität, beim ersten Interationsversuch scheitern zu können, ohne zu verzweifeln. - Sharon

10.6 Literatur

1. Michael Schrage, *No More Teams! Mastering the Dynamics of Creative Collaboration*, New York: Doubleday-Dell Publishing Company, 1995.

2. Paul G. Bassett, *Framing Software Reuse: Lessons from the Real World*, Upper Saddle River, NJ: Prentice Hall, 1996.

3. Bo Leuf und Ward Cunningham, *The Wiki Way: Quick Collaboration on the Web*, Vorlesung, MA: Addison Wesley, 2001.

4. Meilir Page-Jones, *The seven Stages in Software-Engineering*, American Programmer, Juli-August 1990.

Kapitel 11

Simulatoren und Kriegsspiele

Diese Wettkämpfe ermöglichen Ihnen eine realistische Einschätzung Ihrer relativen Stärken und Schwächen; Ihre Organisation kann zu globalen Aussagen über Stärken und Schwächen gelangen.

Eine sehr effiziente Art, gezielte Unordnung zu stimulieren, sind Wettkämpfe, bei denen Ihre Mitarbeiter in Teams arbeiten müssen

Tom DeMarco und Tim Lister, *Wien wartet auf Dich*

11.1   Einführung

Ich habe weiter vorne in diesem Buch das Training eines Teams diskutiert, das im Rahmen eines Himmelfahrtskommandos neuen Methoden und Tools ausgesetzt ist. Traditionelles Training schließt Methoden, Prozesse, Tools und Technologien ein, die als neu und für das Team unbekannt angenommen werden. Was ist nun mit dem Training zum Thema »Erfahrung mit Himmelfahrtskommandos«? Was ist mit dem Training der Stressverarbeitung und -beanspruchung und unerwarteten Krisen? Warum gibt man einem Projektmanager nicht die Gelegenheit, ein Projekt nach dem anderen in den Sand zu setzen, ohne dass dies Konsequenzen für ihn hätte, Konsequenzen wegen überschrittener Termine, geplatzter Budgets oder ausgebrannter Programmierer? Kurz, warum simuliert man nicht die Erfahrung eines Himmelfahrtskommandos, um sowohl dem Projektmanager als auch den Teammitgliedern zu helfen, sich auf die reale Erfahrung vorzubereiten?

Als die erste Ausgabe dieses Buches gerade geschrieben wurde, waren Fragestellungen wie diese nicht nur kontrovers, sondern ziemlich radikal und unrealistisch. Die Analogien und Bilder bezüglich anderer beruflicher Bereiche waren offensichtlich und vertraut: In einem Seminar nach dem anderen stellte ich die einfache Frage, ob die Teilnehmer bereit wären, mit einer Fluglinie zu fliegen, deren Piloten vorher keine Erfahrungen in einem Flugsimulator gesammelt hätten. Klar, Piloten lesen Bücher und sind lange und oft in den Schulungsräumen. Und sie fliegen reale Flugzeuge, wobei sie noch einen erfahrenen Piloten neben sich sitzen haben. Aber sie verbringen auch Stunde um Stunde in einem simulierten Cockpit, sodass sie sowohl normalen als auch unnormalen Flugsituationen in einer kontrollierten Simulation ausgesetzt werden können. Sie kommen sogar nach Jahren der Flugerfahrung immer wieder in einem solchen Simulator zurück, damit sie ihre Fähigkeiten erneut perfektionieren können. Ich habe noch niemanden getroffen, der diese Methode für unnötig hält oder meint, sie sei eine Verschwendung von Zeit und Geld.

Als diese zweite Ausgabe von »Himmelfahrtskommando« im Frühjahr 2003 gerade geschrieben wurde, war der Begriff des Simulators sehr viel vertrauter und verbreiteter. So haben wir z.B. Berichte solcher Kriegsspielübungen im Vorfeld der Invasion im Irak lesen können. Jeder hofft, dass sich der 11. September 2001 niemals wiederholt. Wenn so etwas aber noch einmal passiert, dann könnte sich das als eine ultimative Form eines Himmelfahrtskommandos herausstellen, und niemand bei klarem Verstand kann wollen, das Feuerwehrleute, Polizei und ärztlicher Notdienst einer solchen Situation ohne vorheriges Training ausgesetzt werden.

Der Gegenstand dieses Kapitels, Sie erraten es, ist es, den Wert einer solchen Vorgehensweise auch für IT-Profis im Rahmen eines Himmelfahrtskommandos darzustellen. Wenn das für erfahrene Programmierer, Datenbankentwickler und Projektmanager wichtig ist, dann erst recht für Hochschulabsolventen, die vorher niemals einen Fulltimejob hatten, denn niemand hat ihnen erzählt, dass sich Himmelfahrtskommandos von den in den Lehrbüchern beschriebenen Situationen dramatisch unterscheiden (wobei angenommen wurde, dass sie auf der Hochschule überhaupt etwas über Projektmanagement erfahren haben). Sie benötigen jedoch geeignetes Training in Methoden, Prozessen und Werkzeugen, die in Unternehmen als hilfreich im Rahmen von Himmelfahrtskommandos angesehen werden. Dies unterscheidet sich wahrscheinlich erheblich von den Prozessen früherer Machart und auch die Tools sind andere als diejenigen, die solche Absolventen früher erlernen mussten. Sobald diese Neulinge in ihr erstes reales Projekt geraten, erfahren sie von ihrem Projektmanager ironischerweise, dass sie all das Zeugs aus ihrem Studium eigentlich vergessen könnten und besser einen mehr pragmatischen Ansatz in der Software-Entwicklung pflegen sollten. Jedenfalls sollten die Berufseinsteiger verstehen, dass die Prozesse und Tools in einem Himmelfahrtskommando einen proaktiven Zweck haben und nicht für reaktive Verzweiflungshandlungen geeignet sind.

11.2 Das Konzept der »Kriegsspiele«

Offensichtlich sind Lehrbücher und Seminarübungen zum Thema Projektmanagement-Techniken, -Prozesse und -Tools immer noch wichtig und hilfreich. Aber anstatt zu diskutieren, ob die IT-Schule dem Himmelfahrtskommando-Projekt vorzuziehen sei, glaube ich eher, dass IT-Unternehmen einen Kompromiss hierzu ins Auge fassen sollten: die Simulation eines Himmelfahrtskommandos.

Skeptiker mögen einwenden, dass ein solcher Simulator den Druck und den Stress, dem man in einem realen Projekt ausgesetzt ist, nicht wiedergeben kann. Flugpiloten, die ihre Simulatoren für das Einüben von Notsituationen verwenden, widersprechen hier energisch. Wenn wir wirklich den Stress in einem Software-Projekt simulieren wollen, dann borgen wir uns doch eine vertraute Taktik von den Militärs: das Kriegsspiel.

Die Bezeichnung »Kriegsspiel« ist natürlich mit militärischen Bildern verbunden – was im Kontext mit dieser Darstellung durchaus bewusst und absichtlich geschieht. Ungeachtet Ihrer politischen Grundeinstellung zu Krieg und Frieden, es ist eine Tatsache, dass militärische Strategien, Planungen und Trainings schon lange den Ansatz des Vielfachnutzens verfolgen: Um mit verschiedenen Strategien zur Beantwortung feindlicher Gegenstrategien experimentieren zu können, muss man so vorgehen, insbesondere, um neue Rekruten und Veteranen in möglichst realistischer Weise gemeinsam trainieren zu können. Tatsächlich wurden Kriegsspiele dafür eingesetzt, Englands Strategie für die Schlacht um England im 2. Weltkrieg in einer Situation zu entwickeln und zu optimieren, als seine Luftwaffe dem deutschen Gegner zahlenmäßig weit unterlegen war.

Hollywood war geradezu versessen auf dieses Kriegsspielkonzept, wie man an Filmen wie »Top Gun« sehen kann. Für die Videospiele-Industrie sind komplexe PC-Kriegsspiele zu den gewinnträchtigsten Produkten geworden. Tatsächlich ist sogar das echte Militär inzwischen in dieses Geschäft eingestiegen. Eines der faszinierendsten Beispiele ist `www.americasarmy.com`, das von der amerikanischen Armee selbst kreiert wurde. In den ersten drei Monaten nach seinem Erscheinen im Sommer 2002 haben sich schon 873.000 Personen dort als Spieler für diese interaktive Erfahrung registriert. Im Herbst 2002 registrierten sich noch 4.400 neue Interessenten – täglich. Das ergab 50.000 Webhits und 1,5 Millionen Downloads pro Tag. Im Oktober 2002 hatten 520.000 registrierte Benutzer das Äquivalent zum Basistraining in der Army »erkämpft«, was einer Spielzeit von 3 bis 6 Stunden entspricht.[1]

So kann das Kriegsspiel eines Himmelfahrtskommando-Projektes darin bestehen, dass verschiedene Projektteams dasselbe Szenario spielen – dieselben Anforderungen, die gleiche Zeit, den gleichen Betrag an Ressourcen und ein wohl definiertes Ziel, um hierfür eine bestimmte Software innerhalb eines festen Zeitrahmens zu entwickeln. Wenn die Kultur in einem Unternehmen nicht irgendwie standardisiert oder formalisiert ist, sagt man jedem Team, es könne Prozesse bzw. Methoden und Tools nach Belieben verwenden – alles, was man erbetteln, leihen oder stehlen kann, ist erlaubt.

Um ein Kriegsspiel oder irgendeinen »Flugsimulator« für ein Himmelfahrtskommando zu beherrschen, ist es hilfreich, einen Simulator zu besitzen, der in der Lage ist, Ursache-Wirkungs-Beziehungen technisch und managementmäßig zu simulieren. Ein gutes Beispiel hierfür ist das Modell von Tarek Abdel-Hamids Systemdynamik, das wir kurz in Kapitel 6 diskutiert haben. Ein Simulationsmodell kann in nahezu jeder Programmiersprache implementiert werden, es gibt aber für diesen Zweck spezialisierte Programmiersprachen und Tools. Von diesen sind vielleicht SIMSCRIPT, DYNAMO und GPSS die am besten bekannten. Das Modell, das von Abdel-Hamid implementiert wurde, ist in DYNAMO geschrieben. Das vollständige Programmlisting ist im Anhang seines Buches veröffentlicht. Vor kurzem sind auch noch einige »visuelle« Modelliertools wie *iThink* erschienen, in der Regel sind diese sogar recht preisgünstig.

Einer der Nutzen solcher Tools ist, wie in Kapitel 6 erwähnt, dass sie den Teammitgliedern und dem Projektmanager eine gute Möglichkeit liefern, die unausgesprochenen mentalen Modelle zu beschreiben und zu diskutieren. Diese Modelle betreffen die verschiedenen »Soft«-Aspekte des Projekts wie insbesondere Moral, Bur-

nout und Überstunden. Im Zusammenhang mit einem Himmelfahrtskommando ermöglicht das Kriegsspiel-Szenario, diese mentalen Modelle zu erleben, und zu beobachten, welches funktioniert
und welches nicht. Dies ist bedeutend preisgünstiger als ein echtes
Himmelfahrtskommando.

Ich habe zum Beispiel einmal ein Kriegsspiel geleitet, in dem jedes der konkurrierenden Teams während eines drei Tage dauern-
den Spiels neunmal die Möglichkeit hatte, seine eigenen Ergebnisse
und die der anderen Teams einzuschätzen. Dann konnten sie nach
Belieben ändern, was sie für nötig hielten, um die aktuellen und
zukünftigen Projektparameter zu verändern. Ebenso die vergangenen Parameter. Sie konnten zum Beispiel die Simulation früherer Simulationsstufen noch einmal mit anderem Budget, Personal
oder Software-Entwicklungsmethoden laufen lassen. Es war schon
bemerkenswert, dass keines der beteiligten Teams an den Entscheidungen im Rahmen des Projektes noch etwas ändern wollte, mit
Ausnahme des Parameters, der die Höhe der Gehaltssteigerungen
für die Teammitglieder betraf.[2] Da alle Teams zugestimmt hatten,
im Fall außergewöhnlicher, nicht vorhergesehener Umstände flexibel
sein zu wollen, war es geradezu ein Schock für sie, als sie sahen, was
passierte, wenn sie den Parameter auf »unendlich flexibel« (auch
in der Beschreibung des eigenen Lebenslaufs) setzen konnten – sie
verweigerten dies folglich kategorisch.

Einer der wertvollsten Aspekte eines Kriegsspiel-Simulators ist die
Möglichkeit, eine Art Schlag-auf-Schlag-Wiederholung der wichtigsten Ereignisse und Entscheidungen des Projektes durchzuführen.
Dies liefert zumindest Gelegenheit zu wertvoller Diskussion – z.B.
kann der Leiter des Kriegsspiels eine Post-Mortem-Diskussion an-
stoßen indem er sagt: »Schauen Sie einmal, was an diesem Punkt
des Projekts passierte, als der Anwender drei oder vier so genannte 'kleinere Änderungen' in die Spezifikation einbrachte. Das rote
Team akzeptierte diese Änderungen ohne Revision des Zeitplans
und des Budgets. Das Laborteam weigerte sich, noch irgendwelche
Änderungen durchzuführen, und fuhr mit dem ursprünglichen Plan
fort. Das grüne Team akzeptierte die Änderungen, verhandelte aber

mit dem Anwender über die Streichung einer etwas größeren Anzahl an originalen Leistungsmerkmalen, um die notwendigen Ressourcen für die neuen Anforderungen verfügbar zu halten. Lassen Sie uns über die Konsequenzen dieser drei unterschiedlichen Entscheidungen diskutieren ...«.

In den meisten Fällen erlaubt dieser Playback-Mechanismus, eine Post-Mortem-Analyse mit Alternativen durchzuführen: Was wäre gewesen, wenn man diese oder jene Entscheidungen an einem kritischen Punkt des simulierten Projektes so oder so getroffen hätte? Selbst mit den neuesten, elegantesten Tools und einer Fülle vorhandener Literatur kommt man nicht an der Tatsache vorbei, dass es größere Investitionen bedeutet, ein Modell aufzubauen, das die unternehmensspezifischen Bedingungen widerspiegelt und dem Management erlaubt, die speziellen Szenarien des Himmelfahrtskommandos zu demonstrieren, die man für wichtig hält. Nachdem ich nun an verschiedenen Simulationsprojekten und Kriegsspiel-Szenarien persönlich beteiligt war, ist meine Erfahrungen die, dass es normalerweise mindestens ein paar Personenmonate erfordert, ein realitätsnahes, leistungsstarkes Modell zu entwickeln. Andererseits ist es interessant zu bemerken, dass das Modell, das in *Software Project Dynamics: An integrated Approach* [1] genau demjenigen von Abdel-Hamids Diplomarbeit am MIT entspricht.[3] Das bedeutet, dass ein solcher Aufwand sicher geringer ist als die Möglichkeiten eines einzelnen Projektmanagers, wenn es um die Trainingserfahrung für ein einzelnes Himmelfahrtskommando geht.

Dies ist natürlich eine unternehmensstrategische Investition – und es übersteigt vielleicht die Möglichkeiten einer Software-Firma mit zehn Personen. Aber für Software-Unternehmen mit Hunderten oder gar Tausenden von Mitarbeitern, ist es sicherlich eine tragbare Investition. Beachten Sie auch bitte den Zusammenhang, in dem dieses alles auftritt: Das Management sucht nach Möglichkeiten, Prozesse und Technologie zu institutionalisieren. Dies soll zwei- bis dreifach verbesserte, vertrauenswürdige Zeitpläne, Budgets und Spezifikationen ermöglichen, als dies bei normalen Projekten in der gleichen Umgebung der Fall war. Um eine solche radikale Veränderung planen zu können, ist das Management oft bereit, hohe Geldbeträge einzusetzen – in einigen Fällen sogar Millionen –, um die Entwickler mit neuen Workstations, visuellen Programmiertools und objektorientierten Methoden auszustatten. Sich über die Kosten von sechs Personenmonaten zu beschweren, wäre lächerlich. Und den Projektteams die Erfahrungen der Simulation eines Himmelfahrtskommandos zu verweigern, bevor man Millionen bei einem echten Himmelfahrtskommando riskiert, wäre verrückt. Das obere Management sieht dies normalerweise nicht so. Es empfindet jede Art von Training als Zeit-, Energie- und Geldverschwendung.

Die Kosten und der Aufwand, die mit der Simulation eines Himmelfahrtskommandos verbunden sind, sehen sie als ungerechtfertigt an. Wenn ein Projektmanager glaubt, dass eine solche »Praxis« vor dem Start eines Himmelfahrtskommandos nützlich wäre, wird er wahrscheinlich einen »inoffiziellen[4]« Weg finden müssen, dies durchzuführen. Idealerweise ist dies eine externe Schulung mit erfahrenen Trainern.[5] Dies ist wahrscheinlich weit realistischer und erfolgreicher als irgendetwas, das der Projektmanager selbst zusammenschustern könnte. Das Kriegsspiel-Seminar/Workshop muss nicht länger als zwei oder drei Tage dauern und man kann es, falls notwendig, an einem Wochenende veranstalten, so dass die Bürokraten im Unternehmen sich nicht über die »verlorene Zeit« beschweren können.

Keines der heutigen Video- oder Web-basierten Spiele mit virtueller Realität steht eigentlich in irgendeiner direkten Beziehung zur Softwareentwicklung. Wie früher schon erwähnt, befassen sich die meisten dieser Spiele mit militärischen Dingen. Einige – wie etwa Sim-City – sind gewaltlose Darstellungen, wie etwa die des Bürgermeisters einer Stadt.

Während einer kurzen Zeit in den späten neunziger Jahren lieferte ein hervorragendes PC-basiertes Spiel mit dem Namen »Project Challenge« genau die Art von Kriegsspiel-Training, wie ich es in diesem Kapitel geschrieben habe. Bedauerlicherweise verschwand es während des *dot.com*-Kollapses und der Hightech-Rezession Anfang 2000. Eine Alternative hierzu nutzen einige Consultants und kleinere Software-Unternehmen, indem sie z.b. *iThink* für die Erzeugung kundenspezifischer Flugsimulatoren »für das Software-Projektmanagement« verwenden. Ein solcher Lieferant hierfür ist zum Beispiel Exteco (`http:exteco.esmartdesign.com/index2.html`). Wenn man mit der Suchmaschine Google nach Ausdrücken sucht wie »Management Flight Simulator«, dann findet man noch andere Produkte.

11.3 Zusammenfassung

Wie in diesem Buch ausführlich dargestellt, sind Himmelfahrtskommandos in der heutigen konkurrierenden und chaotischen Geschäftswelt unvermeidlich geworden. Einige wenige Unternehmen haben diese Situation erkannt und beginnen, damit rational und planerisch umzugehen. Nun, die Geschichte der Software-Industrie in den letzten 40 Jahren lehrt uns, dass die meisten Unternehmen aus ihren früheren Erfahrungen nicht viel lernen. Sie betrachten wahrscheinlich jedes neue Himmelfahrtskommando als einzigartig und völlig neu. Selbst diejenigen Unternehmen, die erkennen, dass Himmelfahrtskommandos keine einzelnen, isolierten Unfälle sind, haben es schwer, denn die etablierte Bürokratie wird weiterhin alte Standards, Vorgehensweisen und Methoden sowie Tools ungeachtet ihrer Eignung verteidigen. Eine angenehme Ausnahme hiervon bildet das junge, neu gegründete Unternehmen.

Definitionsgemäß besitzen nun solche Unternehmen keine vorherige Kultur, die es zu ersetzen gäbe – und wahrscheinlich betrachten sie Himmelfahrtskommandos als etwas völlig Normales. Immerhin, es ist Teil des mit diesen »Startups« verknüpften Mythos, dass dort jeder wahnsinnig viele Stunden arbeitet, während das Unternehmen ebensolche Risiken eingeht, um gegen größere, etablierte Firmen zu konkurrieren. Wenn nun das unerfahrene Unternehmen zu dem Schluss kommt, dass ein Erfolg gerade auf der so gebildeten Arbeitsweise beruht, dann wird es versuchen, genau dieses Verhalten zu institutionalisieren. Natürlich gebe ich hier Verallgemeinerungen wieder und es gibt eine Reihe von Gründen, warum diese

Sicht im Einzelfall nicht ganz korrekt sein könnte. Es ist zum Beispiel interessant zu sehen, dass erfahrene Software-Entwickler sehr viel eigene Kultur und eigene Arbeitsmethodik mitbringen, wenn sie eine große Bürokratie verlassen, um sich in ein neues Software-Abenteuer zu stürzen. Andererseits scheint es heute genauso wie zu Beginn meiner Karriere für die jüngere Generation von Software-Entwicklern üblich zu sein, sich in neue Projekte zu stürzen, bei denen 18 Stunden-Arbeitstage als Erholungstage gelten, in denen sich das Team auf die wirkliche Arbeit vorbereiten kann. Zu all den Dingen aber, die sich wirklich dramatisch geändert haben, gehört das generelle Arbeitstempo, das von den Mitarbeitern von Netscape und Microsoft und vielen anderen Unternehmen einfach zur Internetära gezählt wird. Das ist ein Konzept, das für frühere Generation von Software-Entwicklern überhaupt nicht existiert hat, und es führt mit weit größerer Wahrscheinlichkeit zu Himmelfahrtsprojekten. Ungeachtet der Frage, ob die Industrie Himmelfahrtskommandos zur Norm werden lässt, und ob Ihre Firma solche Projekte in einer rationalen Weise managt, verbleibt die Tatsache, dass Himmelfahrtskommandos von Menschen bewältigt werden. Was das Seniormanagement und die bürokratischen Einrichtungen in den meisten Software-Unternehmen angeht, habe ich nicht viel Hoffnung. Aber ich identifiziere mich mit den Menschen, die Nächte und Wochenenden durcharbeiten, obwohl ihre Projekte zum Scheitern verurteilt sind. Es ist selbstverständlich wichtig, ein Himmelfahrtskommando zu einem erfolgreichen Abschluss zu bringen, und ich hoffe, dieses Buch kann Ihnen genau hierzu einige praktische Ratschläge. Noch wichtiger aber ist es, solche Projekte zu überleben. In der besten aller Welten sollten unsere Himmelfahrtskommandos den Benutzern ein prächtiges Entwicklungsergebnis liefern und das Management durch die Einhaltung des Zeitplans und des Budgets geradezu blenden. All das sollte im Sinn unserer Gesundheit, unserer Seelen und unserer Familien geschehen und wir sollten dabei unseren Humor nicht verlieren.

E.B. White drückte es, vielleicht mitten in einem seiner eigenen Himmelfahrtskommandos, so aus:
Ich wache jeden Morgen mit dem Ziel auf, die Welt zu verändern... und eine verdammt schöne Zeit zu haben. Manchmal macht es das ein wenig schwierig, den Tag zu planen.

E.B. Wight

11.4 Anmerkungen

1. Diese Statistiken wurden von General i.R. Paul Gorman während eines Vortrags auf der »PopTech«-Konferenz (`www.poptech.org`) im Oktober 2002 zur Verfügung gestellt. General Gorman schloss seine Präsentation mit den Worten: »künstliche Welten, sorgfältig aufgebaut und überwacht, sind in der Lage, dem Militär unglaubliche Dienste zu erweisen. In der heutigen Welt gibt es keine andere Möglichkeit zur Vorbereitung ...«

2. Dieser wurde häufig als Schlüsselparameter betrachtet, weil er nicht nur das Gesamtbudget für das Team betraf (sie können jedermanns Gehalt jedes Jahr verdoppeln und sind bald pleite), sondern auch die Fluktuation der Mitarbeiter: Wenn man seinen Mitarbeitern keine konkurrenzfähigen Gehaltssteigerungen gibt, erhöht sich die Wahrscheinlichkeit, dass sie mitten im Projekt kündigen.

3. Diejenigen, die an einer MIT-Weiterbildung zu diesem Thema interessiert sind, sollten sich einmal den einwöchigen Kurs mit dem Titel »Business-Dynamics: MIT-Methode für die Diagnose und die Lösung komplexer Business-Probleme« ansehen. Mehr Details findet man unter:

`http://mitsloan.mit.edu/execed/epp/courses/bus-dynamics.php`

4. Schicken Sie doch einfach Ihr Team in das benötigte Training und entschuldigen Sie sich anschließend bei Ihrem Chef dafür, dass Sie das 6-teilige Trainingsberechtigungsformular »leider vergaßen« auszufüllen. Oder bitten Sie Ihren Trainer, zunächst einen Vortrag über fortgeschrittene C++-Entwicklung zu halten. Sie könnten das dann Ihrem Boss als »harten« Kodierkurs verkaufen.

5. Eine der interessanteren Quellen für solche Trainings ist »McCarthy Technologies« (`www.mccarthy-tech.com/`). Hier wird ein 5-Tage-»Camp« für Software-Profis veranstaltet. Der Preis beträgt einige Tausend € pro Teilnehmer. Ich glaube, es ist eine gute Investition. Chef dieser Firma ist Jim McCarthy, ein früherer Microsoft-Manager und Autor des sehr empfehlenswerten Buchs *Software Project Dynamics* (Microsoft Press, 1995). Vorher haben Jim und Michele McCarthy schon *Software for your Head: Core Protocolls for Creating and Maintaining Shared Vision* (Addison Wesley, 2002) publiziert.

11.5 Literatur

1. Tarek Abdel-Hamid und Stuard E. Madnick, *Software Project Dynamics: An Integrated Approach*, Prentice Hall

2. Tarek Abdel-Hamid und S.E. Madnick, *Lessons Learned from Modeling the Dynamics of Software Project Management*, Comm. of the ACM, Dezember 1989

3. *The Management Flight Simulator*, John Saunders, http://users.erols.com/jsaunders/papers/mfs.htm

4. John A. Byrne, *Flight Simulators for Management*, Business Week, 21. September, 1998, http://businessweek.com/1998/38/b3596135.htm

Index